全国中医药行业高等教育“十三五”规划教材

全国高等中医药院校规划教材（第十版）

线性代数

（供中药学类、药学类、制药工程类、医学类、管理类等专业用）

主　审

周仁郁（成都中医药大学）

主　编

李秀昌（长春中医药大学）

副主编（以姓氏笔画为序）

尹立群（天津中医药大学）　　包　红（辽宁中医药大学）

陈世红（江西中医药大学）　　崔红新（河南中医药大学）

魏兴民（甘肃中医药大学）

编　委（以姓氏笔画为序）

韦　杰（贵阳中医学院）　　白丽霞（山西中医药大学）

孙　健（长春中医药大学）　　孙继佳（上海中医药大学）

李　杰（广西中医药大学）　　李　嘉（黑龙江中医药大学）

李晓红（浙江中医药大学）　　胡灵芝（陕西中医药大学）

要玉坤（河北中医学院）　　洪全兴（福建中医药大学）

徐　永（成都中医药大学）　　曾　聃（湖北中医药大学）

U0273020

中国中医药出版社

·北　京·

图书在版编目（CIP）数据

线性代数 / 李秀昌主编 . —北京：中国中医药出版社，2017.7

全国中医药行业高等教育“十三五”规划教材

ISBN 978－7－5132－4141－0

Ⅰ . ①线…　Ⅱ . ①李…　Ⅲ . ①线性代数－中医药院校－教材
Ⅳ . ① 0151.2

中国版本图书馆 CIP 数据核字（2017）第 073742 号

中国中医药出版社出版
北京市朝阳区北三环东路 28 号易亨大厦 16 层
邮政编码　100013
传真　010 64405750
山东百润本色印刷有限公司印刷
各地新华书店经销

开本 850×1168　1/16　印张 10.5　字数 262 千字
2017 年 7 月第 1 版　2017 年 7 月第 1 次印刷
书号　ISBN 978－7－5132－4141－0

定价　26.00 元
网址　www.cptcm.com

社长热线　010-64405720
购书热线　010-89535836
侵权打假　010-64405753

微信服务号　zgzyycbs
微商城网址　https://kdt.im/LIdUGr
官方微博　http://e.weibo.com/cptcm
天猫旗舰店网址　https://zgzyycbs.tmall.com

如有印装质量问题请与本社出版部联系（010 64405510）
版权专有　侵权必究

全国中医药行业高等教育“十三五”规划教材

全国高等中医药院校规划教材（第十版）

专家指导委员会

名誉主任委员
王国强（国家卫生计生委副主任　国家中医药管理局局长）

主 任 委 员
王志勇（国家中医药管理局副局长）

副主任委员
王永炎（中国中医科学院名誉院长　中国工程院院士）
张伯礼（教育部高等学校中医学类专业教学指导委员会主任委员
天津中医药大学校长）
卢国慧（国家中医药管理局人事教育司司长）

委　　员（以姓氏笔画为序）
马存根（山西中医药大学校长）
王　键（安徽中医药大学教授）
王省良（广州中医药大学校长）
王振宇（国家中医药管理局中医师资格认证中心主任）
方剑乔（浙江中医药大学校长）
孔祥骊（河北中医学院院长）
石学敏（天津中医药大学教授　中国工程院院士）
匡海学（教育部高等学校中药学类专业教学指导委员会主任委员
黑龙江中医药大学教授）
吕文亮（湖北中医药大学校长）
刘　力（陕西中医药大学校长）
刘振民（全国中医药高等教育学会顾问　北京中医药大学教授）
安冬青（新疆医科大学副校长）
许二平（河南中医药大学校长）

孙忠人（黑龙江中医药大学校长）
严世芸（上海中医药大学教授）
李占永（中国中医药出版社副总编辑）
李秀明（中国中医药出版社副社长）
李金田（甘肃中医药大学校长）
杨　柱（贵阳中医学院院长）
杨关林（辽宁中医药大学校长）
余曙光（成都中医药大学校长）
宋柏林（长春中医药大学校长）
张欣霞（国家中医药管理局人事教育司师承继教处处长）
陈可冀（中国中医科学院研究员　中国科学院院士　国医大师）
陈立典（福建中医药大学校长）
陈明人（江西中医药大学校长）
武继彪（山东中医药大学校长）
范吉平（中国中医药出版社社长）
林超岱（中国中医药出版社副社长）
周仲瑛（南京中医药大学教授　国医大师）
周景玉（国家中医药管理局人事教育司综合协调处副处长）
胡　刚（南京中医药大学校长）
洪　净（全国中医药高等教育学会理事长）
秦裕辉（湖南中医药大学校长）
徐安龙（北京中医药大学校长）
徐建光（上海中医药大学校长）
唐　农（广西中医药大学校长）
彭代银（安徽中医药大学校长）
路志正（中国中医科学院研究员　国医大师）
熊　磊（云南中医学院院长）

秘　书　长

王　键（安徽中医药大学教授）
卢国慧（国家中医药管理局人事教育司司长）
范吉平（中国中医药出版社社长）

办公室主任

周景玉（国家中医药管理局人事教育司综合协调处副处长）
林超岱（中国中医药出版社副社长）
李秀明（中国中医药出版社副社长）
李占永（中国中医药出版社副总编辑）

编审专家组

组　长

王国强（国家卫生计生委副主任　国家中医药管理局局长）

副组长

张伯礼（中国工程院院士　天津中医药大学教授）

王志勇（国家中医药管理局副局长）

组　员

卢国慧（国家中医药管理局人事教育司司长）

严世芸（上海中医药大学教授）

吴勉华（南京中医药大学教授）

王之虹（长春中医药大学教授）

匡海学（黑龙江中医药大学教授）

王　键（安徽中医药大学教授）

刘红宁（江西中医药大学教授）

翟双庆（北京中医药大学教授）

胡鸿毅（上海中医药大学教授）

余曙光（成都中医药大学教授）

周桂桐（天津中医药大学教授）

石　岩（辽宁中医药大学教授）

黄必胜（湖北中医药大学教授）

前 言

为落实《国家中长期教育改革和发展规划纲要（2010–2020年）》《关于医教协同深化临床医学人才培养改革的意见》，适应新形势下我国中医药行业高等教育教学改革和中医药人才培养的需要，国家中医药管理局教材建设工作委员会办公室（以下简称“教材办”）、中国中医药出版社在国家中医药管理局领导下，在全国中医药行业高等教育规划教材专家指导委员会指导下，总结全国中医药行业历版教材特别是新世纪以来全国高等中医药院校规划教材建设的经验，制定了“‘十三五’中医药教材改革工作方案”和“‘十三五’中医药行业本科规划教材建设工作总体方案”，全面组织和规划了全国中医药行业高等教育“十三五”规划教材。鉴于由全国中医药行业主管部门主持编写的全国高等中医药院校规划教材目前已出版九版，为体现其系统性和传承性，本套教材在中国中医药教育史上称为第十版。

本套教材规划过程中，教材办认真听取了教育部中医学、中药学等专业教学指导委员会相关专家的意见，结合中医药教育教学一线教师的反馈意见，加强顶层设计和组织管理，在新世纪以来三版优秀教材的基础上，进一步明确了“正本清源，突出中医药特色，弘扬中医药优势，优化知识结构，做好基础课程和专业核心课程衔接”的建设目标，旨在适应新时期中医药教育事业发展和教学手段变革的需要，彰显现代中医药教育理念，在继承中创新，在发展中提高，打造符合中医药教育教学规律的经典教材。

本套教材建设过程中，教材办还聘请中医学、中药学、针灸推拿学三个专业德高望重的专家组成编审专家组，请他们参与主编确定，列席编写会议和定稿会议，对编写过程中遇到的问题提出指导性意见，参加教材间内容统筹、审读稿件等。

本套教材具有以下特点：

1. 加强顶层设计，强化中医经典地位

针对中医药人才成长的规律，正本清源，突出中医思维方式，体现中医药学科的人文特色和“读经典，做临床”的实践特点，突出中医理论在中医药教育教学和实践工作中的核心地位，与执业中医（药）师资格考试、中医住院医师规范化培训等工作对接，更具有针对性和实践性。

2. 精选编写队伍，汇集权威专家智慧

主编遴选严格按照程序进行，经过院校推荐、国家中医药管理局教材建设专家指导委员会专家评审、编审专家组认可后确定，确保公开、公平、公正。编委优先吸纳教学名师、学科带头人和一线优秀教师，集中了全国范围内各高等中医药院校的权威专家，确保了编写队伍的水平，体现了中医药行业规划教材的整体优势。

3. 突出精品意识，完善学科知识体系

结合教学实践环节的反馈意见，精心组织编写队伍进行编写大纲和样稿的讨论，要求每门教材立足专业需求，在保持内容稳定性、先进性、适用性的基础上，根据其在整个中医知识体系中的地位、学生知识结构和课程开设时间，突出本学科的教学重点，努力处理好继承与创新、理论与实践、基础与临床的关系。

4. 尝试形式创新，注重实践技能培养

为提升对学生实践技能的培养，配合高等中医药院校数字化教学的发展，更好地服务于中医药教学改革，本套教材在传承历版教材基本知识、基本理论、基本技能主体框架的基础上，将数字化作为重点建设目标，在中医药行业教育云平台的总体构架下，借助网络信息技术，为广大师生提供了丰富的教学资源和广阔的互动空间。

本套教材的建设，得到国家中医药管理局领导的指导与大力支持，凝聚了全国中医药行业高等教育工作者的集体智慧，体现了全国中医药行业齐心协力、求真务实的工作作风，代表了全国中医药行业为“十三五”期间中医药事业发展和人才培养所做的共同努力，谨向有关单位和个人致以衷心的感谢！希望本套教材的出版，能够对全国中医药行业高等教育教学的发展和中医药人才的培养产生积极的推动作用。

需要说明的是，尽管所有组织者与编写者竭尽心智，精益求精，本套教材仍有一定的提升空间，敬请各高等中医药院校广大师生提出宝贵意见和建议，以便今后修订和提高。

国家中医药管理局教材建设工作委员会办公室

中国中医药出版社

2016年6月

编写说明

线性代数是数学中代数学的一个重要分支。它以向量空间、线性映射为研究对象，广泛地应用于自然科学、工程技术、社会科学、经济管理等各个领域，它的理论、思想和方法在各领域中的应用取得了巨大的成就，是大学素质教育的重要组成部分，是各类高等学校一门重要的基础课程。

本教材是全国中医药行业高等教育“十三五”规划教材之一。随着我国经济建设与科学技术发展的需要，高等教育也迎来了一个快速发展的春天，许多中医药院校相继开设了制药工程、药物制剂、管理、营销、经济等专业，以往只在理工科、管理、经济类院校开设的线性代数课程，现在许多中医药院校也已经开设。为适应高等教育快速发展需要并体现中医药院校开设线性代数课程的特点而编写了本教材。

全书共分 8 章，主要包括行列式、矩阵、矩阵的变换、向量、线性方程组、矩阵的特征值、二次型、线性代数实验，主要介绍线性代数中的基本概念、定理和方法。本教材力求在知识结构严谨的基础上，内容丰富、知识点突出、难点详略得当、例题有代表性，体现线性代数的知识特点。

本教材是在新世纪全国高等中医药院校创新教材的基础上编写而成。我们非常感谢参加创新教材编写的各位老师，特别要感谢周仁郁老师为本教材所做的大量坚实的奠基工作。此次编写是由全国 17 所中医药院校长期从事数学教学工作的教师编写而成。

本教材在编写过程中参考了大量同类书刊并借鉴了同行们的经验，同时还得到了编者所在单位及同事和广大读者的大力支持、帮助和鼓励，在此一并表示衷心的感谢。编委会成员在编写过程中认真负责，对教材内容进行了反复推敲、修改，若仍有疏漏之处，恳请广大师生和读者提出宝贵意见，以便再版时修订提高。

《线性代数》编委会

2017 年 3 月

目 录

1 行列式

1.1 行列式的定义

1.1.1 二阶与三阶行列式

下面,从求解二元一次方程组的问题中引出二阶行列式的定义.

例 1 求解二元线性方程组,即

$$\begin{cases}a_{11}x_1+a_{12}x_2=b_1\\a_{21}x_1+a_{22}x_2=b_2\end{cases}$$

解 应用加减消元法,在 $a_{11}a_{22}-a_{12}a_{21}\neq 0$ 时得到

$$x_1=\frac{b_1a_{22}-a_{12}b_2}{a_{11}a_{22}-a_{12}a_{21}},\ x_2=\frac{a_{11}b_2-b_1a_{21}}{a_{11}a_{22}-a_{12}a_{21}}$$

观察发现,方程的解 x_1、x_2 一般表达式中,分母都是“$a_{11}a_{22}-a_{12}a_{21}$”.

为方便记忆和书写,引入记号和规定运算,称为**二阶行列式(2 order determinant)**,即

$$\begin{vmatrix}a_{11}&a_{12}\\a_{21}&a_{22}\end{vmatrix}=a_{11}a_{22}-a_{12}a_{21}\tag{1-1}$$

其中,每个数 $a_{ij}(i,j=1,2)$ 称为该行列式的**元素**.二阶行列式,共有 $2^2=4$ 个元素.元素的第一个下标 i 表示该元素在行列式的**行序**,第二个下标 j 表示元素的**列序**,任一元素 a_{ij} 可以通过其行序与列序唯一交叉确定其在行列式中位置.显然,二阶行列式的值为 2!个项的代数和,且可以视为左上角与右下角乘积减去右上角与左下角乘积,称**对角线法则(Sarrus 规则)**.

例 2 利用对角线法则计算二阶行列式的值.

① $\begin{vmatrix}5&-1\\3&2\end{vmatrix}$　　② $\begin{vmatrix}\cos x&-\sin x\\\sin x&\cos x\end{vmatrix}$

解 由二阶行列式的对角线法则,得到

① $\begin{vmatrix}5&-1\\3&2\end{vmatrix}=5\times2-(-1)\times3=13$

② $\begin{vmatrix}\cos x&-\sin x\\\sin x&\cos x\end{vmatrix}=\cos^2x+\sin^2x=1$

与二阶行列式类似,三阶行列式也是从求解三元一次方程组的问题中引出.这里,我们直接给出其定义.

由 $3^2=9$ 个数,排成三行三列的式子,并规定:实线上元素的乘积前加正号,虚线上元素的乘积前加负号,称为**三阶行列式的对角线法则**,如图 1-1 所示.

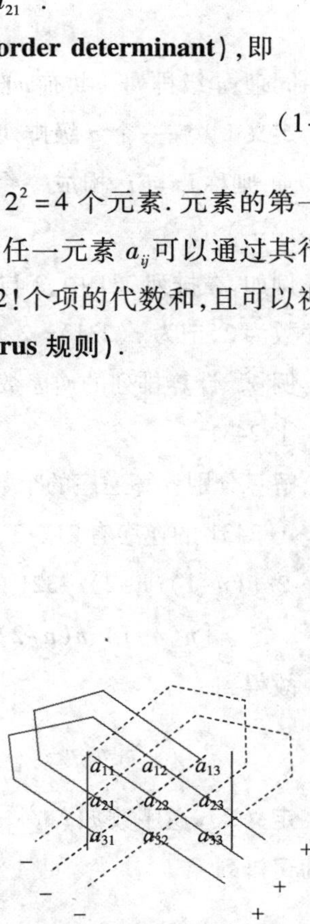

图 1-1 三阶行列式对角线法则

NOTE

这样规定的记号和运算，即称为**三阶行列式**(3 order determinant)，即

$$\begin{vmatrix} a_{11} & a_{12} & a_{13} \\ a_{21} & a_{22} & a_{23} \\ a_{31} & a_{32} & a_{33} \end{vmatrix} = a_{11}a_{22}a_{33}+a_{12}a_{23}a_{31}+a_{13}a_{21}a_{32}-a_{13}a_{22}a_{31}-a_{12}a_{21}a_{33}-a_{11}a_{23}a_{32} \quad (1\text{-}2)$$

显然，三阶行列式的值为 3！=6 个项的代数和.

例 3 计算行列式的值

$$\begin{vmatrix} 1 & 2 & 3 \\ 1 & 0 & 1 \\ 3 & -1 & -1 \end{vmatrix}$$

解 利用对角线法则得到

$$\begin{vmatrix} 1 & 2 & 3 \\ 1 & 0 & 1 \\ 3 & -1 & -1 \end{vmatrix} = 1\times0\times(-1)+2\times1\times3+3\times(-1)\times1-3\times0\times3-1\times(-1)\times1-(-1)\times1\times2=6$$

1.1.2 排列与逆序

作为定义 n 阶行列式的准备，先给出一些有关排列的基本概念.

由 n 个不同数码 $1,2,\cdots,n$ 组成的一个有序数组 $i_1i_2\cdots i_n$，称为一个 n **级排列**. 如由 1,2,3 组成的三级排列有且仅有 3！=6 个，即

$$123,132,213,231,312,321$$

同理，n 级排列一共有 n！个.

定义 1 在一个 n 级排列 $i_1i_2\cdots i_n$ 中，任意找出两个数，若较大的数 i_t 排在较小的数 i_s 之前 $(i_s<i_t)$，则称 i_t 与 i_s 构成一个**逆序**. 一个 n 级排列的逆序总数，称为这个排列的**逆序数**，记为 $\tau(i_1i_2\cdots i_n)$.

例如，在排列 231 中，2 与 1 构成一个逆序，3 与 1 构成一个逆序，共有 2 个逆序，这个排列的逆序数为 2，记为 $\tau(231)=2$.

例 4 计算排列的逆序数.

① 2431　　　　② $n(n-1)(n-2)\cdots321$

解 分别计算逆序的个数，得到

① 2431 的逆序有 21、43、41、31，故 $\tau(2431)=4$.

② $n(n-1)(n-2)\cdots321$ 的逆序有

$$[n(n-1)、n(n-2)、\cdots、n1],[(n-1)(n-2)、\cdots、(n-1)1],\cdots,[32、31],21$$

故得到

$$\tau[n(n-1)(n-2)\cdots321]=(n-1)+(n-2)+\cdots3+2+1=\frac{n(n-1)}{2}$$

定义 2 逆序数 $\tau(i_1i_2\cdots i_n)$ 是偶数或 0 的排列称为**偶排列**，逆序数 $\tau(i_1i_2\cdots i_n)$ 为奇数的排列称为**奇排列**.

NOTE

如：由于 $\tau(2431)=4$，排列 2431 是偶排列. $\tau(45321)=9$，排列 45321 是奇排列.

把一个排列中某两个数的位置互换，而其余的数不动，就得到另一个排列，这样的一个变换称为一个**对换**. 例如，排列 2134 施以对换(1,4)后得到排列 2431.

定理 1 对换改变排列的奇偶性.

也就是说，任意一个排列经过一次对换，奇排列变成偶排列，偶排列变成奇排列.

证明 先看一个特殊的情形，即对换的两个数在排列中是相邻的情形. 设排列为

$$\cdots jk\cdots$$

经过(j,k)对换变成新排列

$$\cdots kj\cdots$$

这里，"…"表示那些不动的数，显然新排列仅比原排列增加或减少了一个逆序，显然与原排列的奇偶性相反.

再看一般的情形，设排列为

$$\cdots j i_1 i_2 \cdots i_s k \cdots$$

经过(j,k)对换变成

$$\cdots k i_1 i_2 \cdots i_s j \cdots$$

可以视为原排列将数码 j 依次与 $i_1, i_2, \cdots, i_s, k$ 作 $s+1$ 次相邻对换，变为

$$\cdots i_1 i_2 \cdots i_s k j \cdots$$

再将 k 依次与 $i_s, i_2, \cdots, i_1$ 作 s 次相邻对换得到新排列. 即，新排列可以由原排列经过 $2s+1$ 次相邻对换得到. $2s+1$ 是奇数，显然，奇数次这样的对换的最终结果还是改变奇偶性.

定理 2 n 个数码$(n>1)$共有 $n!$ 个 n 级排列，其中奇偶排列各占一半.

证明 n 级排列的总数 $n!$ 为偶数个$(n>1)$. 若奇偶排列个数不等，则不妨设奇排列个数少于偶排列个数. 若将所有的排列都施以相同对换，例如都对换(1,2)，则 n 级排列的全体在施以相同对换后还是相同的 n 级排列全体. 但由定理 1，对换后的偶排列个数少于奇排列个数，因而矛盾. 所以，奇偶排列数的个数相等，各占一半.

1.1.3 n 阶行列式

有了排列的一些基础知识，就可以在分析三阶行列式表达式特点的基础上，给出 n 阶行列式的定义.

由式 1-2 可以看出，每一项都是取自不同行不同列的 3 个元素的积. 在书写时，可以把每项元素的行标排成 123 自然排列，得到

$$\begin{vmatrix} a_{11} & a_{12} & a_{13} \\ a_{21} & a_{22} & a_{23} \\ a_{31} & a_{32} & a_{33} \end{vmatrix} = a_{11}a_{22}a_{33}+a_{12}a_{23}a_{31}+a_{13}a_{21}a_{32}-a_{13}a_{22}a_{31}-a_{12}a_{21}a_{33}-a_{11}a_{23}a_{32} \tag{1-3}$$

行标排成 123 自然排列，3 个元素的乘积可以表示为

$$a_{1j_1}a_{2j_2}a_{3j_3} \tag{1-4}$$

由于 3 个数 $j_1 j_2 j_3$ 为三级排列共有 6 个，正好可以用来决定三阶行列式 6 项的符号. 现在分析式 1-3 中的一、二、三项为什么带正号，四、五、六项为什么带负号？可以看出，符号与列标排列

NOTE

$j_1j_2j_3$的逆序数有关. 显然123,231,312都为偶排列,321,213,132都为奇排列. 当$j_1j_2j_3$为偶排列时前面带正号,相反带负号. 故每项前所带符号可以表示为$(-1)^{\tau(j_1j_2j_3)}$. 从而,三阶行列式可以表示为所有取自不同行、不同列的三个元素乘积$a_{1j_1}a_{2j_2}a_{3j_3}$的代数和,即

$$\begin{vmatrix} a_{11} & a_{12} & a_{13} \\ a_{21} & a_{22} & a_{23} \\ a_{31} & a_{32} & a_{33} \end{vmatrix} = \sum_{j_1j_2j_3}(-1)^{\tau(j_1j_2j_3)}a_{1j_1}a_{2j_2}a_{3j_3} \tag{1-5}$$

其中,$\sum$表示把所有通项$(-1)^{\tau(j_1j_2j_3)}a_{1j_1}a_{2j_2}a_{3j_3}$加起来,而$j_1j_2j_3$要取完所有三级排列.

定义3　由n^2个数排成n行n列的数表,并规定数表的运算规律所构成的记号

$$D = \begin{vmatrix} a_{11} & a_{12} & \cdots & a_{1n} \\ a_{21} & a_{22} & \cdots & a_{2n} \\ \vdots & \vdots & & \vdots \\ a_{n1} & a_{n2} & \cdots & a_{nn} \end{vmatrix} = \sum_{j_1j_2\cdots j_n}(-1)^{\tau(j_1j_2\cdots j_n)}a_{1j_1}a_{2j_2}\cdots a_{nj_n} \tag{1-6}$$

称为**n阶行列式**. 行列式可用字母D表示,有时也记为$\det(a_{ij})$或$|a_{ij}|$,这里称a_{ij}为行列式的元素,其它符号与三阶行列式意义相同.

n阶行列式的定义具有如下特点:行列式由$n!$项求和组成;每项是取自不同行、不同列的元素乘积,每项各元素行标按自然数顺序排列后就组成了行列式的一般项$(-1)^{\tau(j_1j_2\cdots j_n)}a_{1j_1}a_{2j_2}\cdots a_{nj_n}$;在行标按自然数顺序排列下,各项前的符号由列标排列的奇偶性确定,即由$(-1)^{\tau(j_1j_2\cdots j_n)}$确定. 若排列$j_1j_2\cdots j_n$为奇排列则此项取负号,若排列$j_1j_2\cdots j_n$为偶排列则此项取正号,故行列式项的符号正负各半.

定理3　n阶行列式也可定义为

$$D = \begin{vmatrix} a_{11} & a_{12} & \cdots & a_{1n} \\ a_{21} & a_{22} & \cdots & a_{2n} \\ \vdots & \vdots & & \vdots \\ a_{n1} & a_{n2} & \cdots & a_{nn} \end{vmatrix} = \sum_{p_1p_2\cdots p_n}(-1)^t a_{p_11}a_{p_22}\cdots a_{p_nn} \tag{1-7}$$

其中,t为行标排列$p_1p_2\cdots p_n$的逆序数,

证明　由行列式的定义

$$D = \sum_{p_1p_2\cdots p_n}(-1)^t a_{1p_1}a_{2p_2}\cdots a_{np_n}$$

式1-7记为

$$D_1 = \sum_{p_1p_2\cdots p_n}(-1)^t a_{p_11}a_{p_22}\cdots a_{p_nn}$$

由行列式定义的特点知:对于D中的每一项$(-1)^t a_{1p_1}a_{2p_2}\cdots a_{np_n}$,总有且仅有$D_1$中某一项$(-1)^s a_{q_11}a_{q_22}\cdots a_{q_nn}$与之对应并相等;反之,对于$D_1$中的每一项$(-1)^t a_{p_11}a_{p_22}\cdots a_{p_nn}$,也总有且仅有$D$中某一项$(-1)^s a_{1q_1}a_{2q_2}\cdots a_{nq_n}$与之对应并相等;于是$D$与$D_1$中的项是一一对应关系且相等,所以$D=D_1$.

n阶行列式在$n>3$时,不能使用对角线法则计算.

NOTE

例 5 计算行列式的值

$$\begin{vmatrix} 0 & 0 & 0 & a_{14} \\ 0 & 0 & a_{23} & a_{24} \\ 0 & a_{32} & a_{33} & a_{34} \\ a_{41} & a_{42} & a_{43} & a_{44} \end{vmatrix}$$

解 此行列式中有很多元素为0,则通项 $a_{1j_1}a_{2j_2}\cdots a_{nj_n}$ 中就有很多项为0,我们只需找出所有元素都不为0的项加起来即可.

由于每项取自不同的行与不同的列,第一行只有选 a_{14} 才不为0,第二行只有选 a_{23},第三行只有选 a_{32},第四行只有选 a_{41}. 这样 4!=24 项中,只有 $a_{14}\ a_{23}\ a_{32}\ a_{41}$ 不为0,故行列式的值为

$$\begin{vmatrix} 0 & 0 & 0 & a_{14} \\ 0 & 0 & a_{23} & a_{24} \\ 0 & a_{32} & a_{33} & a_{34} \\ a_{41} & a_{42} & a_{43} & a_{44} \end{vmatrix} = (-1)^{\tau(4321)} a_{14}a_{23}a_{32}a_{41} = a_{14}a_{23}a_{32}a_{41}$$

1.2 行列式的性质

行列式的计算是一个重要的问题,但当阶数 n 较大时,运算相当麻烦,而直接应用定义来计算行列式的值也不太可能. 因此有必要介绍一些有关行列式的重要性质,在计算行列式时,应用其性质往往可以简化计算过程,起到事半功倍的效果.

基本性质

记

$$D = \begin{vmatrix} a_{11} & a_{12} & \cdots & a_{1n} \\ a_{21} & a_{22} & \cdots & a_{2n} \\ \vdots & \vdots & & \vdots \\ a_{n1} & a_{n2} & \cdots & a_{nn} \end{vmatrix}, \quad D^T = \begin{vmatrix} a_{11} & a_{21} & \cdots & a_{n1} \\ a_{12} & a_{22} & \cdots & a_{n2} \\ \vdots & \vdots & & \vdots \\ a_{1n} & a_{2n} & \cdots & a_{nn} \end{vmatrix}$$

行列式 D^T 称为行列式 D 的**转置行列式**. 即把原行列式的各行变成相应的列,所得行列式称为转置行列式.

例如,
$$D = \begin{vmatrix} 1 & 2 & 3 \\ 5 & 1 & 0 \\ 4 & 3 & 8 \end{vmatrix}, \quad D^T = \begin{vmatrix} 1 & 5 & 4 \\ 2 & 1 & 3 \\ 3 & 0 & 8 \end{vmatrix}$$

则 D 与 D^T 互为转置行列式.

性质 1 行列式与其转置行列式的值相等,即

$$D = \begin{vmatrix} a_{11} & a_{12} & \cdots & a_{1n} \\ a_{21} & a_{22} & \cdots & a_{2n} \\ \vdots & \vdots & & \vdots \\ a_{n1} & a_{n2} & \cdots & a_{nn} \end{vmatrix} = D^T = \begin{vmatrix} a_{11} & a_{21} & \cdots & a_{n1} \\ a_{12} & a_{22} & \cdots & a_{n2} \\ \vdots & \vdots & & \vdots \\ a_{1n} & a_{2n} & \cdots & a_{nn} \end{vmatrix} \quad (1-8)$$

NOTE

证明 设 $D=\det(a_{ij})$ 的转置行列式为

$$D^T=\begin{vmatrix} b_{11} & b_{12} & \cdots & b_{1n} \\ b_{21} & b_{22} & \cdots & b_{2n} \\ \vdots & \vdots & & \vdots \\ b_{n1} & b_{n2} & \cdots & b_{nn} \end{vmatrix}$$

则行列式 D^T 的元素与行列式 D 的元素间关系为 $b_{ij}=a_{ji}(i,j=1,2,\cdots,n)$. 由行列式的定义知

$$D^T=\sum(-1)^t b_{1p_1}b_{2p_2}\cdots b_{np_n}=\sum(-1)^t a_{p_1 1}a_{p_2 2}\cdots a_{p_n n}$$

根据定理 3 及式 1-7 知

$$D=\sum(-1)^t a_{p_1 1}a_{p_2 2}\cdots a_{p_n n}$$

故 $D^T=D$,证毕.

这里特别说明,根据性质 1,行列式对于行成立的性质对于列也成立,反之亦然.

性质 2 把行列式的两行(列)互换,所得行列式与原行列式绝对值相等,符号相反,即

$$\begin{vmatrix} a_{11} & a_{12} & \cdots & a_{1n} \\ \vdots & \vdots & & \vdots \\ a_{i1} & a_{i2} & \cdots & a_{in} \\ \vdots & \vdots & & \vdots \\ a_{j1} & a_{j2} & \cdots & a_{jn} \\ \vdots & \vdots & & \vdots \\ a_{n1} & a_{n2} & \cdots & a_{nn} \end{vmatrix}=-\begin{vmatrix} a_{11} & a_{12} & \cdots & a_{1n} \\ \vdots & \vdots & & \vdots \\ a_{j1} & a_{j2} & \cdots & a_{jn} \\ \vdots & \vdots & & \vdots \\ a_{i1} & a_{i2} & \cdots & a_{in} \\ \vdots & \vdots & & \vdots \\ a_{n1} & a_{n2} & \cdots & a_{nn} \end{vmatrix} \quad (i\text{ 行与 }j\text{ 行间互换}) \qquad (1\text{-}9)$$

证明 设行列式

$$D_1=\begin{vmatrix} b_{11} & b_{12} & \cdots & b_{1n} \\ b_{21} & b_{22} & \cdots & b_{2n} \\ \vdots & \vdots & & \vdots \\ b_{n1} & b_{n2} & \cdots & b_{nn} \end{vmatrix}$$

是由行列式 $D=\det(a_{ij})$ 交换 i,j 两行得到,即当 $k\neq i,j$ 时,$a_{kp}=b_{kp}$;当 $k=i,j$ 时,$a_{ip}=b_{jp},a_{jp}=b_{ip}$.

故有

$$\begin{aligned} D_1&=\sum(-1)^t b_{1p_1}\cdots b_{ip_i}\cdots b_{jp_j}\cdots b_{np_n} \\ &=\sum(-1)^t a_{1p_1}\cdots a_{jp_i}\cdots a_{ip_j}\cdots a_{np_n} \\ &=\sum(-1)^t a_{1p_1}\cdots a_{ip_j}\cdots a_{jp_i}\cdots a_{np_n} \end{aligned}$$

这里,$1\cdots i\cdots j\cdots n$ 为自然排列,t 是排列 $p_1\cdots p_i\cdots p_j\cdots p_n$ 的逆序数. 设排列 $p_1\cdots p_j\cdots p_i\cdots p_n$ 的逆序数为 t_1,由于以上两个排列是通过交换得到的,所以 $(-1)^t=-(-1)^{t_1}$.

故

$$D_1=-\sum(-1)^{t_1}a_{1p_1}\cdots a_{ip_j}\cdots a_{jp_i}\cdots a_{np_n}=-D$$

证毕.

推论 1 如果行列式的某两行(列)的元素对应相等,那么行列式的值为零.

证明 设 D 为具有推论 1 特点的行列式,则把元素对应相等的两行(列)互换位置,根据性质 2,需要在新行列式前添加负号,但对换后仍是原行列式,得到 $D=-D$,故 $D=0$.

NOTE

性质 3 把行列式的某一行(列)的所有元素同乘以常数 k，相当于用 k 乘以原行列式，即

$$D_1=\begin{vmatrix} a_{11} & a_{12} & \cdots & a_{1n} \\ \vdots & \vdots & & \vdots \\ ka_{i1} & ka_{i2} & \cdots & ka_{in} \\ \vdots & \vdots & & \vdots \\ a_{n1} & a_{n2} & \cdots & a_{nn} \end{vmatrix}=k\begin{vmatrix} a_{11} & a_{12} & \cdots & a_{1n} \\ \vdots & \vdots & & \vdots \\ a_{i1} & a_{i2} & \cdots & a_{in} \\ \vdots & \vdots & & \vdots \\ a_{n1} & a_{n2} & \cdots & a_{nn} \end{vmatrix} \tag{1-10}$$

证明 由行列式的定义

$$\begin{aligned} D_1 &= \sum_{p_1p_2\cdots p_n}(-1)^t a_{1p_1}\cdots ka_{ip_i}\cdots a_{np_n} \\ &= k\sum_{p_1p_2\cdots p_n}(-1)^t a_{1p_1}\cdots a_{ip_i}\cdots a_{np_n} \\ &= kD \end{aligned}$$

性质 3 说明，如果行列式某行(列)的所有元素有公因子，则公因子可以提到行列式外面.

推论 2 如果行列式的某一行(列)的元素全部为零，那么行列式的值为零.

证明 由性质 3，全是零的行可提出零公因子，故其值为零，即可证之.

推论 3 如果行列式的某两行(列)的对应元素成比例，那么行列式的值为零.

证明 由性质 3 与推论 1，即可证之.

性质 4 如果行列式的某一列(行)的元素都可看作两项的代数和，那么这个行列式等于该列(行)各取一项且其余列(行)不变的两个行列式之和，即

$$D=\begin{vmatrix} a_{11} & a_{12} & \cdots & a_{1i}+b_{1i} & \cdots & a_{1n} \\ a_{21} & a_{22} & \cdots & a_{2i}+b_{2i} & \cdots & a_{2n} \\ \vdots & \vdots & & \vdots & & \vdots \\ a_{n1} & a_{n2} & \cdots & a_{ni}+b_{ni} & \cdots & a_{nn} \end{vmatrix}=\begin{vmatrix} a_{11} & a_{12} & \cdots & a_{1i} & \cdots & a_{1n} \\ a_{21} & a_{22} & \cdots & a_{2i} & \cdots & a_{2n} \\ \vdots & \vdots & & \vdots & & \vdots \\ a_{n1} & a_{n2} & \cdots & a_{ni} & \cdots & a_{nn} \end{vmatrix}$$

$$+\begin{vmatrix} a_{11} & a_{12} & \cdots & b_{1i} & \cdots & a_{1n} \\ a_{21} & a_{22} & \cdots & b_{2i} & \cdots & a_{2n} \\ \vdots & \vdots & & \vdots & & \vdots \\ a_{n1} & a_{n2} & \cdots & b_{ni} & \cdots & a_{nn} \end{vmatrix} \tag{1-11}$$

证明 由行列式的定义知

$$\begin{aligned} D &= \sum_{j_1j_2\cdots j_n}(-1)^{\tau(j_1j_2\cdots j_n)}a_{1j_1}\cdots(a_{ij_i}+b_{ij_i})\cdots a_{nj_n} \\ &= \sum_{j_1j_2\cdots j_n}(-1)^{\tau(j_1j_2\cdots j_n)}a_{1j_1}\cdots a_{ij_i}\cdots a_{nj_n} \\ &\quad+\sum_{j_1j_2\cdots j_n}(-1)^{\tau(j_1j_2\cdots j_n)}a_{1j_1}\cdots b_{ij_i}\cdots a_{nj_n} \\ &= D_1+D_2 \end{aligned}$$

性质 4 说明，如果将行列式某一行(列)的每个元素都写成 m 个数(m 为大于 2 大整数)的和，则此行列式可以写成 m 个行列式的和.

性质 5 把行列式的某一列(行)的所有元素同乘以一个常数 k 加到另外一列(行)的对应元素上，所得行列式与原行列式相等. 即将行列式的第 j 列乘上数 k 加到第 i 列上，会得到($i\neq j$)

NOTE

$$\begin{vmatrix} a_{11} & \cdots & a_{1i} & \cdots & a_{1j} & \cdots & a_{1n} \\ a_{21} & \cdots & a_{2i} & \cdots & 2_{2j} & \cdots & a_{2n} \\ \vdots & & \vdots & & \vdots & & \vdots \\ a_{n1} & \cdots & a_{ni} & \cdots & a_{nj} & \cdots & a_{nn} \end{vmatrix} = \begin{vmatrix} a_{11} & \cdots & a_{1i}+ka_{1j} & \cdots & a_{1j} & \cdots & a_{1n} \\ a_{21} & \cdots & a_{2i}+ka_{2j} & \cdots & a_{2j} & \cdots & a_{2n} \\ \vdots & & \vdots & & \vdots & & \vdots \\ a_{n1} & \cdots & a_{ni}+ka_{nj} & \cdots & a_{nj} & \cdots & a_{nn} \end{vmatrix} \tag{1-12}$$

证明 由性质 4 可得

$$\begin{vmatrix} a_{11} & \cdots & a_{1i}+ka_{1j} & \cdots & a_{1j} & \cdots & a_{1n} \\ a_{21} & \cdots & a_{2i}+ka_{2j} & \cdots & a_{2j} & \cdots & a_{2n} \\ \vdots & & \vdots & & \vdots & & \vdots \\ a_{n1} & \cdots & a_{ni}+ka_{nj} & \cdots & a_{nj} & \cdots & a_{nn} \end{vmatrix} = \begin{vmatrix} a_{11} & \cdots & a_{1i} & \cdots & a_{1j} & \cdots & a_{1n} \\ a_{21} & \cdots & a_{2i} & \cdots & a_{2j} & \cdots & a_{2n} \\ \vdots & & \vdots & & \vdots & & \vdots \\ a_{n1} & \cdots & a_{ni} & \cdots & a_{nj} & \cdots & a_{nn} \end{vmatrix}$$

$$+\begin{vmatrix} a_{11} & \cdots & ka_{1j} & \cdots & a_{1j} & \cdots & a_{1n} \\ a_{21} & \cdots & ka_{2j} & \cdots & a_{2j} & \cdots & a_{2n} \\ \vdots & & \vdots & & \vdots & & \vdots \\ a_{n1} & \cdots & ka_{nj} & \cdots & a_{nj} & \cdots & a_{nn} \end{vmatrix}$$

$$=D+0=D$$

例 1 应用行列式的性质与推论,计算下列行列式的值.

① $\begin{vmatrix} 1/2 & 1/2 & -1/2 \\ 1/6 & 2/6 & -2/6 \\ 2/5 & 3/5 & -1/5 \end{vmatrix}$ ② $\begin{vmatrix} 3 & 2 & 6 \\ 8 & 10 & 9 \\ 6 & -2 & 21 \end{vmatrix}$

解 由行列式的性质与推论,得到

① $\begin{vmatrix} 1/2 & 1/2 & -1/2 \\ 1/6 & 2/6 & -2/6 \\ 2/5 & 3/5 & -1/5 \end{vmatrix} = \frac{1}{2}\times\frac{1}{6}\times\frac{1}{5}\begin{vmatrix} 1 & 1 & -1 \\ 1 & 2 & -2 \\ 2 & 3 & -1 \end{vmatrix} = \frac{1}{60}\times 2 = \frac{1}{30}$

② $\begin{vmatrix} 3 & 2 & 6 \\ 8 & 10 & 9 \\ 6 & -2 & 21 \end{vmatrix} = 3\times 2\begin{vmatrix} 3 & 1 & 2 \\ 8 & 5 & 3 \\ 6 & -1 & 7 \end{vmatrix} = 6\begin{vmatrix} 3 & 1+2 & 2 \\ 8 & 5+3 & 3 \\ 6 & -1+7 & 7 \end{vmatrix} = 6\begin{vmatrix} 3 & 3 & 2 \\ 8 & 8 & 3 \\ 6 & 6 & 7 \end{vmatrix} = 0$

上两题大多用到的是行列式性质中的提出公因子的方法,把行列式化得简单一些,再计算相对更容易些.

例 2 应用行列式的性质证明

$$\begin{vmatrix} a+b & c & -a \\ a+c & b & -c \\ b+c & a & -b \end{vmatrix} = \begin{vmatrix} b & a & c \\ a & c & b \\ c & b & a \end{vmatrix}$$

证明 由行列式的性质得到

$$\begin{vmatrix} a+b & c & -a \\ a+c & b & -c \\ b+c & a & -b \end{vmatrix} = \begin{vmatrix} a+b-a & c & -a \\ a+c-c & b & -c \\ b+c-b & a & -b \end{vmatrix} = \begin{vmatrix} b & c & -a \\ a & b & -c \\ c & a & -b \end{vmatrix} = -\begin{vmatrix} b & c & a \\ a & b & c \\ c & a & b \end{vmatrix} = \begin{vmatrix} b & a & c \\ a & c & b \\ c & b & a \end{vmatrix}$$

此题是根据行列式的特点,把第 3 列加到第一列,再提出公因子得到的.

1.3 行列式的计算

计算行列式的基本思想,是运用行列式的性质将行列式化为容易计算的行列式,或者运用行列式的展开定理将其化为较低阶的行列式.

1.3.1 特殊行列式

在行列式中,有些行列式比较特殊,如三角形行列式、对角形行列式和奇数阶反对称行列式等,这些行列式的值与某些特定元素有关或者等于零.特别是三角形行列式,在计算行列式的值中有重要作用.

例 1 计算行列式的值.

$$D=\begin{vmatrix} a_{11} & a_{12} & \cdots & a_{1n} \\ 0 & a_{22} & \cdots & a_{2n} \\ \vdots & \vdots & & \vdots \\ 0 & 0 & \cdots & a_{nn} \end{vmatrix}$$

解 由行列式的性质,得到

$$D=D^T=\begin{vmatrix} a_{11} & 0 & \cdots & 0 \\ a_{12} & a_{22} & \cdots & 0 \\ \vdots & \vdots & & \vdots \\ a_{1n} & a_{2n} & \cdots & a_{nn} \end{vmatrix}=a_{11}a_{22}\cdots a_{nn}$$

这里,计算 D^T 的值是根据 n 阶行列式定义进行的,与 1.1 例 5 方法一样.

计算行列式时,可应用行列式性质将其化为例 1 所示的**上三角形行列式**,则其值为对角线上的元素乘积.将上三角形行列式转置得到的行列式 D^T 称为**下三角形行列式**,上下三角形行列式的值相等.

特殊情况:

$$D=\begin{vmatrix} a_{11} & 0 & \cdots & 0 \\ 0 & a_{22} & \cdots & 0 \\ \vdots & \vdots & & \vdots \\ 0 & 0 & \cdots & a_{nn} \end{vmatrix}=a_{11}a_{22}\cdots a_{nn}$$

这种行列式称为**对角行列式**.

三角形行列式和对角形行列式的值,都等于主对角线上元素的乘积.

类似地,可以得到下列结论:

NOTE

$$\begin{vmatrix} a_{11} & a_{12} & \cdots & a_{1n-1} & a_{1n} \\ a_{21} & a_{22} & \cdots & a_{2n-1} & 0 \\ a_{31} & a_{32} & \cdots & 0 & 0 \\ \vdots & \vdots & & \vdots & \vdots \\ a_{n1} & 0 & \cdots & 0 & 0 \end{vmatrix} = \begin{vmatrix} 0 & 0 & \cdots & 0 & a_{1n} \\ 0 & 0 & \cdots & a_{2n-1} & a_{2n} \\ 0 & 0 & \cdots & 0 & 0 \\ \vdots & \vdots & & \vdots & \vdots \\ a_{n1} & a_{n2} & \cdots & a_{nn-1} & a_{nn} \end{vmatrix} = (-1)^{\frac{n(n-1)}{2}} a_{1n}a_{2(n-1)}\cdots a_{n1}$$

由行列式的定义可知，其中只有一项不为零，即

$$(-1)^{\tau(n(n-1)\cdots 321)} a_{1n}a_{2(n-1)}\cdots a_{n1} = (-1)^{\frac{n(n-1)}{2}} a_{1n}a_{2(n-1)}\cdots a_{n1}$$

例 2 计算行列式的值.

$$\begin{vmatrix} 0 & a & b & c & d \\ -a & 0 & e & f & g \\ -b & -e & 0 & h & i \\ -c & -f & -h & 0 & g \\ -d & -g & -i & -g & 0 \end{vmatrix}$$

这个行列式的特点是元素 a_{ij} 与元素 a_{ji} 互为相反数，即

$$a_{ij} = -a_{ji}$$

而且阶数为奇数(5 阶). 具有这种特点的行列式，称为**奇数阶反对称行列式**.

解 记行列式为 D，由行列式的性质得到

$$D = D^T = \begin{vmatrix} 0 & -a & -b & -c & -d \\ a & 0 & -e & -f & -g \\ b & e & 0 & -h & -i \\ c & f & h & 0 & -g \\ d & g & i & g & 0 \end{vmatrix} = (-1)^5 \begin{vmatrix} 0 & a & b & c & d \\ -a & 0 & e & f & g \\ -b & -e & 0 & h & i \\ -c & -f & -h & 0 & g \\ -d & -g & -i & -g & 0 \end{vmatrix} = -D$$

故，$2D=0$，得到 $D=0$.

由此，可得任一奇数阶反对称行列式的值都为 0.

1.3.2 余子式与代数余子式

一般地，低阶行列式比高阶行列式较易于计算，在把高阶行列式变成低阶行列式时，要把行列式按一行(列)展开，这样要用到代数余子式的概念.

由三阶行列式的对角线法则，得到

$$\begin{aligned} &\begin{vmatrix} a_{11} & a_{12} & a_{13} \\ a_{21} & a_{22} & a_{23} \\ a_{31} & a_{32} & a_{33} \end{vmatrix} \\ &= a_{11}a_{22}a_{33} + a_{12}a_{23}a_{31} + a_{13}a_{21}a_{32} - a_{13}a_{22}a_{31} - a_{12}a_{21}a_{33} - a_{11}a_{23}a_{32} \\ &= a_{11}(a_{22}a_{33} - a_{23}a_{32}) - a_{12}(a_{21}a_{33} - a_{23}a_{31}) + a_{13}(a_{21}a_{32} - a_{22}a_{31}) \\ &= a_{11}\begin{vmatrix} a_{22} & a_{23} \\ a_{32} & a_{33} \end{vmatrix} - a_{12}\begin{vmatrix} a_{21} & a_{23} \\ a_{31} & a_{33} \end{vmatrix} + a_{13}\begin{vmatrix} a_{21} & a_{22} \\ a_{31} & a_{32} \end{vmatrix} \end{aligned} \tag{1-13}$$

NOTE

在式(1-13)中，二阶行列式

$$\begin{vmatrix} a_{22} & a_{23} \\ a_{32} & a_{33} \end{vmatrix}$$

就是在原行列式中将元素 a_{11}所在的行与列划去后，剩下的元素按原来的相对位置组成的低一阶的行列式. 这样的行列式称为 a_{11}的余子式，记为 M_{11}. 又如，a_{22}，a_{32}的余子式分别为

$$M_{22}=\begin{vmatrix} a_{11} & a_{13} \\ a_{31} & a_{33} \end{vmatrix},\quad M_{32}=\begin{vmatrix} a_{11} & a_{13} \\ a_{21} & a_{23} \end{vmatrix}$$

定义 1 在 n 阶行列式中，划去元素 a_{ij}所在的第 i 行和第 j 列后，余下的 $n-1$ 阶行列式称为元素 a_{ij}的**余子式**，记为 M_{ij}. 元素 a_{ij}的余子式 M_{ij}乘以$(-1)^{i+j}$后得到的式子，称为 a_{ij}的**代数余子式**，记为 A_{ij}，即

$$A_{ij}=(-1)^{i+j}M_{ij} \tag{1-14}$$

如，在上面的三阶行列式中，第一行元素的代数余子式为

$$A_{11}=(-1)^{1+1}\begin{vmatrix} a_{22} & a_{23} \\ a_{32} & a_{33} \end{vmatrix}=\begin{vmatrix} a_{22} & a_{23} \\ a_{32} & a_{33} \end{vmatrix}$$

$$A_{12}=(-1)^{1+2}\begin{vmatrix} a_{21} & a_{23} \\ a_{31} & a_{33} \end{vmatrix}=-\begin{vmatrix} a_{21} & a_{23} \\ a_{31} & a_{33} \end{vmatrix}$$

$$A_{13}=(-1)^{1+3}\begin{vmatrix} a_{21} & a_{22} \\ a_{31} & a_{32} \end{vmatrix}=\begin{vmatrix} a_{21} & a_{22} \\ a_{31} & a_{32} \end{vmatrix}$$

这样，式 1-13 可以写成第一行元素与相应代数余子式乘积之和，即

$$\begin{vmatrix} a_{11} & a_{12} & a_{13} \\ a_{21} & a_{22} & a_{23} \\ a_{31} & a_{32} & a_{33} \end{vmatrix}=a_{11}A_{11}+a_{12}A_{12}+a_{13}A_{13}$$

一般地，有如下的行列式展开定理.

定理 1 n 阶行列式等于其任一行(列)所有元素与相应代数余子式的乘积之和，即

$$D=\begin{vmatrix} a_{11} & a_{12} & \cdots & a_{1n} \\ a_{21} & a_{22} & \cdots & a_{2n} \\ \vdots & \vdots & & \vdots \\ a_{n1} & a_{n2} & \cdots & a_{nn} \end{vmatrix}\overset{(i)}{=\!=}\sum_{j=1}^{n}a_{ij}A_{ij} \tag{1-15}$$

其中，等号上方写(i)，表示 n 阶行列式按第 i 行展开.

证明 (1) 先证最特殊的情况，即第一行只有 $a_{11}\neq 0$，而其余元素均为零的情况.

由行列式的定义知，每一项都必须含有第一行的一个元素，但第一行只有 $a_{11}\neq 0$，所以一般项可写成

$$(-1)^{\tau(1j_2j_3\cdots j_n)}a_{11}a_{2j_2}\cdots a_{nj_n}=a_{11}\left[(-1)^{\tau(j_2j_3\cdots j_n)}a_{2j_2}\cdots a_{nj_n}\right]$$

上式等号右边括号内的式子正是 M_{11}的一般项，所以 $D=a_{11}M_{11}=a_{11}(-1)^{1+1}M_{11}=a_{11}A_{11}$.

(2) 再证行列式 D 中第 i 行第 j 列元素 $a_{ij}\neq 0$，其余元素均为零的情况.

NOTE

$$D=\begin{vmatrix} a_{11} & \cdots & a_{1j-1} & a_{1j} & a_{1j+1} & \cdots & a_{1n} \\ \vdots & & \vdots & \vdots & \vdots & & \vdots \\ a_{i-11} & \cdots & a_{i-1j-1} & a_{i-1j} & a_{i-1j+1} & \cdots & a_{i-1n} \\ 0 & \cdots & 0 & a_{ij} & 0 & \cdots & 0 \\ a_{i+11} & \cdots & a_{i+1j-1} & a_{i+1j} & a_{i+1j+1} & \cdots & a_{i+1n} \\ \vdots & & \vdots & \vdots & \vdots & & \vdots \\ a_{n1} & \cdots & a_{nj-1} & a_{nj} & a_{nj+1} & \cdots & a_{nn} \end{vmatrix}$$

先进行交换，将 D 中的第 i 行，经过 $i-1$ 次交换到第 1 行；再进行列的交换，经过 $j-1$ 次交换到第 1 列，共经过了 $i+j-2$ 次交换，得行列式

$$D=(-1)^{i+j-2}\begin{vmatrix} a_{ij} & 0 & \cdots & 0 & 0 & \cdots & 0 \\ a_{1j} & a_{11} & \cdots & a_{1j-1} & a_{1j+1} & \cdots & a_{1n} \\ \vdots & \vdots & & \vdots & \vdots & & \vdots \\ a_{i-1j} & a_{i-11} & \cdots & a_{i-1j-1} & a_{i-1j+1} & \cdots & a_{i-1n} \\ a_{i+1j} & a_{i+11} & \cdots & a_{i+1j-1} & a_{i+1j+1} & \cdots & a_{i+1n} \\ \vdots & \vdots & \vdots & \vdots & & \vdots \\ a_{nj} & a_{n1} & \cdots & a_{nj-1} & a_{nj+1} & \cdots & a_{nn} \end{vmatrix}$$

$$=(-1)^{i+j}a_{ij}M_{ij}=a_{ij}A_{ij}$$

（3）最后证一般情形，可把行列式 D 写成如下形式

$$D=\begin{vmatrix} a_{11} & a_{12} & \cdots & a_{1n} \\ \vdots & \vdots & & \vdots \\ a_{i1}+0+\cdots+0 & 0+a_{i2}+0+\cdots+0 & \cdots & 0+\cdots+a_{in} \\ \vdots & \vdots & & \vdots \\ a_{n1} & a_{n2} & \cdots & a_{nn} \end{vmatrix}$$

$$=\begin{vmatrix} a_{11} & a_{12} & \cdots & a_{1n} \\ \vdots & \vdots & & \vdots \\ a_{i1} & 0 & & 0 \\ \vdots & \vdots & & \vdots \\ a_{n1} & a_{n2} & \cdots & a_{nn} \end{vmatrix}+\begin{vmatrix} a_{11} & a_{12} & \cdots & a_{1n} \\ \vdots & \vdots & & \vdots \\ 0 & a_{i2} & & 0 \\ \vdots & \vdots & & \vdots \\ a_{n1} & a_{n2} & \cdots & a_{nn} \end{vmatrix}+\cdots+\begin{vmatrix} a_{11} & a_{12} & \cdots & a_{1n} \\ \vdots & \vdots & & \vdots \\ 0 & 0 & & a_{in} \\ \vdots & \vdots & & \vdots \\ a_{n1} & a_{n2} & \cdots & a_{nn} \end{vmatrix}$$

$$=a_{i1}A_{i1}+a_{i2}A_{i2}+\cdots+a_{in}A_{in}$$

定理得证.

例 3 分别按第一行与第二列展开行列式.

$$D=\begin{vmatrix} 1 & 0 & -2 \\ 1 & 1 & 3 \\ -2 & 3 & 1 \end{vmatrix}$$

解 ① 按第一行展开，得到

$$D=1\times(-1)^{1+1}\begin{vmatrix} 1 & 3 \\ 3 & 1 \end{vmatrix}+0\times(-1)^{1+2}\begin{vmatrix} 1 & 3 \\ -2 & 1 \end{vmatrix}-2\times(-1)^{1+3}\begin{vmatrix} 1 & 1 \\ -2 & 3 \end{vmatrix}$$

NOTE

$=1\times(-8)+0+(-2)\times5=-18$

② 按第二列展开

$$D=0\times(-1)^{1+2}\begin{vmatrix}1&3\\-2&1\end{vmatrix}+1\times(-1)^{2+2}\begin{vmatrix}1&-2\\-2&1\end{vmatrix}+3\times(-1)^{3+2}\begin{vmatrix}1&-2\\1&3\end{vmatrix}$$

$$=0+1\times(-3)+3\times(-1)\times5=-18$$

定理 2 n 阶行列式 $D=\det(a_{ij})$ 的某一行(列)的元素与另一行(列)的对应元素的代数余子式乘积之和等于零,即

$$a_{i1}A_{j1}+a_{i2}A_{j2}+\cdots+a_{in}A_{jn}=0 \quad (i\neq j)$$

$$a_{1i}A_{1j}+a_{2i}A_{2j}+\cdots+a_{ni}A_{nj}=0 \quad (i\neq j) \qquad (1-16)$$

证明 将行列式 D 按第 j 行展开有

$$a_{j1}A_{j1}+a_{j2}A_{j2}+\cdots+a_{jn}A_{jn}=\begin{vmatrix}a_{11}&a_{12}&\cdots&a_{1n}\\\vdots&\vdots&&\vdots\\a_{i1}&a_{i2}&\cdots&a_{in}\\\vdots&\vdots&&\vdots\\a_{j1}&a_{j2}&\cdots&a_{jn}\\\vdots&\vdots&&\vdots\\a_{n1}&a_{n2}&\cdots&a_{nn}\end{vmatrix}$$

把上式中的 a_{jk} 换成 $a_{ik}(k=1,2,\cdots n)$,得到

$$a_{i1}A_{j1}+a_{i2}A_{j2}+\cdots+a_{in}A_{jn}=\begin{vmatrix}a_{11}&a_{12}&\cdots&a_{1n}\\\vdots&\vdots&&\vdots\\a_{i1}&a_{i2}&\cdots&a_{in}\\\vdots&\vdots&&\vdots\\a_{i1}&a_{i2}&\cdots&a_{in}\\\vdots&\vdots&&\vdots\\a_{n1}&a_{n2}&\cdots&a_{nn}\end{vmatrix}$$

上式右端当 $i\neq j$ 时,有两行对应元素相同,其行列式的值为零,所以得

$$a_{i1}A_{j1}+a_{i2}A_{j2}+\cdots+a_{in}A_{jn}=0$$

同理,将行列式 D 中第 i 列的元素换为第 j 列($i\neq j$)的对应元素,可证 D 按列展开的结论.

1.3.3 行列式的计算

高于三阶的行列式不能使用对角线法则,计算较为复杂.为了运算清晰及便于检验每一步的正确性,现作如下规定:

1. 如果行列式第 i 行(列)与第 j 行(列)交换位置,记为

$$(i),(j)$$

2. 如果将行列式中第 i 行(列)乘以常数 k 加到第 j 行(列),记为

$$(j)+k(i)$$

3. 进行行变换的记号写在等号上方,进行列变换的记号写在等号下方.

NOTE

例 4 计算行列式的值

$$D=\begin{vmatrix}0&-1&-1&2\\1&-1&0&2\\-1&2&-1&0\\2&1&1&0\end{vmatrix}$$

解 利用行列式性质将其化为上三角形行列式，得到

$$D=\begin{vmatrix}0&-1&-1&2\\1&-1&0&2\\-1&2&-1&0\\2&1&1&0\end{vmatrix}\xlongequal{\substack{(1),(2)\\(3)+(1)\\(4)-2(1)}}-\begin{vmatrix}1&-1&0&2\\0&-1&-1&2\\0&1&-1&2\\0&3&1&-4\end{vmatrix}\xlongequal{\substack{(3)+(2)\\(4)+3(2)}}-\begin{vmatrix}1&-1&0&2\\0&-1&-1&2\\0&0&-2&4\\0&0&-2&2\end{vmatrix}$$

$$\xlongequal{(4)-(3)}-\begin{vmatrix}1&-1&0&2\\0&-1&-1&2\\0&0&-2&4\\0&0&0&-2\end{vmatrix}=-1\times(-1)\times(-2)\times(-2)=4$$

利用行列式性质将其化为上三角形行列式，这是计算高阶行列式的一种典型方法. 上三角形行列式，其值为对角线上元素的乘积.

例 5 计算行列式的值.

$$D=\begin{vmatrix}5&2&-6&-3\\-4&7&-2&4\\-2&3&4&1\\7&-8&-10&-5\end{vmatrix}$$

解 利用行列式性质降阶，得到

$$D\xlongequal[\substack{(1)+2(4)\\(2)-3(4)\\(3)-4(4)}]{}\begin{vmatrix}-1&11&6&-3\\4&-5&-18&4\\0&0&0&1\\-3&7&10&-5\end{vmatrix}=1\times(-1)^{3+4}\times\begin{vmatrix}-1&11&6\\4&-5&-18\\-3&7&10\end{vmatrix}\xlongequal{\substack{(2)+4(1)\\(3)-3(1)}}-\begin{vmatrix}-1&11&6\\0&39&6\\0&-26&-8\end{vmatrix}$$

$$=-(-1)\times(-1)^{1+1}\begin{vmatrix}39&6\\-26&-8\end{vmatrix}=3\times(-2)\times\begin{vmatrix}13&2\\13&4\end{vmatrix}=-6\times\begin{vmatrix}13&2\\0&2\end{vmatrix}=-6\times13\times2=-156$$

这种计算行列式的方法，主要是用性质将某行(列)的$(n-1)$个元素化为0，再用行列式展开定理按这一行(列)展开，将其化为低一阶的行列式. 如此进行下去，最后化为二阶行列式，即可求出行列式的值.

例 6 计算 n 阶行列式的值.

$$D=\begin{vmatrix}a&b&b&\cdots&b\\b&a&b&\cdots&b\\b&b&a&\cdots&b\\\vdots&\vdots&\vdots&&\vdots\\b&b&b&\cdots&a\end{vmatrix}$$

解 利用行列式性质,得到

$$D=\begin{vmatrix} a & b & b & \cdots & b \\ b & a & b & \cdots & b \\ b & b & a & \cdots & b \\ \vdots & \vdots & \vdots & & \vdots \\ b & b & b & \cdots & a \end{vmatrix} \xlongequal[\substack{(1)+(2)\\(1)+(3)\\ \cdots \\(1)+(n)}]{} \begin{vmatrix} a+(n-1)b & b & b & \cdots & b \\ a+(n-1)b & a & b & \cdots & b \\ a+(n-1)b & b & a & \cdots & b \\ \vdots & \vdots & \vdots & & \vdots \\ a+(n-1)b & b & b & \cdots & a \end{vmatrix}$$

$$\xlongequal[]{\substack{(2)-(1)\\(3)-(1)\\ \cdots \\(n)-(1)}} \begin{vmatrix} a+(n-1)b & b & b & \cdots & b \\ 0 & a-b & 0 & \cdots & 0 \\ 0 & 0 & a-b & \cdots & 0 \\ \vdots & \vdots & \vdots & & \vdots \\ 0 & 0 & 0 & \cdots & a-b \end{vmatrix}$$

$$=[a+(n-1)b](a-b)^{n-1}$$

计算行列式要观察其中元素的特点,根据元素的特点选择计算方法.

例 7 求证:

$$\begin{vmatrix} a_1 & a_2 & c_1 & c_2 \\ a_3 & a_4 & c_3 & c_4 \\ 0 & 0 & b_1 & b_2 \\ 0 & 0 & b_3 & b_4 \end{vmatrix} = \begin{vmatrix} a_1 & a_2 \\ a_3 & a_4 \end{vmatrix} \times \begin{vmatrix} b_1 & b_2 \\ b_3 & b_4 \end{vmatrix}$$

证明 利用行列式性质,得到

$$\begin{vmatrix} a_1 & a_2 & c_1 & c_2 \\ a_3 & a_4 & c_3 & c_4 \\ 0 & 0 & b_1 & b_2 \\ 0 & 0 & b_3 & b_4 \end{vmatrix} = a_1\times\begin{vmatrix} a_4 & c_3 & c_4 \\ 0 & b_1 & b_2 \\ 0 & b_3 & b_4 \end{vmatrix} - a_3\times\begin{vmatrix} a_2 & c_1 & c_2 \\ 0 & b_1 & b_2 \\ 0 & b_3 & b_4 \end{vmatrix}$$

$$=a_1a_4\times\begin{vmatrix} b_1 & b_2 \\ b_3 & b_4 \end{vmatrix} - a_3a_2\times\begin{vmatrix} b_1 & b_2 \\ b_3 & b_4 \end{vmatrix} = (a_1a_4-a_3a_2)\times\begin{vmatrix} b_1 & b_2 \\ b_3 & b_4 \end{vmatrix} = \begin{vmatrix} a_1 & a_2 \\ a_3 & a_4 \end{vmatrix}\times\begin{vmatrix} b_1 & b_2 \\ b_3 & b_4 \end{vmatrix}$$

此行列式的值等于主对角上的两个行列式的乘积,对于 n 阶的也成立.

例 8 证明范德蒙(Vandermonde)行列式

$$D_n=\begin{vmatrix} 1 & 1 & \cdots & 1 \\ x_1 & x_2 & \cdots & x_n \\ x_1^2 & x_2^2 & \cdots & x_n^2 \\ \vdots & \vdots & & \vdots \\ x_1^{n-1} & x_2^{n-1} & \cdots & x_n^{n-1} \end{vmatrix} = \prod_{1\leqslant i<j\leqslant n}(x_i-x_j) \qquad (1-17)$$

证明 用数学归纳法证,对于 $n=2$ 的行列式有

$$\begin{vmatrix} 1 & 1 \\ x_1 & x_2 \end{vmatrix} = x_2-x_1$$

所以对于二阶行列式,式 1-17 是成立的.

设式 1-17 对于 $n-1$ 阶行列式是成立的,要证明 n 阶也是成立的.

NOTE

$$D_n \xlongequal[\substack{\cdots\cdots \\ (2)-x_1(1)}]{\substack{(n)-x_1(n-1) \\ (n-1)-x_1(n-2)}} \begin{vmatrix} 1 & 1 & \cdots & 1 \\ 0 & x_2-x_1 & \cdots & x_n-x_1 \\ 0 & x_2(x_2-x_1) & \cdots & x_n(x_n-x_1) \\ \vdots & \vdots & & \vdots \\ 0 & x_2^{n-2}(x_2-x_1) & \cdots & x_n^{n-2}(x_n-x_1) \end{vmatrix}$$

上式按第一列展开，并提出每一列的公因子 x_i-x_1，有

$$D_n=(x_2-x_1)(x_3-x_1)\cdots(x_n-x_1)\begin{vmatrix} 1 & 1 & \cdots & 1 \\ x_2 & x_3 & \cdots & x_n \\ \vdots & \vdots & & \vdots \\ x_2^{n-2} & x_3^{n-2} & \cdots & x_n^{n-2} \end{vmatrix}$$

上式右端的行列式是 $n-1$ 阶，由假设可知其等于 $x_i-x_j(2\leqslant i<j\leqslant n)$ 因子的乘积.

所以 $$D_n=(x_2-x_1)(x_3-x_1)\cdots(x_n-x_1)\prod_{2\leqslant i<j\leqslant n}(x_i-x_j)=\prod_{1\leqslant i<j\leqslant n}(x_i-x_j)$$

证毕.

例 9 计算行列式

$$\begin{vmatrix} 1 & 1 & 1 & 1 \\ 1 & 2 & 3 & 4 \\ 1 & 4 & 9 & 16 \\ 1 & 8 & 27 & 64 \end{vmatrix}$$

解 此行列式有范德蒙行列式的特点，故利用其结论有

$$\begin{vmatrix} 1 & 1 & 1 & 1 \\ 1 & 2 & 3 & 4 \\ 1 & 4 & 9 & 16 \\ 1 & 8 & 27 & 64 \end{vmatrix}=\begin{vmatrix} 1 & 1 & 1 & 1 \\ 1 & 2 & 3 & 4 \\ 1 & 2^2 & 3^2 & 4^2 \\ 1 & 2^3 & 3^3 & 4^3 \end{vmatrix}=(2-1)(3-1)(4-1)(3-2)(4-2)(4-3)=12$$

1.4 克莱姆法则

1.4.1 二元一次方程组的克莱姆法则

我们已经知道二元一次方程组

$$\begin{cases} a_{11}x_1+a_{12}x_2=b_1 \\ a_{21}x_1+a_{22}x_2=b_2 \end{cases}$$

在 $a_{11}a_{22}-a_{12}a_{21}\neq 0$ 时有唯一解，即

$$x_1=\frac{b_1a_{22}-a_{12}b_2}{a_{11}a_{22}-a_{12}a_{21}}=\frac{\begin{vmatrix} b_1 & a_{12} \\ b_2 & a_{22} \end{vmatrix}}{\begin{vmatrix} a_{11} & a_{12} \\ a_{21} & a_{22} \end{vmatrix}},x_2=\frac{a_{11}b_2-b_1a_{21}}{a_{11}a_{22}-a_{12}a_{21}}=\frac{\begin{vmatrix} a_{11} & b_1 \\ a_{21} & b_2 \end{vmatrix}}{\begin{vmatrix} a_{11} & a_{12} \\ a_{21} & a_{22} \end{vmatrix}} \tag{1-18}$$

NOTE

分母为二元一次方程组的系数保持原位置构成的行列式，称为**系数行列式**，记为 D. x_1 的分子为系数行列式第一列换为方程组等号右边的常数列构成的行列式，记为 D_1. x_2 的分子为系数行列式第二列换为方程组等号右边的常数列构成的行列式，记为 D_2. 这三个行列式表示为

$$D=\begin{vmatrix} a_{11} & a_{12} \\ a_{21} & a_{22} \end{vmatrix}, D_1=\begin{vmatrix} b_1 & a_{12} \\ b_2 & a_{22} \end{vmatrix}, D_2=\begin{vmatrix} a_{11} & b_1 \\ a_{21} & b_2 \end{vmatrix} \tag{1-19}$$

这样，在 $D\neq 0$ 时，方程组的解为

$$x_1=\frac{D_1}{D}, x_2=\frac{D_2}{D} \tag{1-20}$$

这个结论称为二元一次方程组克莱姆(Cramer)法则.

1.4.2 *n* 元一次方程组的克莱姆法则

一般地，n 元线性方程组有如下的克莱姆(Cramer)法则.

定理 1(克莱姆法则) 设 n 元线性方程组为

$$\begin{cases} a_{11}x_1+a_{12}x_2+\cdots+a_{1n}x_n=b_1 \\ a_{21}x_1+a_{22}x_2+\cdots+a_{2n}x_n=b_2 \\ \cdots\cdots\cdots\cdots\cdots\cdots\cdots\cdots \\ a_{n1}x_1+a_{n2}x_2+\cdots+a_{nn}x_n=b_n \end{cases} \tag{1-21}$$

若系数行列式 $D\neq 0$，则方程组有唯一解，即

$$x_1=\frac{D_1}{D}, x_2=\frac{D_2}{D}, \cdots, x_n=\frac{D_n}{D} \tag{1-22}$$

其中，$D_i(1,2,\cdots,n)$ 是把系数行列式 D 的第 i 列元素换为方程组等号右边的常数列 $b_1,b_2,\cdots,b_n$ 所得的 n 阶行列式，系数行列式 D 为

$$D=\begin{vmatrix} a_{11} & a_{12} & \cdots & a_{1n} \\ a_{21} & a_{22} & \cdots & a_{2n} \\ \vdots & \vdots & & \vdots \\ a_{n1} & a_{n2} & \cdots & a_{nn} \end{vmatrix} \tag{1-23}$$

证明 设方程组(1-21)有解 $x_1,x_2,\cdots,x_n$，则

$$Dx_1=\begin{vmatrix} a_{11}x_1 & a_{12} & \cdots & a_{1n} \\ a_{21}x_1 & a_{22} & \cdots & a_{2n} \\ \vdots & \vdots & & \vdots \\ a_{n1}x_1 & a_{n2} & \cdots & a_{nn} \end{vmatrix} \xlongequal[(1)+x_n(n)]{\substack{(1)+x_2(2) \\ (1)+x_3(3) \\ \cdots}} \begin{vmatrix} a_{11}x_1+a_{12}x_2+\cdots+a_{1n}x_n & a_{12} & \cdots & a_{1n} \\ a_{21}x_1+a_{22}x_2+\cdots+a_{2n}x_n & a_{22} & \cdots & a_{2n} \\ \vdots & \vdots & & \vdots \\ a_{n1}x_1+a_{n2}x_2+\cdots+a_{nn}x_n & a_{n2} & \cdots & a_{nn} \end{vmatrix}$$

$$=\begin{vmatrix} b_1 & a_{12} & \cdots & a_{1n} \\ b_2 & a_{22} & \cdots & a_{2n} \\ \vdots & \vdots & & \vdots \\ b_n & a_{n2} & \cdots & a_{nn} \end{vmatrix}=D_1$$

由 $D\neq 0$，得到

NOTE

$$x_1=\frac{D_1}{D}$$

同理,可得

$$x_2=\frac{D_2}{D},x_3=\frac{D_3}{D},\cdots,x_n=\frac{D_n}{D}$$

故,若方程组有解,则其解必为(1-22).

另外,不难验证(1-22)的确是方程组的解.

故(1-22)是方程组的唯一解,得证.

特别地,若方程组等号右边的常数项均为零,则称为**齐次线性方程组**,即

$$\begin{cases}a_{11}x_1+a_{12}x_2+\cdots+a_{1n}x_n=0\\a_{21}x_1+a_{22}x_2+\cdots+a_{2n}x_n=0\\\cdots\cdots\cdots\cdots\cdots\cdots\cdots\cdots\cdots\\a_{n1}x_1+a_{n2}x_2+\cdots+a_{nn}x_n=0\end{cases}\tag{1-24}$$

定理 2 如果齐次线性方程组(1-24)的系数行列式 $D\neq0$,则齐次线性方程组只有零解.

证明 因为 $D\neq0$,根据克莱姆法则,方程组(1-32)有唯一解

$$x_j=\frac{D_j}{D}(j=1,2,\cdots,n)$$

又由于行列式 $D_j(j=1,2,\cdots,n)$ 中有一列元素全为零,因而

$$D_j=0(j=1,2,\cdots,n)$$

所以,齐次线性方程组(1-24)仅有零解,得证.

齐次线性方程组有非零解的充要条件是 D=0,在线性方程组一章中详细讨论.

例 1 求解线性方程组.

$$\begin{cases}2x_1+x_2-5x_3+x_4=8\\x_1-3x_2-6x_4=9\\2x_2-x_3+2x_4=-5\\x_1+4x_2-7x_3+6x_4=0\end{cases}$$

解 方程组的系数行列式

$$D=\begin{vmatrix}2&1&-5&1\\1&-3&0&-6\\0&2&-1&2\\1&4&-7&6\end{vmatrix}=27\neq0$$

根据克莱姆法则,方程组有唯一解.

由于

$$D_1=\begin{vmatrix}8&1&-5&1\\9&-3&0&-6\\-5&2&-1&2\\0&4&-7&6\end{vmatrix}=81,D_2=\begin{vmatrix}2&8&-5&1\\1&9&0&-6\\0&-5&-1&2\\1&0&-7&6\end{vmatrix}=-108$$

NOTE

$$D_3=\begin{vmatrix}2&1&8&1\\1&-3&9&-6\\0&2&-5&2\\1&4&0&6\end{vmatrix}=-27,D_4=\begin{vmatrix}2&1&-5&8\\1&-3&0&9\\0&2&-1&-5\\1&4&-7&0\end{vmatrix}=27$$

故,方程组的解为

$$x_1=\frac{D_1}{D}=3,x_2=\frac{D_2}{D}=-4,x_3=\frac{D_3}{D}=-1,x_4=\frac{D_4}{D}=1$$

例 2 如果下列齐次线性方程组有非零解,k 应取何值?

$$\begin{cases}kx_1 \qquad\qquad +x_4=0\\x_1+2x_2 \qquad -x_4=0\\(k+2)x_1-x_2+4x_4=0\\2x_1+x_2+3x_3+kx_4=0\end{cases}$$

解 计算系数行列式,得到

$$D=\begin{vmatrix}k&0&0&1\\1&2&0&-1\\k+2&-1&0&4\\2&1&3&k\end{vmatrix}=-3\begin{vmatrix}k&0&1\\1&2&-1\\k+2&-1&4\end{vmatrix}=-15(k-1)$$

如果方程有非零解,则 $D=0$.

由 $-15(k-1)=0$,解得 $k=1$.

例 3 一个土建师、一个电气师、一个机械师组成一个技术服务社. 假设在一段时间内,每个人收入 1 元人民币需要支付其他两人的服务费用构成和实际收入如表 1-1 所示. 问这段时间内,每人的总收入是多少?(总收入=实际收入+支付服务费)

表 1-1 技术服务社内部服务费用构成

服务者	被服务者			
	土建师	电气师	机械师	实际收入
土建师	0	0.2	0.3	500
电气师	0.1	0	0.4	700
机械师	0.3	0.4	0	600

解 设土建师、电气师、机械师的总收入分别是 x_1,x_2,x_3 元.

根据题意,可以得到

$$\begin{cases}0.2x_2+0.3x_3+500=x_1\\0.1x_1+0.4x_3+700=x_2\\0.3x_1+0.4x_2+600=x_3\end{cases},即\begin{cases}x_1-0.2x_2-0.3x_3=500\\-0.1x_1+x_2-0.4x_3=700\\-0.3x_1-0.4x_2+x_3=600\end{cases}$$

因 $D=0.694\neq0$,根据克莱姆法则,方程组有唯一解.

由 $D_1=872,D_2=1005,D_3=1080$,得到

$$x_1=\frac{D_1}{D}\approx1256.48,x_2=\frac{D_2}{D}\approx1448.13,x_3=\frac{D_3}{D}\approx1556.20$$

在这段时间内,土建师、电气师、机械师的总收入分别是 1256.48 元,1448.13 元,1556.20 元.

NOTE

用克莱姆法则解线性方程组时,应满足两个条件:一是方程个数与未知数个数要相等,二是方程组系数行列式的值不等于零.

当系数行列式 D 的阶数 n 较大时,应用克莱姆法则解线性方程组需要计算 $n+1$ 个行列式的值. 这样的计算量相当大,采用手工计算不太实际. 但是,克莱姆法则在理论研究上是很重要的. 它告诉我们,只要系数行列式 $D\neq0$,线性方程组一定有唯一解. 计算量大的难题可以用数学软件解决,这样,克莱姆法则在实际应用中还是比较重要的.

习 题 1

1. 计算下列行列式的值.

① $\begin{vmatrix} a & a^2 \\ c & c^2 \end{vmatrix}$ ② $\begin{vmatrix} a^x & a^{-x} \\ a^x & 2 \end{vmatrix}$

③ $\begin{vmatrix} 2 & 5 & 0 \\ 4 & 3 & 2 \\ 2 & 1 & 4 \end{vmatrix}$ ④ $\begin{vmatrix} a & a & a \\ -a & a & x \\ -a & -a & x \end{vmatrix}$

⑤ $\begin{vmatrix} 0 & 0 & 1 & 0 \\ 0 & 1 & 0 & 0 \\ 0 & 0 & 0 & 1 \\ 1 & 0 & 0 & 0 \end{vmatrix}$ ⑥ $\begin{vmatrix} a_1 & a_2 & a_3 & a_4 & a_5 \\ b_1 & b_2 & b_3 & b_4 & b_5 \\ c_1 & c_2 & 0 & 0 & 0 \\ d_1 & d_2 & 0 & 0 & 0 \\ e_1 & e_2 & 0 & 0 & 0 \end{vmatrix}$

2. 求下面排列的逆序数,从而判断它们的奇偶性.

① 41253 ② 35247

③ 987654321 ④ $135\cdots(2n-1)246\cdots2n$

3. 在 6 阶行列式中,$a_{11}a_{26}a_{32}a_{44}a_{53}a_{65}$,$a_{51}a_{32}a_{13}a_{44}a_{65}a_{26}$这两项应该带什么符号?

4. 由行列式定义计算下式中 x^4 与 x^3 的系数,并说明理由.

$$f(x)=\begin{vmatrix} 2x & x & 1 & 2 \\ 1 & x & 1 & -1 \\ 3 & 2 & x & 1 \\ 1 & 1 & 1 & x \end{vmatrix}$$

5. 写出行列式 $D=\begin{vmatrix} a & 0 & 0 & g \\ 0 & c & e & 0 \\ 0 & d & f & 0 \\ b & 0 & 0 & h \end{vmatrix}$的展开式中不显为零的项.

6. 应用行列式的性质计算下列行列式的值.

① $\begin{vmatrix} 4a & 4b & 4c \\ 2a & 2b & 2c \\ m & n & l \end{vmatrix}$ ② $\begin{vmatrix} a & a & a \\ p & q & p+q \\ q & p & 0 \end{vmatrix}$

NOTE

③ $\begin{vmatrix} 1/2 & 1/3 & 1/4 \\ 12 & 24 & 36 \\ -5 & -4 & -3 \end{vmatrix}$ ④ $\begin{vmatrix} x & y & x+y \\ y & x+y & x \\ x+y & x & y \end{vmatrix}$

7. 下列计算过程中哪些步骤是对的,哪些不对,怎么改正?

① $\begin{vmatrix} a_{11} & a_{12} \\ a_{21} & a_{22} \end{vmatrix} = \begin{vmatrix} a_{11}+ka_{21} & a_{12}+ka_{22} \\ a_{21}-ha_{11} & a_{22}-ha_{12} \end{vmatrix}$ ② $\begin{vmatrix} a_{11} & a_{12} & a_{13} \\ a_{21} & a_{22} & a_{23} \\ a_{31} & a_{32} & a_{33} \end{vmatrix} = \begin{vmatrix} a_{11} & a_{12} & ka_{11}+ha_{13} \\ a_{21} & a_{22} & ka_{21}+ha_{23} \\ a_{31} & a_{32} & ka_{31}+ha_{33} \end{vmatrix}$

8. 应用行列式性质证明.

① $\begin{vmatrix} a_1+kb_1 & b_1+c_1 & c_1 \\ a_2+kb_2 & b_2+c_2 & c_2 \\ a_3+kb_3 & b_3+c_3 & c_3 \end{vmatrix} = \begin{vmatrix} a_1 & b_1 & c_1 \\ a_2 & b_2 & c_2 \\ a_3 & b_3 & c_3 \end{vmatrix}$ ② $\begin{vmatrix} a^2 & ab & b^2 \\ 2a & a+b & 2b \\ 1 & 1 & 1 \end{vmatrix} = (a-b)^3$

③ $\begin{vmatrix} y+z & z+x & x+y \\ x+y & y+z & z+x \\ z+x & x+y & y+z \end{vmatrix} = 2\begin{vmatrix} x & y & z \\ z & x & y \\ y & z & x \end{vmatrix}$ ④ $\begin{vmatrix} ax & a^2+x^2 & 1 \\ ay & a^2+y^2 & 1 \\ az & a^2+z^2 & 1 \end{vmatrix} = a(x-y)(y-z)(z-x)$

9. 求证:下列的行列式方程是经过不同的两点 $P_1(x_1,y_1)$,$P_2(x_2,y_2)$ 的直线方程.

$$\begin{vmatrix} x & y & 1 \\ x_1 & y_1 & 1 \\ x_2 & y_2 & 1 \end{vmatrix} = 0$$

10. 计算下列行列式的值.

① $\begin{vmatrix} 4 & 2 & 2 & 2 \\ 2 & 4 & 2 & 2 \\ 2 & 2 & 4 & 2 \\ 2 & 2 & 2 & 4 \end{vmatrix}$ ② $\begin{vmatrix} 4 & 3 & 2 & 1 \\ 3 & 2 & 1 & 4 \\ 2 & 1 & 4 & 3 \\ 1 & 4 & 3 & 2 \end{vmatrix}$

③ $\begin{vmatrix} 1+x & 1 & 1 & 1 \\ 1 & 1-x & 1 & 1 \\ 1 & 1 & 1+y & 1 \\ 1 & 1 & 1 & 1-y \end{vmatrix}$ ④ $\begin{vmatrix} x & y & 0 & \cdots & 0 & 0 \\ 0 & x & y & \cdots & 0 & 0 \\ \vdots & \vdots & \vdots & & \vdots & \vdots \\ 0 & 0 & 0 & \cdots & x & y \\ y & 0 & 0 & \cdots & 0 & x \end{vmatrix}$

⑤ $\begin{vmatrix} -a_1 & a_1 & 0 & \cdots & 0 & 0 \\ 0 & -a_2 & a_2 & \cdots & 0 & 0 \\ \vdots & \vdots & \vdots & & \vdots & \vdots \\ 0 & 0 & 0 & \cdots & -a_n & a_n \\ 1 & 1 & 1 & \cdots & 1 & 1 \end{vmatrix}$ ⑥ $\begin{vmatrix} x & 1 & 1 & \cdots & 1 \\ 1 & x & 1 & \cdots & 1 \\ 1 & 1 & x & \cdots & 1 \\ \vdots & \vdots & \vdots & & \vdots \\ 1 & 1 & 1 & \cdots & x \end{vmatrix}$

⑦ $\begin{vmatrix} a^2 & (a+1)^2 & (a+2)^2 & (a+3)^2 \\ b^2 & (b+1)^2 & (b+2)^2 & (b+3)^2 \\ c^2 & (c+1)^2 & (c+2)^2 & (c+3)^2 \\ d^2 & (d+1)^2 & (d+2)^2 & (d+3)^2 \end{vmatrix}$ ⑧ $\begin{vmatrix} 1 & 1 & 1 & 1 \\ 1 & 2 & 3 & 4 \\ 1 & 3 & 6 & 10 \\ 1 & 4 & 10 & 20 \end{vmatrix}$

NOTE

⑨ $\begin{vmatrix} n & n-1 & \cdots & 3 & 2 & 1 \\ n & n-1 & \cdots & 3 & 2 & 2 \\ n & n-1 & \cdots & 3 & 3 & 3 \\ \vdots & \vdots & & \vdots & \vdots & \vdots \\ n & n-1 & \cdots & n-1 & n-1 & n-1 \\ n & n & \cdots & n & n & n \end{vmatrix}$　　⑩ $\begin{vmatrix} 1 & 1 & 2 & 3 & 1 \\ 3 & -1 & -1 & 2 & 2 \\ 2 & 3 & -1 & -1 & 0 \\ 1 & 2 & 3 & 0 & 1 \\ -2 & 2 & 1 & 1 & 0 \end{vmatrix}$

11. 按行列式展开定理的方法计算下行列式的值.

① $\begin{vmatrix} 1 & 0 & -2 & 4 \\ -3 & 7 & 2 & 1 \\ 2 & 1 & -5 & -3 \\ 0 & -4 & 11 & 12 \end{vmatrix}$　　② $\begin{vmatrix} 4 & 1 & -2 & -3 \\ -2 & -3 & 6 & 4 \\ 3 & -4 & 5 & 2 \\ 5 & 2 & 3 & 7 \end{vmatrix}$

12. 将行列式化为三角形行列式,计算行列式的值.

① $\begin{vmatrix} -2 & 2 & -4 & 0 \\ 4 & -1 & 3 & 5 \\ 3 & 1 & -2 & -3 \\ 2 & 0 & 5 & 1 \end{vmatrix}$　　② $\begin{vmatrix} x-1 & 2 & 3 & \cdots & n \\ 1 & x-2 & 1 & \cdots & 1 \\ 1 & 1 & x-3 & \cdots & 1 \\ \vdots & \vdots & \vdots & & \vdots \\ 1 & 1 & 1 & \cdots & x-n \end{vmatrix}$

13. 讨论当 k 为何值时,下式成立.

$$\begin{vmatrix} 1 & 1 & 0 & 0 \\ 1 & k & 1 & 0 \\ 0 & 0 & k & 2 \\ 0 & 0 & 2 & k \end{vmatrix} \neq 0$$

14. 已知三角形的三顶点为 $A(x_1,y_1)$,$B(x_2,y_2)$,$C(x_3,y_3)$,证明:三角形的面积为

$$S=\frac{1}{2}\begin{vmatrix} x_1 & y_1 & 1 \\ x_2 & y_2 & 1 \\ x_3 & y_3 & 1 \end{vmatrix}$$

的绝对值,并以此求 $A(1,1)$,$B(3,4)$,$C(5,-2)$,$D(4,-7)$ 为顶点的四边形的面积.

15. 利用克莱姆法则计算下列线性方程组的解.

① $\begin{cases} x_1+x_2-2x_3=-3 \\ 5x_1-2x_2+7x_3=22 \\ 2x_1-5x_2+4x_3=4 \end{cases}$　　② $\begin{cases} 2x_1+x_2-5x_3+x_4=8 \\ x_1-3x_2-6x_4=9 \\ 2x_2-x_3+2x_4=-5 \\ x_1+4x_2-7x_3+6x_4=0 \end{cases}$

③ $\begin{cases} \dfrac{x_1+2}{x_2-2}=\dfrac{3}{2} \\ \dfrac{x_2+1}{x_3+3}=4 \\ \dfrac{x_3+4}{x_1-1}=-\dfrac{4}{3} \end{cases}$　　④ $\begin{cases} lx_1=mx_2=nx_3 \\ ax_1+bx_2+cx_3=d \end{cases}$ $(amn+bnl+cml\neq 0)$

NOTE

16. 齐次线性方程组有非零解，确定 k 值.

① $\begin{cases} 4x_1-2x_2+kx_3=0 \\ kx_1-x_2+x_3=0 \\ 6x_1-3x_2+(k+1)x_3=0 \end{cases}$　　② $\begin{cases} kx_1+x_2+x_3+x_4=0 \\ x_1+kx_2+x_3+x_4=0 \\ x_1+x_2+kx_3+x_4=0 \\ x_1+x_2+x_3+kx_4=0 \end{cases}$

17. k 取什么值时，下列齐次线性方程组仅有零解.

$$\begin{cases} kx+y-z=0 \\ x+ky-z=0 \\ 2x-y+z=0 \end{cases}$$

18. 某工厂有三车间，各个车间互相提供产品或劳务. 今年各车间出厂产量及对其他车间的消耗见表 1-2. 表中，第一列消耗系数 0.1，0.2，0.5 表示第一车间生产一万元的产品需分别消耗一、二、三车间 0.1 万元、0.2 万元、0.5 万元的产品，第二、三列类同. 求今年各车间的总产量.

表 1-2　某工厂各车间出厂产量及对其他车间的消耗系数

部门	消耗系数			出厂产量	总产量
	一车间	二车间	三车间		
一车间	0.1	0.2	0.45	22	x_1
二车间	0.2	0.2	0.3	0	x_2
三车间	0.5	0	0.12	55.6	x_3

NOTE

2 矩 阵

2.1 矩阵概念

2.1.1 矩阵的定义

首先,我们列举两个实例,引出矩阵的定义.

例 1 某医药公司向三个药店提供三种中成药的数量,如表 2-1 所示.

表 2-1 某医药公司向三个药店提供三种中成药的数量

名称	青羊小区药店	白果林小区药店	石人小区药店
六味地黄丸	50	50	100
陈香露白露片	170	30	100
通宣理肺丸	380	20	100

解 向三个药店提供三种中成药的数量,可以列为一个矩形数表,即

$$\boldsymbol{A}=\begin{pmatrix}50 & 50 & 100\\170 & 30 & 100\\380 & 20 & 100\end{pmatrix}$$

例 2 由 m 个方程构成的 n 元线性方程组,即

$$\begin{cases}a_{11}x_1+a_{12}x_2+\cdots+a_{1n}x_n=b_1\\a_{21}x_1+a_{22}x_2+\cdots+a_{2n}x_n=b_2\\\cdots\cdots\cdots\cdots\cdots\cdots\cdots\cdots\cdots\cdots\\a_{m1}x_1+a_{m2}x_2+\cdots+a_{mn}x_n=b_m\end{cases}$$

解 保持各个量的位置,省去变量记号,可以简写为一个矩形数表,即

$$\boldsymbol{B}=\begin{pmatrix}a_{11} & a_{12} & \cdots & a_{1n} & b_1\\a_{21} & a_{22} & \cdots & a_{2n} & b_2\\\vdots & \vdots & & \vdots & \vdots\\a_{m1} & a_{m2} & \cdots & a_{mn} & b_m\end{pmatrix}$$

定义 1 由 $m\times n$ 个数 $a_{ij}(i=1,2,\cdots,m;j=1,2,\cdots,n)$ 组成的 m 行 n 列的矩形数表

$$\boldsymbol{A}=\begin{pmatrix}a_{11} & a_{12} & \cdots & a_{1n}\\a_{21} & a_{22} & \cdots & a_{2n}\\\vdots & \vdots & & \vdots\\a_{m1} & a_{m2} & \cdots & a_{mn}\end{pmatrix} \tag{2-1}$$

NOTE

称为 m 行 n 列**矩阵**(matrix),简称 $m\times n$ 矩阵,记为 $\boldsymbol{A}_{m\times n}$ 或 $\boldsymbol{A}$. 构成矩阵的 $m\times n$ 个数,称为矩阵 $\boldsymbol{A}$ 的**元素**,简称为**元**,记为 a_{ij},表示位于矩阵 $\boldsymbol{A}$ 的第 i 行第 j 列. 以数 a_{ij} 为元的矩阵,可以简记为 $(a_{ij})_{m\times n}$ 或 (a_{ij}).

2.1.2 特殊矩阵

行数相等且列数也相等的两个矩阵,称为**同型矩阵**.

若 $\boldsymbol{A}=(a_{ij})_{m\times n}$、$\boldsymbol{B}=(b_{ij})_{m\times n}$ 是同型矩阵,且它们的对应元素相等,即

$$a_{ij}=b_{ij}(i=1,2,\cdots,m;j=1,2,\cdots,n)$$

则称矩阵 $\boldsymbol{A}$ 与矩阵 $\boldsymbol{B}$ **相等**,记作 $\boldsymbol{A}=\boldsymbol{B}$.

元素都是零的矩阵称为**零矩阵**,记作 $\boldsymbol{O}_{m\times n}$ 或 $\boldsymbol{O}$,不同型的零矩阵是不同的,即

$$\boldsymbol{O}_{m\times n}=\begin{pmatrix}0 & \cdots & 0\\ \vdots & \vdots & \vdots\\ 0 & \cdots & 0\end{pmatrix}_{m\times n} \tag{2-2}$$

只有一行的矩阵,称为**行矩阵**或**行向量**,即

$$\boldsymbol{A}=(a_1,a_2,\cdots,a_n) \tag{2-3}$$

只有一列的矩阵,称为**列矩阵**或**列向量**,即

$$\boldsymbol{B}=\begin{pmatrix}b_1\\ b_2\\ \vdots\\ b_m\end{pmatrix} \tag{2-4}$$

行数与列数都等于 n 的矩阵 $\boldsymbol{A}$,称为 n 阶**方阵**,记作 $\boldsymbol{A}_n$. 方阵左上角元到右下角元的直线,称为**主对角线**. n 阶方阵保持各元位置得到的 n 阶行列式为**方阵 $\boldsymbol{A}_n$ 的行列式**,记作 $|\boldsymbol{A}_n|$ 或 $\det(\boldsymbol{A}_n)$. n 阶方阵 $\boldsymbol{A}$ 与方阵行列式各表示为

$$\boldsymbol{A}_n=\begin{pmatrix}a_{11} & \cdots & a_{1n}\\ \vdots & \vdots & \vdots\\ a_{n1} & \cdots & a_{nn}\end{pmatrix},\ |\boldsymbol{A}_n|=\begin{vmatrix}a_{11} & \cdots & a_{1n}\\ \vdots & \vdots & \vdots\\ a_{n1} & \cdots & a_{nn}\end{vmatrix} \tag{2-5}$$

主对角线下方的元全为 0 的 n 阶方阵,称为**上三角矩阵**,即

$$\begin{pmatrix}a_{11} & a_{12} & \cdots & a_{1n}\\ 0 & a_{22} & \cdots & a_{2n}\\ 0 & 0 & \ddots & \vdots\\ 0 & 0 & 0 & a_{nn}\end{pmatrix} \tag{2-6}$$

主对角线上方的元全为 0 的 n 阶方阵,称为**下三角矩阵**,即

$$\begin{pmatrix}a_{11} & 0 & 0 & 0\\ a_{21} & a_{22} & 0 & 0\\ \vdots & \vdots & \ddots & 0\\ a_{n1} & a_{n2} & \cdots & a_{nn}\end{pmatrix} \tag{2-7}$$

NOTE

2.1.3 线性变换

若 n 个变量 $x_1,x_2,\cdots,x_n$ 与 m 个变量 $y_1,y_2,\cdots,y_m$ 之间的关系式为

$$\begin{cases} y_1=a_{11}x_1+a_{12}x_2+\cdots+a_{1n}x_n \\ y_2=a_{21}x_1+a_{22}x_2+\cdots+a_{2n}x_n \\ \cdots\cdots\cdots\cdots\cdots\cdots\cdots\cdots \\ y_m=a_{m1}x_1+a_{m2}x_2+\cdots+a_{mn}x_n \end{cases} \tag{2-8}$$

则称这种关系式为从变量 $x_1,x_2,\cdots,x_n$ 到变量 $y_1,y_2,\cdots,y_m$ 的一个**线性变换**,其中 a_{ij} 为常数. 线性变换的系数 a_{ij} 构成矩阵 $\boldsymbol{A}=(a_{ij})_{m\times n}$,称为线性变换的**系数矩阵**.

线性变换和矩阵之间,存在着一一对应的关系.

(1) 恒等变换

$$\begin{cases} y_1=x_1 \\ y_2=x_2 \\ \cdots\cdots \\ y_n=x_n \end{cases} \tag{2-9}$$

它对应的 n 阶方阵称为 n 阶**单位矩阵**,简称单位阵,通常记为 $\boldsymbol{E}$,即

$$\boldsymbol{E}=\begin{pmatrix} 1 & 0 & \cdots & 0 \\ 0 & 1 & \cdots & 0 \\ \vdots & \vdots & & \vdots \\ 0 & 0 & \cdots & 1 \end{pmatrix} \tag{2-10}$$

单位阵的特点是:主对角线上的元素全为 1,其它元素全为 0,即单位阵 $\boldsymbol{E}$ 的第 i 行第 j 列元素 a_{ij} 为

$$a_{ij}=\begin{cases} 1, 当\ i=j \\ 0, 当\ i\neq j \end{cases} (i,j=1,2,\cdots,n)$$

(2) 正比例变换

$$\begin{cases} y_1=\lambda_1x_1 \\ y_2=\lambda_2x_2 \\ \cdots\cdots \\ y_n=\lambda_nx_n \end{cases} \tag{2-11}$$

它对应的 n 阶方阵称为 n 阶**对角矩阵**,简称对角阵,即

$$\boldsymbol{\Lambda}=\begin{pmatrix} \lambda_1 & 0 & \cdots & 0 \\ 0 & \lambda_2 & \cdots & 0 \\ \vdots & \vdots & & \vdots \\ 0 & 0 & \cdots & \lambda_n \end{pmatrix} \tag{2-12}$$

对角阵的特点是:不在主对角线上的元素全是 0. 对角阵常简记为

$$\boldsymbol{\Lambda}=\mathrm{diag}(\lambda_1,\lambda_2,\cdots,\lambda_n) \tag{2-13}$$

NOTE

特别地,主对角元全为 k 的 n 阶对角阵,称为**数量矩阵或纯量矩阵**,并简记为 $\boldsymbol{k}^*$,即

$$\boldsymbol{k}^{*}=\begin{pmatrix} k & 0 & 0 & 0 \\ 0 & k & 0 & 0 \\ 0 & 0 & k & 0 \\ 0 & 0 & 0 & k \end{pmatrix} \tag{2-14}$$

利用矩阵可以研究线性变换,也可利用线性变换来解释矩阵的涵义.例如,二阶方阵

$$\begin{pmatrix} 1 & 0 \\ 0 & -1 \end{pmatrix},\begin{pmatrix} 1 & 0 \\ 0 & 0 \end{pmatrix},\begin{pmatrix} \cos\alpha & -\sin\alpha \\ \sin\alpha & \cos\alpha \end{pmatrix}$$

分别表示对称变换,投影变换,旋转变换,即

$$\begin{cases} y_1=x_1 \\ y_2=-x_2 \end{cases},\begin{cases} y_1=x_1 \\ y_2=0 \end{cases},\begin{cases} y_1=\cos\alpha\cdot x_1-\sin\alpha\cdot x_2 \\ y_2=\sin\alpha\cdot x_1+\cos\alpha\cdot x_2 \end{cases}$$

几何图形上,分别表示关于 x 轴对称,向 x 轴投影,绕原点旋转,见图 2-1.

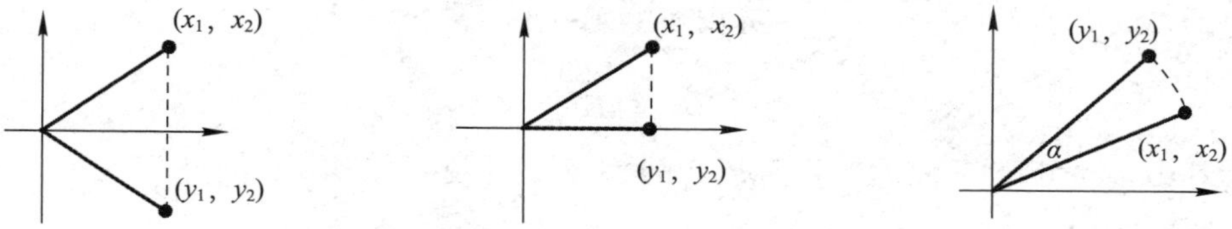

图 2-1 关于 x 轴对称,向 x 轴投影,绕原点旋转

2.2 矩阵的运算

2.2.1 矩阵的加法

定义 1 设有两个同型矩阵 $\boldsymbol{A}=(a_{ij})_{m\times n}$、$\boldsymbol{B}=(b_{ij})_{m\times n}$,这两个矩阵对应元素相加构成的矩阵,称为 $\boldsymbol{A}$ 与 $\boldsymbol{B}$ 的**和矩阵**,记作 $\boldsymbol{A}+\boldsymbol{B}$,即

$$\boldsymbol{A}+\boldsymbol{B}=\begin{pmatrix} a_{11}+b_{11} & a_{12}+b_{12} & \cdots & a_{1n}+b_{1n} \\ a_{21}+b_{21} & a_{22}+b_{22} & \cdots & a_{2n}+b_{2n} \\ \vdots & \vdots & & \vdots \\ a_{m1}+b_{m1} & a_{m2}+b_{m2} & \cdots & a_{mn}+b_{mn} \end{pmatrix}=(a_{ij}+b_{ij})_{m\times n} \tag{2-15}$$

设 $\boldsymbol{A}$、$\boldsymbol{B}$、$\boldsymbol{C}$ 都是 $m\times n$ 矩阵,矩阵加法满足下列运算规律

(1) 交换律

$$\boldsymbol{A}+\boldsymbol{B}=\boldsymbol{B}+\boldsymbol{A}$$

(2) 结合律

$$(\boldsymbol{A}+\boldsymbol{B})+\boldsymbol{C}=\boldsymbol{A}+(\boldsymbol{B}+\boldsymbol{C})$$

矩阵 $\boldsymbol{A}=(a_{ij})_{m\times n}$ 各元素的相反数构成的矩阵 $(-a_{ij})_{m\times n}$,称为矩阵 $\boldsymbol{A}$ 的**负矩阵**,记为 $-\boldsymbol{A}$. 显然有

$$\boldsymbol{A}+(-\boldsymbol{A})=\boldsymbol{O}$$

由此,规定两个同型矩阵相减是对应元素相减,**差矩阵**记为 $\boldsymbol{A}-\boldsymbol{B}$,即

NOTE

$$A-B=A+(-B)=(a_{ij}-b_{ij})_{m\times n}$$

2.2.2 数与矩阵相乘

定义 2 数 k 与矩阵 $A_{m\times n}$ 的乘积，称为**数乘矩阵**，记作 kA 或 Ak，即

$$kA=\begin{pmatrix} ka_{11} & ka_{12} & \cdots & ka_{1n} \\ ka_{21} & ka_{22} & \cdots & ka_{2n} \\ \vdots & \vdots & & \vdots \\ ka_{m1} & ka_{m2} & \cdots & ka_{mn} \end{pmatrix}=(ka_{ij})_{m\times n} \tag{2-16}$$

数乘矩阵是用数乘矩阵各行(列)的每一个元素，数乘行列式是只乘行列式一行(列)的元素. 有时为了方便，把 kA 说成是 A 的 k 倍. 易于证明

$$1A=A$$

$$\underbrace{A+A+\cdots+A}_{n个}=nA$$

$$k^*=kE$$

设 A、B 为 $m\times n$ 矩阵，k、l 为数，数乘矩阵满足下列运算规律

(1) 结合律

$$k(lA)=(kl)A$$

(2) 矩阵加法的分配律

$$k(A+B)=kA+kB$$

(3) 数加法的分配律

$$(k+l)A=kA+lA$$

矩阵的加法与数乘矩阵合起来，统称为矩阵的**线性运算**.

例 1 解矩阵方程.

$$3\begin{pmatrix} 1 & -2 & 3 \\ 2 & 0 & 1 \\ 4 & -5 & 2 \end{pmatrix}+X=\begin{pmatrix} 0 & 1 & 2 \\ -1 & 0 & 3 \\ 4 & 5 & -6 \end{pmatrix}$$

解 矩阵 X 保持在等式左边，其余矩阵移到等式右边，得到

$$X=\begin{pmatrix} 0 & 1 & 2 \\ -1 & 0 & 3 \\ 4 & 5 & -6 \end{pmatrix}-3\begin{pmatrix} 1 & -2 & 3 \\ 2 & 0 & 1 \\ 4 & -5 & 2 \end{pmatrix}=\begin{pmatrix} -3 & 7 & -7 \\ -7 & 0 & 0 \\ -8 & 20 & -12 \end{pmatrix}$$

2.2.3 矩阵乘法

例 2 设有两个线性变换

$$\begin{cases} y_1=a_{11}x_1+a_{12}x_2+a_{13}x_3 \\ y_2=a_{21}x_1+a_{22}x_2+a_{23}x_3 \end{cases},\begin{cases} x_1=b_{11}z_1+b_{12}z_2 \\ x_2=b_{21}z_1+b_{22}z_2 \\ x_3=b_{31}z_1+b_{32}z_2 \end{cases} \tag{2-17}$$

求出从 z_1,z_2 到 y_1,y_2 的线性变换.

NOTE

解 把式 2-17 的后式代入前式，得到

$$\begin{cases}y_1=(a_{11}b_{11}+a_{12}b_{21}+a_{13}b_{31})z_1+(a_{11}b_{12}+a_{12}b_{22}+a_{13}b_{32})z_2\\y_2=(a_{21}b_{11}+a_{22}b_{21}+a_{23}b_{31})z_1+(a_{21}b_{12}+a_{22}b_{22}+a_{23}b_{32})z_2\end{cases}$$

这个线性变换,可以看成是顺次作两个已知线性变换的结果,称为两个已知线性变换的乘积.这个线性变换对应的矩阵,可以定义为两个已知线性变换对应矩阵的乘积,即

$$\begin{pmatrix}a_{11}&a_{12}&a_{13}\\a_{21}&a_{22}&a_{23}\end{pmatrix}\begin{pmatrix}b_{11}&b_{12}\\b_{21}&b_{22}\\b_{31}&b_{32}\end{pmatrix}=\begin{pmatrix}a_{11}b_{11}+a_{12}b_{21}+a_{13}b_{31}&a_{11}b_{12}+a_{12}b_{22}+a_{13}b_{32}\\a_{21}b_{11}+a_{22}b_{21}+a_{23}b_{31}&a_{21}b_{12}+a_{22}b_{22}+a_{23}b_{32}\end{pmatrix}$$

等式的左边,第一个矩阵,即左矩阵的列数,与第二个矩阵,即右矩阵的行数相等.等式的右边,第 i 行 j 列交叉处的元素,是左边第一个矩阵的第 i 行元素与第二个矩阵的第 j 列的对应元素的乘积之和.

例 3 某单位出现两名流行病患者,甲组 3 名工作人员中,第 j 名人员与第 i 名患者近期内接触情况用 a_{ij} 表示,有临床意义上的接触记为 1,否则记为 0,构成矩阵 $\boldsymbol{A}$,设为

$$\boldsymbol{A}=\begin{pmatrix}a_{11}&a_{12}&a_{13}\\a_{21}&a_{22}&a_{23}\end{pmatrix}=\begin{pmatrix}1&1&0\\0&1&1\end{pmatrix}$$

乙组 2 名工作人员与患者虽无直接接触,但与甲组工作人员联系密切,接触情况构成矩阵 $\boldsymbol{B}$,设为

$$\boldsymbol{B}=\begin{pmatrix}b_{11}&b_{12}\\b_{21}&b_{22}\\b_{31}&b_{32}\end{pmatrix}=\begin{pmatrix}1&0\\0&1\\1&1\end{pmatrix}$$

研究乙组人员通过甲组人员与患者间接接触的情况.

解 乙组人员 1 通过甲组人员与患者 1 间接接触 1 次,即

$$a_{11}b_{11}+a_{12}b_{21}+a_{13}b_{31}=1\times1+1\times0+0\times1=1$$

类似计算乙组人员 1 与患者 2 间接接触 1 次,乙组人员 2 与患者 1、2 间接接触 1、2 次,构成矩阵 $\boldsymbol{C}$,即

$$\boldsymbol{C}=\begin{pmatrix}a_{11}b_{11}+a_{12}b_{21}+a_{13}b_{31}&a_{11}b_{12}+a_{12}b_{22}+a_{13}b_{32}\\a_{21}b_{11}+a_{22}b_{21}+a_{23}b_{31}&a_{21}b_{12}+a_{22}b_{22}+a_{23}b_{32}\end{pmatrix}=\begin{pmatrix}1&1\\1&2\end{pmatrix}$$

由上述实际问题可知,一般地矩阵的乘法定义如下:

定义 3 设 $\boldsymbol{A}=(a_{ij})_{m\times s}$、$\boldsymbol{B}=(b_{ij})_{s\times n}$,规定矩阵 $\boldsymbol{A}$ 与 $\boldsymbol{B}$ 的乘积 $\boldsymbol{AB}$ 是矩阵 $\boldsymbol{C}=(c_{ij})_{m\times n}$,其中,$c_{ij}$ 等于 $\boldsymbol{A}$ 的第 i 行元素与 $\boldsymbol{B}$ 的第 j 列元素对应乘积之和,即

$$c_{ij}=a_{i1}b_{1j}+a_{i2}b_{2j}+\cdots+a_{is}b_{sj}(i=1,2,\cdots,m;j=1,2,\cdots,n) \tag{2-18}$$

显然,只有当第一个矩阵(左矩阵)的列数等于第二个矩阵(右矩阵)的行数时,两个矩阵才能相乘.因此,$\boldsymbol{AB}$ 有意义,而 $\boldsymbol{BA}$ 未必有意义.例如

$$\boldsymbol{A}_{2\times4}=\begin{pmatrix}1&0&3&-1\\2&1&0&2\end{pmatrix} 与 \boldsymbol{B}_{4\times3}=\begin{pmatrix}4&1&0\\-1&1&3\\2&0&1\\1&3&4\end{pmatrix}$$

NOTE

$$A_{2\times4}B_{4\times3}=\begin{pmatrix}1&0&3&-1\\2&1&0&2\end{pmatrix}\begin{pmatrix}4&1&0\\-1&1&3\\2&0&1\\1&3&4\end{pmatrix}$$

$$=\begin{pmatrix}1\times4+0\times(-1)+3\times2+(-1)\times1 & 1\times1+0\times1+3\times0+(-1)\times3 & 1\times0+0\times3+3\times1+(-1)\times4\\2\times4+1\times(-1)+0\times2+2\times1 & 2\times1+1\times1+0\times0+2\times3 & 2\times0+1\times3+0\times1+2\times4\end{pmatrix}$$

$$=\begin{pmatrix}9&-2&-1\\9&9&11\end{pmatrix}$$

但是，$\boldsymbol{B}_{4\times3}\boldsymbol{A}_{2\times4}$无意义. 由此可知，在矩阵的乘法中，必须注意矩阵相乘的顺序. $\boldsymbol{AB}$ 是 $\boldsymbol{A}$ 左乘 $\boldsymbol{B}$ 的乘积，$\boldsymbol{BA}$ 是 $\boldsymbol{A}$ 右乘 $\boldsymbol{B}$ 的乘积. 即使 $\boldsymbol{AB}$ 与 $\boldsymbol{BA}$ 都有意义，它们也未必同型. 例如，$(a_{ij})_{2\times3}(b_{ij})_{3\times2}$是 2×2 型矩阵；$(b_{ij})_{3\times2}(a_{ij})_{2\times3}$是 3×3 型矩阵. 此外，即使 $\boldsymbol{AB}$ 与 $\boldsymbol{BA}$ 都有意义且同型，但这两个乘积也未必相等.

例 4　求矩阵 $\boldsymbol{AB}$ 和 $\boldsymbol{BA}$.

$$\boldsymbol{A}=\begin{pmatrix}-2&4\\1&-2\end{pmatrix},\boldsymbol{B}=\begin{pmatrix}2&4\\-3&-6\end{pmatrix}$$

解　$\boldsymbol{AB}$ 和 $\boldsymbol{BA}$ 符合矩阵乘法的条件，计算得到

$$\boldsymbol{AB}=\begin{pmatrix}-2&4\\1&-2\end{pmatrix}\begin{pmatrix}2&4\\-3&-6\end{pmatrix}=\begin{pmatrix}-16&-32\\8&16\end{pmatrix}$$

$$\boldsymbol{BA}=\begin{pmatrix}2&4\\-3&-6\end{pmatrix}\begin{pmatrix}-2&4\\1&-2\end{pmatrix}=\begin{pmatrix}0&0\\0&0\end{pmatrix}$$

总之，矩阵的乘法不满足交换律，即在一般情形下，$\boldsymbol{AB}\neq\boldsymbol{BA}$.

对于两个可乘矩阵 $\boldsymbol{A}$、$\boldsymbol{B}$，若 $\boldsymbol{AB}=\boldsymbol{BA}$，则称矩阵 $\boldsymbol{A}$ 与 $\boldsymbol{B}$ 是可交换的.

由例 4 还可以看出，矩阵 $\boldsymbol{A}\neq\boldsymbol{O}$，$\boldsymbol{B}\neq\boldsymbol{O}$，但却有 $\boldsymbol{BA}=\boldsymbol{O}$. 这就说明：若两个矩阵 $\boldsymbol{A}$、$\boldsymbol{B}$ 满足 $\boldsymbol{AB}=\boldsymbol{O}$，不能得出 $\boldsymbol{A}=\boldsymbol{O}$ 或 $\boldsymbol{B}=\boldsymbol{O}$ 的结论.

例 5　求矩阵 $\boldsymbol{AB}$ 和 $\boldsymbol{AC}$.

$$\boldsymbol{A}=\begin{pmatrix}1&0\\0&0\end{pmatrix},\boldsymbol{B}=\begin{pmatrix}1&0\\1&1\end{pmatrix},\boldsymbol{C}=\begin{pmatrix}1&0\\0&1\end{pmatrix}$$

解

$$\boldsymbol{AB}=\begin{pmatrix}1&0\\0&0\end{pmatrix}\begin{pmatrix}1&0\\1&1\end{pmatrix}=\begin{pmatrix}1&0\\0&0\end{pmatrix}$$

$$\boldsymbol{AC}=\begin{pmatrix}1&0\\0&0\end{pmatrix}\begin{pmatrix}1&0\\0&1\end{pmatrix}=\begin{pmatrix}1&0\\0&0\end{pmatrix}$$

此例有 $\boldsymbol{AB}=\boldsymbol{AC}$. 虽然 $\boldsymbol{A}\neq\boldsymbol{O}$，但 $\boldsymbol{B}\neq\boldsymbol{C}$. 从而消去律不成立.

矩阵的乘法虽不满足交换律和消去律，但仍满足结合律和分配律. 设 $\boldsymbol{A}$、$\boldsymbol{B}$、$\boldsymbol{C}$ 为满足运算要求的矩阵，k 为数，则有

（1）矩阵乘法结合律

$$(\boldsymbol{AB})\boldsymbol{C}=\boldsymbol{A}(\boldsymbol{BC}) \tag{2-19}$$

（2）数乘结合律

$$k(\boldsymbol{AB})=(k\boldsymbol{A})\boldsymbol{B}=\boldsymbol{A}(k\boldsymbol{B}) \tag{2-20}$$

NOTE

（3）左、右分配律

$$A(B+C)=AB+AC,(B+C)A=BA+CA \tag{2-21}$$

对于单位矩阵 $\boldsymbol{E}$，有

$$E_mA_{m\times n}=A_{m\times n}E_n=A_{m\times n}\text{或简写成 }EA=AE=A \tag{2-22}$$

可见，单位矩阵 $\boldsymbol{E}$ 在矩阵乘法中的作用类似与数 **1**.

对于零矩阵 $\boldsymbol{O}$，有

$$OA=AO=O \tag{2-23}$$

对于对角阵 $\Lambda=\mathrm{diag}(\lambda_1,\lambda_2,\cdots,\lambda_n)$，$M=\mathrm{diag}(\mu_1,\mu_2,\cdots,\mu_n)$，有

$$\Lambda M=\mathrm{diag}(\lambda_1\mu_1,\lambda_2\mu_2,\cdots,\lambda_n\mu_n) \tag{2-24}$$

例 6 n 元线性方程组的矩阵方程形式.

解 n 元线性方程组的两边分别表示为矩阵，即

$$\begin{pmatrix} a_{11}x_1+a_{12}x_2+\cdots+a_{1n}x_n \\ a_{21}x_1+a_{22}x_2+\cdots+a_{2n}x_n \\ \cdots\cdots\cdots\cdots\cdots\cdots\cdots\cdots \\ a_{m1}x_1+a_{m2}x_2+\cdots+a_{mn}x_n \end{pmatrix}=\begin{pmatrix} b_1\\ b_2\\ \cdots\\ b_m\end{pmatrix} \tag{2-25}$$

左边矩阵可以用矩阵乘法进行简化，即

$$\begin{pmatrix} a_{11} & a_{12} & \cdots & a_{1n}\\ a_{21} & a_{22} & \cdots & a_{2n}\\ \vdots & \vdots & & \vdots\\ a_{m1} & a_{m2} & \cdots & a_{mn}\end{pmatrix}\begin{pmatrix} x_1\\ x_2\\ \vdots\\ x_n\end{pmatrix}=\begin{pmatrix} a_{11}x_1+a_{12}x_2+\cdots+a_{1n}x_n \\ a_{21}x_1+a_{22}x_2+\cdots+a_{2n}x_n \\ \cdots \\ a_{m1}x_1+a_{m2}x_2+\cdots+a_{mn}x_n \end{pmatrix}=\begin{pmatrix} b_1\\ b_2\\ \vdots\\ b_m\end{pmatrix} \tag{2-26}$$

这三个矩阵分别记为 $A_{m\times n}$、$X_{n\times 1}$、$b_{m\times 1}$，并分别称为系数矩阵、变量列矩阵、常数列矩阵，则 n 元线性方程组的矩阵方程形式可以简写为

$$AX=b \tag{2-27}$$

例 7 已知两个线性变换，求从 z_1,z_2,z_3 到 x_1,x_2,x_3 的线性变换.

$$\begin{cases} x_1=y_1+2y_2 \\ x_2=2y_1-3y_2+y_3 \\ x_3=5y_1+2y_2-3y_3 \end{cases},\begin{cases} y_1=-z_1+z_2 \\ y_2=3z_1\qquad +2z_3 \\ y_3=\qquad -2z_2+3z_3 \end{cases}$$

解 把线性变换式写为矩阵形式，作矩阵乘法，得到

$$\begin{pmatrix} x_1\\ x_2\\ x_3\end{pmatrix}=\begin{pmatrix} 1 & 2 & 0\\ 2 & -3 & 1\\ 5 & 2 & -3\end{pmatrix}\begin{pmatrix} y_1\\ y_2\\ y_3\end{pmatrix}=\begin{pmatrix} 1 & 2 & 0\\ 2 & -3 & 1\\ 5 & 2 & -3\end{pmatrix}\begin{pmatrix} -1 & 1 & 0\\ 3 & 0 & 2\\ 0 & -2 & 3\end{pmatrix}\begin{pmatrix} z_1\\ z_2\\ z_3\end{pmatrix}=\begin{pmatrix} 5 & 1 & 4\\ -11 & 0 & -3\\ 1 & 11 & -5\end{pmatrix}\begin{pmatrix} z_1\\ z_2\\ z_3\end{pmatrix}$$

所以，得到线性变换

$$\begin{cases} x_1=5z_1+z_2+4z_3 \\ x_2=-11z_1-3z_3 \\ x_3=z_1+11z_2-5z_3 \end{cases}$$

例 8 A 和 B 是公司两种不同的产品. 生产一个产品 A 需要原材料 2. 1 元，工时费 1. 9 元，管理费 0. 5 元. 生产一个产品 B 需要原材料 2. 2 元，工时费 2. 5 元，管理费 0. 7 元. 试列出生产 x_1 件

NOTE

产品 A 和 x_2 件产品 B 总成本的方程.

解 构造单位成本矩阵

$$\begin{array}{c} \\ \boldsymbol{C}= \end{array}\begin{array}{c} \quad A \qquad B \\ \begin{pmatrix} 2.1 & 2.2 \\ 1.9 & 2.5 \\ 0.5 & 0.7 \end{pmatrix} \end{array}\begin{array}{l} \\ \text{原材料} \\ \text{工时费} \\ \text{管理费} \end{array}$$

则总成本的方程可以表示为

$$y=\boldsymbol{C}x=\begin{pmatrix} 2.1 & 2.2 \\ 1.9 & 2.5 \\ 0.5 & 0.7 \end{pmatrix}\begin{pmatrix} x_1 \\ x_2 \end{pmatrix}=x_1\begin{pmatrix} 2.1 \\ 1.9 \\ 0.5 \end{pmatrix}+x_2\begin{pmatrix} 2.2 \\ 2.5 \\ 0.7 \end{pmatrix}=\begin{pmatrix} \text{原材料总成本} \\ \text{工时费总成本} \\ \text{管理费总成本} \end{pmatrix}$$

2.2.4 矩阵的转置

定义 4 把矩阵 $\boldsymbol{A}_{m\times n}$ 的行依次换成同序数的列得到的一个新的矩阵,称为 $\boldsymbol{A}$ 的转置矩阵,记为 $\boldsymbol{A}_{n\times m}^T$,即

$$\boldsymbol{A}=\begin{pmatrix} a_{11} & a_{12} & \cdots & a_{1n} \\ a_{21} & a_{22} & \cdots & a_{2n} \\ \vdots & \vdots & & \vdots \\ a_{m1} & a_{m2} & \cdots & a_{mn} \end{pmatrix}, \text{则 } \boldsymbol{A}^T=\begin{pmatrix} a_{11} & a_{21} & \cdots & a_{m1} \\ a_{12} & a_{22} & \cdots & a_{m2} \\ \vdots & \vdots & & \vdots \\ a_{1n} & a_{2n} & \cdots & a_{mn} \end{pmatrix} \tag{2-28}$$

这里,$\boldsymbol{A}^T$ 是把 $\boldsymbol{A}$ 的第 $1,2,\cdots,m$ 行依次作为 $1,2,\cdots,m$ 列而得到的矩阵,而且是 $n\times m$ 型的. $\boldsymbol{A}^T$ 的第 i 行第 j 列交叉处的元素是 a_{ji}. 例如

$$\boldsymbol{A}=\begin{pmatrix} 2 & 3 & 4 \\ 0 & 1 & 7 \end{pmatrix}, \text{则 } \boldsymbol{A}^T=\begin{pmatrix} 2 & 0 \\ 3 & 1 \\ 4 & 7 \end{pmatrix}$$

矩阵的转置也是一种运算,设 $\boldsymbol{A}$、$\boldsymbol{B}$ 为满足运算要求的矩阵,k 为数,则有

(1) 自反性

$$(\boldsymbol{A}^T)^T=\boldsymbol{A} \tag{2-29}$$

(2) 线性性

$$(\boldsymbol{A}+\boldsymbol{B})^T=\boldsymbol{A}^T+\boldsymbol{B}^T \tag{2-30}$$

(3) 数乘性

$$(k\boldsymbol{A})^T=k\boldsymbol{A}^T \tag{2-31}$$

(4) 逆序性

$$(\boldsymbol{AB})^T=\boldsymbol{B}^T\boldsymbol{A}^T \tag{2-32}$$

现在,证明逆序性,其余运算规律的证明留给读者完成. 此运算规律可推广到有限个.

证明 设 $\boldsymbol{A}=(a_{ij})_{m\times s}$、$\boldsymbol{B}=(b_{ij})_{s\times n}$,$\boldsymbol{C}=\boldsymbol{AB}$,则 $\boldsymbol{AB}$ 的第 j 行第 i 列交叉处的元素为

$$c_{ji}=\sum_{k=1}^{s}a_{jk}b_{ki}(j=1,2,\cdots,m;i=1,2,\cdots,n)$$

就是 $\boldsymbol{C}^T$ 的第 i 行第 j 列交叉处的元素.

NOTE

而 $\boldsymbol{B}^T$ 的第 i 行元素是 $b_{1i},b_{2i},\cdots,b_{si}$,$\boldsymbol{A}^T$ 的第 j 列元素是 $a_{j1},a_{j2},\cdots,a_{js}$,从而 $\boldsymbol{B}^T\boldsymbol{A}^T$ 的第 i 行第 j

列交叉处的元素是

$$\sum_{k=1}^{s} b_{ki}a_{jk} = \sum_{k=1}^{s} a_{jk}b_{ki} = c_{ji}(j=1,2,\cdots,m;i=1,2,\cdots,n)$$

故，$(\boldsymbol{AB})^T=\boldsymbol{B}^T\boldsymbol{A}^T$，得证.

例 9 已知矩阵 $\boldsymbol{A},\boldsymbol{B}$，求$(\boldsymbol{AB})^T$.

$$\boldsymbol{A}=\begin{pmatrix}2 & 0 & -1\\1 & 3 & 2\end{pmatrix},\boldsymbol{B}=\begin{pmatrix}1 & 7 & -1\\4 & 2 & 3\\2 & 0 & 1\end{pmatrix}$$

解法 1 先计算 $\boldsymbol{AB}$，得到

$$\boldsymbol{AB}=\begin{pmatrix}2 & 0 & -1\\1 & 3 & 2\end{pmatrix}\begin{pmatrix}1 & 7 & -1\\4 & 2 & 3\\2 & 0 & 1\end{pmatrix}=\begin{pmatrix}0 & 14 & -3\\17 & 13 & 10\end{pmatrix},(\boldsymbol{AB})^T=\begin{pmatrix}0 & 17\\14 & 13\\-3 & 10\end{pmatrix}$$

解法 2 直接计算$(\boldsymbol{AB})^T$，得到

$$(\boldsymbol{AB})^T=\boldsymbol{B}^T\boldsymbol{A}^T=\begin{pmatrix}1 & 4 & 2\\7 & 2 & 0\\-1 & 3 & 1\end{pmatrix}\begin{pmatrix}2 & 1\\0 & 3\\-1 & 2\end{pmatrix}=\begin{pmatrix}0 & 17\\14 & 13\\-3 & 10\end{pmatrix}$$

2.2.5 方阵的幂

例 10 若 $\boldsymbol{A}^T=\boldsymbol{A}$，则 $\boldsymbol{A}$ 是方阵.

证 设 $\boldsymbol{A}$ 为 $m\times n$ 矩阵，则 $\boldsymbol{A}^T$为 $n\times m$ 矩阵，由 $\boldsymbol{A}^T=\boldsymbol{A}$，可知 $m=n$，$\boldsymbol{A}$ 是方阵.

定义 5 设 $\boldsymbol{A}$ 为 n 阶方阵，如果满足 $\boldsymbol{A}^T=\boldsymbol{A}$，即

$$a_{ij}=a_{ji}(i,j=1,2,\cdots,n) \tag{2-33}$$

那么 A 称为**对称矩阵**. 对称矩阵的特点是：它的元素以主对角线为对称轴对应相等.

例如，$\begin{pmatrix}2 & -4\\-4 & 5\end{pmatrix}$，$\begin{pmatrix}6 & 1 & 2\\1 & 5 & 0\\2 & 0 & 3\end{pmatrix}$均为对称矩阵.

例 11 设列矩阵 $\boldsymbol{X}=(x_1,x_2,\cdots,x_n)^T$，满足 $\boldsymbol{X}^T\boldsymbol{X}=1$，$\boldsymbol{H}=\boldsymbol{E}-2\boldsymbol{X}\boldsymbol{X}^T$，证明 $\boldsymbol{H}$ 是对称矩阵，且 $\boldsymbol{H}\boldsymbol{H}^T=\boldsymbol{E}$.

证明 由于

$$\boldsymbol{H}^T=(\boldsymbol{E}-2\boldsymbol{X}\boldsymbol{X}^T)^T=\boldsymbol{E}^T-2\boldsymbol{X}\boldsymbol{X}^T=\boldsymbol{H}$$

故，$\boldsymbol{H}$ 是对称矩阵，且

$$\begin{aligned}\boldsymbol{H}\boldsymbol{H}^T=\boldsymbol{H}^2&=(\boldsymbol{E}-2\boldsymbol{X}\boldsymbol{X}^T)^2=\boldsymbol{E}-4\boldsymbol{X}\boldsymbol{X}^T+4(\boldsymbol{X}\boldsymbol{X}^T)(\boldsymbol{X}\boldsymbol{X}^T)\\&=\boldsymbol{E}-4\boldsymbol{X}\boldsymbol{X}^T+4\boldsymbol{X}(\boldsymbol{X}^T\boldsymbol{X})\boldsymbol{X}^T=\boldsymbol{E}-4\boldsymbol{X}\boldsymbol{X}^T+4\boldsymbol{X}\boldsymbol{X}^T=\boldsymbol{E}\end{aligned}$$

类似地，若 $\boldsymbol{A}^T=-\boldsymbol{A}$，则 $\boldsymbol{A}$ 是方阵，称为**反对称矩阵**，简称反对称阵. 反对称阵 $\boldsymbol{A}$ 的特点是：关于主对角线对称的元素互为相反数，从而主对角线上的元素全为 0，即

$$a_{ij}=-a_{ji}\quad(i,j=1,2,\cdots,n) \tag{2-34}$$

例如，$\begin{pmatrix}0 & -4\\4 & 0\end{pmatrix}$，$\begin{pmatrix}0 & 1 & 2\\-1 & 0 & -6\\-2 & 6 & 0\end{pmatrix}$均为反对称矩阵.

NOTE

类似地,若 $\boldsymbol{AB}=\boldsymbol{BA}$,则 $\boldsymbol{A}$、$\boldsymbol{B}$ 是同阶方阵,即可交换矩阵是同阶方阵.

k 为正整数,方阵的幂定义为

$$\boldsymbol{A}^0=\boldsymbol{E},\boldsymbol{A}^1=\boldsymbol{A},\boldsymbol{A}^2=\boldsymbol{AA},\boldsymbol{A}^k=\boldsymbol{A}^{k-1}\boldsymbol{A} \tag{2-35}$$

即 A^k 就是 k 个方阵 A 的乘积.

例如,
$$\begin{pmatrix}1&2\\0&1\end{pmatrix}^2=\begin{pmatrix}1&2\\0&1\end{pmatrix}\begin{pmatrix}1&2\\0&1\end{pmatrix}=\begin{pmatrix}1&4\\0&1\end{pmatrix}$$

由于矩阵乘法适合结合律,所以方阵 $\boldsymbol{A}$ 的幂满足 k、l 为正整数的指数运算规律,即

$$\boldsymbol{A}^k\boldsymbol{A}^l=\boldsymbol{A}^{k+l},(\boldsymbol{A}^k)^l=\boldsymbol{A}^{kl} \tag{2-36}$$

因为矩阵乘法一般不满足交换律,对于两个 n 阶方阵 $\boldsymbol{A}$ 与 $\boldsymbol{B}$,一般来说 $(\boldsymbol{AB})^k\neq\boldsymbol{A}^k\boldsymbol{B}^k$,只有当 $\boldsymbol{A}$ 与 $\boldsymbol{B}$ 可交换时,才有 $(\boldsymbol{AB})^k=\boldsymbol{A}^k\boldsymbol{B}^k$. 类似可知,例如 $(\boldsymbol{A}\pm\boldsymbol{B})^2=\boldsymbol{A}^2\pm2\boldsymbol{AB}+\boldsymbol{B}^2$,$(\boldsymbol{A}-\boldsymbol{B})(\boldsymbol{A}+\boldsymbol{B})=\boldsymbol{A}^2-\boldsymbol{B}^2$ 等公式也只当 $\boldsymbol{A}$ 与 $\boldsymbol{B}$ 可交换时才成立.

对于对角阵 $\boldsymbol{\Lambda}=\mathrm{diag}(\lambda_1,\lambda_2,\cdots,\lambda_n)$,$k$ 为正整数,有

$$\boldsymbol{\Lambda}^k=\mathrm{diag}(\lambda_1{}^k,\lambda_2{}^k,\cdots,\lambda_n{}^k) \tag{2-37}$$

例 12 证明

$$\begin{pmatrix}\cos\varphi&-\sin\varphi\\\sin\varphi&\cos\varphi\end{pmatrix}^n=\begin{pmatrix}\cos n\varphi&-\sin n\varphi\\\sin n\varphi&\cos n\varphi\end{pmatrix}$$

证明 当 $n=1$ 时,结论成立. 设当 $n=k$ 时,结论成立,即

$$\begin{pmatrix}\cos\varphi&-\sin\varphi\\\sin\varphi&\cos\varphi\end{pmatrix}^k=\begin{pmatrix}\cos k\varphi&-\sin k\varphi\\\sin k\varphi&\cos k\varphi\end{pmatrix}$$

则当 $n=k+1$ 时,有

$$\begin{aligned}\begin{pmatrix}\cos\varphi&-\sin\varphi\\\sin\varphi&\cos\varphi\end{pmatrix}^{k+1}&=\begin{pmatrix}\cos\varphi&-\sin\varphi\\\sin\varphi&\cos\varphi\end{pmatrix}^k\begin{pmatrix}\cos\varphi&-\sin\varphi\\\sin\varphi&\cos\varphi\end{pmatrix}\\&=\begin{pmatrix}\cos k\varphi&-\sin k\varphi\\\sin k\varphi&\cos k\varphi\end{pmatrix}\begin{pmatrix}\cos\varphi&-\sin\varphi\\\sin\varphi&\cos\varphi\end{pmatrix}\\&=\begin{pmatrix}\cos k\varphi\cos\varphi-\sin k\varphi\sin\varphi&-\cos k\varphi\sin\varphi-\sin k\varphi\cos\varphi\\\sin k\varphi\cos\varphi+\cos k\varphi\sin\varphi&-\sin k\varphi\sin\varphi+\cos k\varphi\cos\varphi\end{pmatrix}\\&=\begin{pmatrix}\cos(k+1)\varphi&-\sin(k+1)\varphi\\\sin(k+1)\varphi&\cos(k+1)\varphi\end{pmatrix}\end{aligned}$$

得证.

2.3 逆矩阵

2.3.1 方阵的行列式

定义 1 方阵 $\boldsymbol{A}$ 保持各元素位置不变所构成的行列式,称为**方阵 $\boldsymbol{A}$ 的行列式**,记为 $|\boldsymbol{A}|$ 或 $\det(\boldsymbol{A})$.

NOTE

例如,三阶方阵 $A=\begin{pmatrix}1&0&0\\1&2&0\\0&1&3\end{pmatrix}$ 所对应的行列式为 $\det(A)=|A|=\begin{vmatrix}1&0&0\\1&2&0\\0&1&3\end{vmatrix}=6$.

这里需要注意的是:方阵和行列式是两个不同的概念,n 阶方阵是 n^2 个数按一定的方式排成的数表,而 n 阶行列式是这些数按一定的运算法则进行运算所确定的一个数.

设 $\boldsymbol{A},\boldsymbol{B}$ 为 n 阶方阵,λ 为常数,由行列式性质,容易得到

$$|\boldsymbol{A}^T|=|\boldsymbol{A}|$$

$$|\lambda\boldsymbol{A}|=\lambda^n|\boldsymbol{A}|$$

定理 1 若 $\boldsymbol{A}$、$\boldsymbol{B}$ 是 n 阶方阵,其乘积的行列式等于各方阵行列式的乘积,即

$$|\boldsymbol{AB}|=|\boldsymbol{A}|\cdot|\boldsymbol{B}|$$

对于有限个方阵,此定理也是成立的,即 $|A_1A_2\cdots A_n|=|A_1||A_2|\cdots|A_n|$.

这里,以二阶方阵进行验证,设

$$\boldsymbol{A}=\begin{pmatrix}a_{11}&a_{12}\\a_{21}&a_{22}\end{pmatrix},\boldsymbol{B}=\begin{pmatrix}b_{11}&b_{12}\\b_{21}&b_{22}\end{pmatrix}$$

$$|\boldsymbol{AB}|=\left|\begin{pmatrix}a_{11}&a_{12}\\a_{21}&a_{22}\end{pmatrix}\begin{pmatrix}b_{11}&b_{12}\\b_{21}&b_{22}\end{pmatrix}\right|=\begin{vmatrix}a_{11}b_{11}+a_{12}b_{21}&a_{11}b_{12}+a_{12}b_{22}\\a_{21}b_{11}+a_{22}b_{21}&a_{21}b_{12}+a_{22}b_{22}\end{vmatrix}$$

$$=\begin{vmatrix}a_{11}b_{11}&a_{11}b_{12}\\a_{21}b_{11}&a_{21}b_{12}\end{vmatrix}+\begin{vmatrix}a_{12}b_{21}&a_{12}b_{22}\\a_{21}b_{11}&a_{21}b_{12}\end{vmatrix}+\begin{vmatrix}a_{11}b_{11}&a_{11}b_{12}\\a_{22}b_{21}&a_{22}b_{22}\end{vmatrix}+\begin{vmatrix}a_{12}b_{21}&a_{12}b_{22}\\a_{22}b_{21}&a_{22}b_{22}\end{vmatrix}$$

$$=0+a_{12}a_{21}\begin{vmatrix}b_{21}&b_{22}\\b_{11}&b_{12}\end{vmatrix}+a_{11}a_{22}\begin{vmatrix}b_{11}&b_{12}\\b_{21}&b_{22}\end{vmatrix}+0=|\boldsymbol{A}|\cdot|\boldsymbol{B}|$$

故,定理结论成立.

例 1 若 $\boldsymbol{A}$ 是 3 阶矩阵,且 $|\boldsymbol{A}|=-2$,求 $|3\boldsymbol{A}^T|$.

解 由 $|\lambda\boldsymbol{A}|=\lambda^n|\boldsymbol{A}|$ 和 $|\boldsymbol{A}^T|=|\boldsymbol{A}|$,得到

$$|3\boldsymbol{A}^T|=3^3|\boldsymbol{A}^T|=3^3|\boldsymbol{A}|=27\times(-2)=-54$$

例 2 若 $\boldsymbol{A}$ 是奇数阶反对称阵,求 $|\boldsymbol{A}|$.

解 设 $\boldsymbol{A}$ 为 n 阶方阵,n 为奇数,由 $\boldsymbol{A}^T=-\boldsymbol{A}$,有

$$|\boldsymbol{A}^T|=|-\boldsymbol{A}|=(-1)^n|\boldsymbol{A}|=-|\boldsymbol{A}|$$

由 $|\boldsymbol{A}^T|=|\boldsymbol{A}|$,得到 $|\boldsymbol{A}|=-|\boldsymbol{A}|$,移项合并得 $2|\boldsymbol{A}|=0$,$|\boldsymbol{A}|=0$.

2.3.2 逆矩阵

在数学中,若数 $a\neq0$,则存在 a^{-1},使 $aa^{-1}=a^{-1}a=1$,于是,称 a^{-1} 为 a 的逆元素.

定义 2 若对方阵 $\boldsymbol{A}$,有方阵 $\boldsymbol{B}$ 使

$$\boldsymbol{AB}=\boldsymbol{BA}=\boldsymbol{E} \tag{2-38}$$

则称方阵 $\boldsymbol{A}$ 是可逆的,并称方阵 $\boldsymbol{B}$ 为方阵 $\boldsymbol{A}$ 的**逆矩阵(inversematrix)**,简称逆阵或逆.

例 3 如果 $\boldsymbol{A}=\begin{pmatrix}a_1&0&0\\0&a_2&0\\0&0&a_3\end{pmatrix}$,$a_i\neq0(i=1,2,3)$,试求 $\boldsymbol{A}^{-1}$.

NOTE

解 因为

$$\begin{pmatrix} a_1 & 0 & 0 \\ 0 & a_2 & 0 \\ 0 & 0 & a_3 \end{pmatrix}\begin{pmatrix} a_1^{-1} & 0 & 0 \\ 0 & a_2^{-1} & 0 \\ 0 & 0 & a_3^{-1} \end{pmatrix}=\begin{pmatrix} a_1^{-1} & 0 & 0 \\ 0 & a_2^{-1} & 0 \\ 0 & 0 & a_3^{-1} \end{pmatrix}\begin{pmatrix} a_1 & 0 & 0 \\ 0 & a_2 & 0 \\ 0 & 0 & a_3 \end{pmatrix}=\boldsymbol{E},$$

所以 $\boldsymbol{A}^{-1}=\begin{pmatrix} a_1^{-1} & 0 & 0 \\ 0 & a_2^{-1} & 0 \\ 0 & 0 & a_3^{-1} \end{pmatrix}$

性质 1 若矩阵 $\boldsymbol{A}$ 可逆,则其逆是唯一的.

证明 设 $\boldsymbol{B}$、$\boldsymbol{C}$ 均为 $\boldsymbol{A}$ 的逆矩阵,得到

$$\boldsymbol{AB}=\boldsymbol{BA}=\boldsymbol{E},\boldsymbol{AC}=\boldsymbol{CA}=\boldsymbol{E}$$

$$\boldsymbol{C}=\boldsymbol{CE}=\boldsymbol{C}(\boldsymbol{AB})=(\boldsymbol{CA})\boldsymbol{B}=\boldsymbol{EB}=\boldsymbol{B}$$

即 $\boldsymbol{A}$ 的逆矩阵唯一,记为 $\boldsymbol{A}^{-1}$,得到

$$\boldsymbol{AA}^{-1}=\boldsymbol{A}^{-1}\boldsymbol{A}=\boldsymbol{E} \tag{2-39}$$

性质 2 若矩阵 $\boldsymbol{A}$ 可逆,则 $\boldsymbol{A}^{-1}$ 也是可逆的,并且

$$(\boldsymbol{A}^{-1})^{-1}=\boldsymbol{A}$$

证明 由式 2-39 知,$\boldsymbol{A}^{-1}$ 可逆,并且 $\boldsymbol{A}$ 为 $\boldsymbol{A}^{-1}$ 的逆矩阵,即 $(\boldsymbol{A}^{-1})^{-1}=\boldsymbol{A}$.

性质 3 若 A、B 为同阶矩阵且均可逆,则 $\boldsymbol{AB}$ 亦可逆,且

$$(\boldsymbol{AB})^{-1}=\boldsymbol{B}^{-1}\boldsymbol{A}^{-1} \tag{2-40}$$

证明 由式 2-39 得到

$$(\boldsymbol{AB})(\boldsymbol{B}^{-1}\boldsymbol{A}^{-1})=\boldsymbol{A}(\boldsymbol{BB}^{-1})\boldsymbol{A}^{-1}=\boldsymbol{AEA}^{-1}=\boldsymbol{AA}^{-1}=\boldsymbol{E}$$

同理,$(\boldsymbol{B}^{-1}\boldsymbol{A}^{-1})(\boldsymbol{AB})=\boldsymbol{E}$,故 $\boldsymbol{B}^{-1}\boldsymbol{A}^{-1}$ 是 $\boldsymbol{AB}$ 的逆矩阵,且 $(\boldsymbol{AB})^{-1}=\boldsymbol{B}^{-1}\boldsymbol{A}^{-1}$,得证.

性质 4 方阵 $\boldsymbol{A}$ 转置后的逆等于 $\boldsymbol{A}$ 的逆转置,即

$$(\boldsymbol{A}^{T})^{-1}=(\boldsymbol{A}^{-1})^{T} \tag{2-41}$$

证明 由式 2-39 得到

$$(\boldsymbol{A}^{-1})^{T}\boldsymbol{A}^{T}=(\boldsymbol{AA}^{-1})^{T}=\boldsymbol{E}^{T}=\boldsymbol{E}$$

同理,$\boldsymbol{A}^{T}(\boldsymbol{A}^{-1})^{T}=\boldsymbol{E}$,故 $(\boldsymbol{A}^{-1})^{T}$ 是 $\boldsymbol{A}^{T}$ 的逆矩阵,即 $(\boldsymbol{A}^{T})^{-1}=(\boldsymbol{A}^{-1})^{T}$,得证.

性质 5 方阵 $\boldsymbol{A}$ 与非零数 k 相乘的逆等于 $\boldsymbol{A}$ 的逆与数 $1/k$ 相乘,即

$$(k\boldsymbol{A})^{-1}=\frac{1}{k}\boldsymbol{A}^{-1} \tag{2-42}$$

证明 由式 2-39 得到

$$(k\boldsymbol{A})\left(\frac{1}{k}\boldsymbol{A}^{-1}\right)=\left(k\cdot\frac{1}{k}\right)(\boldsymbol{AA}^{-1})=\boldsymbol{E}$$

同理,$\left(\frac{1}{k}\boldsymbol{A}^{-1}\right)(k\boldsymbol{A})=\boldsymbol{E}$,故 $k\boldsymbol{A}$ 可逆,且 $(k\boldsymbol{A})^{-1}=\frac{1}{k}\boldsymbol{A}^{-1}$,得证.

2.3.3 可逆的充要条件

一个 n 阶矩阵 $\boldsymbol{A}$ 在什么条件下可逆? 若 $\boldsymbol{A}$ 可逆,怎样去求 $\boldsymbol{A}^{-1}$?

NOTE

为此,引进如下定义.

定义3 设$\boldsymbol{A}$是n阶方阵,若$|\boldsymbol{A}|\neq 0$时,称$\boldsymbol{A}$为非奇异矩阵;若$|\boldsymbol{A}|=0$时,称$\boldsymbol{A}$为**奇异矩阵**.

由定义3及定理1可以推出,若两个n阶矩阵$\boldsymbol{A},\boldsymbol{B}$都是非奇异矩阵,则其乘积$\boldsymbol{AB}$也是非奇异矩阵.

下面,我们来探讨一个n阶矩阵可逆的条件.

定义4 设n阶方阵

$$\boldsymbol{A}=\begin{pmatrix} a_{11} & a_{12} & \cdots & a_{1n} \\ a_{21} & a_{22} & \cdots & a_{2n} \\ \vdots & \vdots & & \vdots \\ a_{n1} & a_{n2} & \cdots & a_{nn} \end{pmatrix}$$

由矩阵$\boldsymbol{A}$的行列式$|\boldsymbol{A}|$的元素a_{ij}的代数余子式A_{ij}构成n阶方阵的转置阵

$$\boldsymbol{A}^*=\begin{pmatrix} \boldsymbol{A}_{11} & \boldsymbol{A}_{21} & \cdots & \boldsymbol{A}_{n1} \\ \boldsymbol{A}_{12} & \boldsymbol{A}_{22} & \cdots & \boldsymbol{A}_{n2} \\ \vdots & \vdots & & \vdots \\ \boldsymbol{A}_{1n} & \boldsymbol{A}_{2n} & \cdots & \boldsymbol{A}_{nn} \end{pmatrix} \tag{2-43}$$

称为$\boldsymbol{A}$的**伴随矩阵**,简称伴随阵.

例4 计算$\boldsymbol{A}$的伴随阵$\boldsymbol{A}^*$.

$$\boldsymbol{A}=\begin{pmatrix} 1 & 3 \\ -1 & 2 \end{pmatrix}$$

解 由$\boldsymbol{A}_{11}=(-1)^{1+1}|2|=2,\boldsymbol{A}_{12}=1,\boldsymbol{A}_{21}=-3,\boldsymbol{A}_{22}=1$,得到

$$\boldsymbol{A}^*=\begin{pmatrix} A_{11} & A_{21} \\ A_{12} & A_{22} \end{pmatrix}=\begin{pmatrix} 2 & -3 \\ 1 & 1 \end{pmatrix}$$

定理2 n阶方阵$\boldsymbol{A}$可逆的充分必要条件是$|\boldsymbol{A}|\neq 0$,且当$\boldsymbol{A}$可逆,有

$$\boldsymbol{A}^{-1}=\frac{1}{|\boldsymbol{A}|}\boldsymbol{A}^* \tag{2-44}$$

其中,$\boldsymbol{A}^*$是矩阵$\boldsymbol{A}$的伴随矩阵.

证明 必要性 若矩阵$\boldsymbol{A}$可逆,则存在$\boldsymbol{B}$使得$\boldsymbol{AB}=\boldsymbol{E}$,于是$|\boldsymbol{AB}|=|\boldsymbol{A}||\boldsymbol{B}|=|\boldsymbol{E}|=1$,所以$|\boldsymbol{A}|\neq 0$.

充分性 由第一章1.3的定理1和定理2有

$$a_{i1}A_{j1}+a_{i2}A_{j2}+\cdots+a_{in}A_{jn}=\begin{cases} |\boldsymbol{A}|, i=j\text{ 时} \\ 0, i\neq j\text{ 时} \end{cases}$$

$$a_{1i}A_{1j}+a_{2i}A_{2j}+\cdots+a_{ni}A_{nj}=\begin{cases} |\boldsymbol{A}|, i=j\text{ 时} \\ 0, i\neq j\text{ 时} \end{cases}$$

根据上述两式,则

$$\boldsymbol{AA}^*=\begin{pmatrix} a_{11} & a_{12} & \cdots & a_{1n} \\ a_{21} & a_{22} & \cdots & a_{2n} \\ \vdots & \vdots & & \vdots \\ a_{n1} & a_{n2} & \cdots & a_{nn} \end{pmatrix}\begin{pmatrix} \boldsymbol{A}_{11} & \boldsymbol{A}_{21} & \cdots & \boldsymbol{A}_{n1} \\ \boldsymbol{A}_{12} & \boldsymbol{A}_{22} & \cdots & \boldsymbol{A}_{n2} \\ \vdots & \vdots & & \vdots \\ \boldsymbol{A}_{1n} & \boldsymbol{A}_{2n} & \cdots & \boldsymbol{A}_{nn} \end{pmatrix}$$

NOTE

$$=\begin{pmatrix} |\boldsymbol{A}| & 0 & \cdots & 0 \\ 0 & |\boldsymbol{A}| & \cdots & 0 \\ \vdots & \vdots & & \vdots \\ 0 & 0 & \cdots & |\boldsymbol{A}| \end{pmatrix} = |\boldsymbol{A}|\boldsymbol{E}$$

同理可得

$$\boldsymbol{A}^*\boldsymbol{A} = |\boldsymbol{A}|\boldsymbol{E}$$

由于$|\boldsymbol{A}|\neq 0$,故$\boldsymbol{A}\left(\frac{\boldsymbol{A}^*}{|\boldsymbol{A}|}\right)=\left(\frac{\boldsymbol{A}^*}{|\boldsymbol{A}|}\right)\boldsymbol{A}=\boldsymbol{E}$,故$\boldsymbol{A}^{-1}=\frac{1}{|\boldsymbol{A}|}\boldsymbol{A}^*$.

这个定理,既给出了$\boldsymbol{A}$可逆的判别方法,又给出了求$\boldsymbol{A}^{-1}$的一种具体方法.

例5 若$\boldsymbol{A}$、$\boldsymbol{B}$为同阶方阵,且$\boldsymbol{AB}=\boldsymbol{E}$,则$\boldsymbol{A}$、$\boldsymbol{B}$互为逆矩阵.

证明 由$|\boldsymbol{A}||\boldsymbol{B}|=|\boldsymbol{E}|=1$,有$|\boldsymbol{A}|\neq 0$,$|\boldsymbol{B}|\neq 0$,$\boldsymbol{A}^{-1}$、$\boldsymbol{B}^{-1}$存在,故

$$\boldsymbol{B}=\boldsymbol{EB}=(\boldsymbol{A}^{-1}\boldsymbol{A})\boldsymbol{B}=\boldsymbol{A}^{-1}(\boldsymbol{AB})=\boldsymbol{A}^{-1}\boldsymbol{E}=\boldsymbol{A}^{-1}$$

同理,$\boldsymbol{A}=\boldsymbol{B}^{-1}$,$\boldsymbol{A}$、$\boldsymbol{B}$互为逆矩阵,得证.

所以,若要验证矩阵$\boldsymbol{B}$是矩阵$\boldsymbol{A}$的逆矩阵,只要验证$\boldsymbol{AB}=\boldsymbol{E}$或$\boldsymbol{BA}=\boldsymbol{E}$即可.

2.3.4 逆矩阵的计算

若$\boldsymbol{A}$为非奇异矩阵,用定理2可计算其逆矩阵.

(1) $\boldsymbol{A}$为二阶方阵,逆矩阵的公式为

$$\boldsymbol{A}^{-1}=\frac{1}{a_{11}a_{22}-a_{12}a_{21}}\begin{pmatrix} a_{22} & -a_{12} \\ -a_{21} & a_{11} \end{pmatrix}$$

(2) $\boldsymbol{A}$为三阶方阵,逆矩阵的公式为

$$\boldsymbol{A}^{-1}=\frac{1}{a_{11}\boldsymbol{A}_{11}+a_{12}\boldsymbol{A}_{12}+a_{13}\boldsymbol{A}_{13}}\begin{pmatrix} \boldsymbol{A}_{11} & \boldsymbol{A}_{21} & \boldsymbol{A}_{31} \\ \boldsymbol{A}_{12} & \boldsymbol{A}_{22} & \boldsymbol{A}_{32} \\ \boldsymbol{A}_{13} & \boldsymbol{A}_{23} & \boldsymbol{A}_{33} \end{pmatrix}$$

在n元线性方程组$\boldsymbol{AX}=\boldsymbol{B}$,若系数矩阵$\boldsymbol{A}$是非奇异矩阵,则

$$\boldsymbol{A}^{-1}(\boldsymbol{AX})=\boldsymbol{A}^{-1}\boldsymbol{B}$$

故线性方程组$\boldsymbol{AX}=\boldsymbol{B}$的解为

$$\boldsymbol{X}=\boldsymbol{A}^{-1}\boldsymbol{B}$$

例6 求$\boldsymbol{A}$的逆矩阵.

$$\boldsymbol{A}=\begin{pmatrix} 2 & 0 & 1 \\ 3 & -4 & 2 \\ -1 & 1 & -2 \end{pmatrix}$$

解 计算$|\boldsymbol{A}|$第一行元素的代数余子式,得到

$$\boldsymbol{A}_{11}=(-1)^{1+1}\begin{vmatrix} -4 & 2 \\ 1 & -2 \end{vmatrix}=6, A_{12}=4, A_{13}=-1$$

$$|\boldsymbol{A}|=2\times 6+0\times 4+1\times(-1)=11\neq 0$$

$\boldsymbol{A}^{-1}$存在,再计算$\boldsymbol{A}_{21}=1$,$\boldsymbol{A}_{22}=-3$,$\boldsymbol{A}_{23}=-2$,$\boldsymbol{A}_{31}=4$,$\boldsymbol{A}_{32}=-1$,$\boldsymbol{A}_{33}=-8$,从而

NOTE

$$A^{-1}=\frac{1}{11}\begin{pmatrix}6&1&4\\4&-3&-1\\-1&-2&-8\end{pmatrix}$$

例 7 解矩阵方程 $\boldsymbol{AX}=\boldsymbol{B}$,其中,

$$\boldsymbol{A}=\begin{pmatrix}-4&2\\1&-2\end{pmatrix},\boldsymbol{B}=\begin{pmatrix}2\\1\end{pmatrix}$$

解 计算得到

$$|\boldsymbol{A}|=-4\times(-2)-2\times1=6\neq0$$

$$\boldsymbol{X}=\boldsymbol{A}^{-1}\boldsymbol{B}=\frac{1}{6}\begin{pmatrix}-2&-2\\-1&-4\end{pmatrix}\begin{pmatrix}2\\1\end{pmatrix}=\frac{1}{6}\begin{pmatrix}-6\\-6\end{pmatrix}=\begin{pmatrix}-1\\-1\end{pmatrix}$$

例 8 解线性方程组.

$$\begin{cases}x_1+x_3=1\\2x_1+x_2=0\\x_1+x_2+x_3=2\end{cases}$$

解 把线性方程组改写为矩阵方程形式,即

$$\begin{pmatrix}1&0&1\\2&1&0\\1&1&1\end{pmatrix}\begin{pmatrix}x_1\\x_2\\x_3\end{pmatrix}=\begin{pmatrix}1\\0\\2\end{pmatrix}$$

系数行列式 $|\boldsymbol{A}|$ 中,$\boldsymbol{A}_{11}=1,\boldsymbol{A}_{12}=-2,\boldsymbol{A}_{13}=1$,从而

$$|\boldsymbol{A}|=1\times1+0\times(-2)+1\times1=2\neq0$$

$\boldsymbol{A}^{-1}$存在,再计算

$$\boldsymbol{A}_{21}=1,\boldsymbol{A}_{22}=0,\boldsymbol{A}_{23}=-1,\boldsymbol{A}_{31}=-1,\boldsymbol{A}_{32}=2,\boldsymbol{A}_{33}=1$$

$$\begin{pmatrix}x_1\\x_2\\x_3\end{pmatrix}=\begin{pmatrix}1&0&1\\2&1&0\\1&1&1\end{pmatrix}^{-1}\begin{pmatrix}1\\0\\2\end{pmatrix}=\frac{1}{2}\begin{pmatrix}1&1&-1\\-2&0&2\\1&-1&1\end{pmatrix}\begin{pmatrix}1\\0\\2\end{pmatrix}=\frac{1}{2}\begin{pmatrix}-1\\2\\3\end{pmatrix}$$

故线性方程组的解为

$$x_1=-\frac{1}{2},x_2=1,x_3=\frac{3}{2}$$

例 9 设 a,b,c 为常数,且 $c\neq0$,n 阶矩阵 $\boldsymbol{A}$ 满足 $a\boldsymbol{A}^2+b\boldsymbol{A}+c\boldsymbol{E}=\boldsymbol{O}$,证明 $\boldsymbol{A}$ 为可逆矩阵,并求 $\boldsymbol{A}^{-1}$.

证明 由 $a\boldsymbol{A}^2+b\boldsymbol{A}+c\boldsymbol{E}=\boldsymbol{O}$,$c\neq0$,得到

$$-\frac{a}{c}\boldsymbol{A}^2-\frac{b}{c}\boldsymbol{A}=\boldsymbol{E},\text{从而}\left(-\frac{a}{c}\boldsymbol{A}-\frac{b}{c}\boldsymbol{E}\right)\boldsymbol{A}=\boldsymbol{E}\text{ 且 }\boldsymbol{A}\left(-\frac{a}{c}\boldsymbol{A}-\frac{b}{c}\boldsymbol{E}\right)=\boldsymbol{E}$$

故 $\boldsymbol{A}$ 可逆,且 $\boldsymbol{A}^{-1}=(-\frac{a}{c}\boldsymbol{A}-\frac{b}{c}\boldsymbol{E})$.

例 10 求矩阵 $\boldsymbol{X}$,使其满足 $\boldsymbol{AXB}=\boldsymbol{C}$,设

$$\boldsymbol{A}=\begin{pmatrix}1&2&3\\2&2&1\\3&4&3\end{pmatrix},\boldsymbol{B}=\begin{pmatrix}2&1\\5&3\end{pmatrix},\boldsymbol{C}=\begin{pmatrix}1&3\\2&0\\3&1\end{pmatrix}$$

NOTE

解 因为$|\boldsymbol{A}|=2\neq0$，而$|\boldsymbol{B}|=1\neq0$，故$\boldsymbol{A},\boldsymbol{B}$都可逆，由$\boldsymbol{A}^{-1}\boldsymbol{AXBB}^{-1}=\boldsymbol{A}^{-1}\boldsymbol{CB}^{-1}$可以解出$\boldsymbol{X}=\boldsymbol{A}^{-1}\boldsymbol{CB}^{-1}$.

$$\boldsymbol{X}=\boldsymbol{A}^{-1}\boldsymbol{CB}^{-1}=\begin{pmatrix}1&3&-2\\-\frac{3}{2}&-3&\frac{5}{2}\\1&1&-1\end{pmatrix}\begin{pmatrix}1&3\\2&0\\3&1\end{pmatrix}\begin{pmatrix}3&-1\\-5&2\end{pmatrix}$$

$$=\begin{pmatrix}1&1\\0&-2\\0&2\end{pmatrix}\begin{pmatrix}3&-1\\-5&2\end{pmatrix}=\begin{pmatrix}-2&1\\10&-4\\-10&4\end{pmatrix}$$

2.4 分块矩阵

2.4.1 矩阵的分块

对于高阶矩阵$\boldsymbol{A}$，常采用分块法，使大矩阵的运算转化成小矩阵的运算. 我们将矩阵$\boldsymbol{A}$用若干纵线和横线分成多个小矩阵，在一定条件下，把这些小块矩阵看成矩阵的元素，按通常的运算规则进行运算. 每一个小矩阵称为$\boldsymbol{A}$的子块，以子块为元素的矩阵称为**分块矩阵**.

设有3×4矩阵$\boldsymbol{A}$

$$\boldsymbol{A}=\begin{pmatrix}a_{11}&a_{12}&a_{13}&a_{14}\\a_{21}&a_{22}&a_{23}&a_{24}\\a_{31}&a_{32}&a_{33}&a_{34}\end{pmatrix}$$

分成子块的分法很多，例如，可以分成下面的小块形式，即

$$\boldsymbol{A}=\left(\begin{array}{cc|cc}a_{11}&a_{12}&a_{13}&a_{14}\\a_{21}&a_{22}&a_{23}&a_{24}\\\hline a_{31}&a_{32}&a_{33}&a_{34}\end{array}\right)$$

可以表示为分块矩阵，即

$$\boldsymbol{A}=\begin{pmatrix}\boldsymbol{A}_1&\boldsymbol{A}_2\\\boldsymbol{A}_3&\boldsymbol{A}_4\end{pmatrix}$$

其中，子块$\boldsymbol{A}_1=\begin{pmatrix}a_{11}&a_{12}\\a_{21}&a_{22}\end{pmatrix}$，$\boldsymbol{A}_2=\begin{pmatrix}a_{13}&a_{14}\\a_{23}&a_{24}\end{pmatrix}$，$\boldsymbol{A}_3=(a_{31}\quad a_{32})$，$\boldsymbol{A}_4=(a_{33}\quad a_{34})$.

对一个矩阵，可以有各种不同的分块方法. 但我们的目的是，对矩阵进行分块后，要能进行计算，并且比分块前更容易进行计算.

设矩阵$\boldsymbol{A}$分块为

$$\boldsymbol{A}=\begin{pmatrix}\boldsymbol{A}_{11}&\cdots&\boldsymbol{A}_{1t}\\\vdots&\cdots&\vdots\\\boldsymbol{A}_{s1}&\cdots&A_{st}\end{pmatrix}$$

（1）分块矩阵的转置

$\boldsymbol{A}$ 的转置阵等于各子块转置构成分块阵的转置阵，即

$$\boldsymbol{A}^T=\begin{pmatrix}\boldsymbol{A}_{11}{}^T & \cdots & \boldsymbol{A}_{s1}{}^T\\ \cdots & \cdots & \cdots\\ \boldsymbol{A}_{1t}{}^T & \cdots & \boldsymbol{A}_{st}{}^T\end{pmatrix} \tag{2-45}$$

例 1 设 $\boldsymbol{A}=\begin{pmatrix}1&0&2&0\\2&1&3&1\\-1&-2&1&2\\0&4&5&0\end{pmatrix}$，用分块矩阵求 $\boldsymbol{A}^T$.

解 将矩阵 $\boldsymbol{A}$ 进行分块

$$\boldsymbol{A}=\left(\begin{array}{cc:cc}1&0&2&0\\2&1&3&1\\\hdashline -1&-2&1&2\\0&4&5&0\end{array}\right)=\begin{pmatrix}\boldsymbol{A}_1&\boldsymbol{A}_2\\\boldsymbol{A}_3&\boldsymbol{A}_4\end{pmatrix}$$

其中，$\boldsymbol{A}_1=\begin{pmatrix}1&0\\2&1\end{pmatrix}$，$\boldsymbol{A}_2=\begin{pmatrix}2&0\\3&1\end{pmatrix}$，$\boldsymbol{A}_3=\begin{pmatrix}-1&-2\\0&4\end{pmatrix}$，$\boldsymbol{A}_4=\begin{pmatrix}1&2\\5&0\end{pmatrix}$.

由于 $\boldsymbol{A}_1^T=\begin{pmatrix}1&2\\0&1\end{pmatrix}$，$\boldsymbol{A}_2^T=\begin{pmatrix}2&3\\0&1\end{pmatrix}$，$\boldsymbol{A}_3^T=\begin{pmatrix}-1&0\\-2&4\end{pmatrix}$，$\boldsymbol{A}_4^T=\begin{pmatrix}1&5\\2&0\end{pmatrix}$，

所以

$$\boldsymbol{A}^T=\begin{pmatrix}1&0&2&0\\2&1&3&1\\-1&-2&1&2\\0&4&5&0\end{pmatrix}^T=\begin{pmatrix}\boldsymbol{A}_1^T&\boldsymbol{A}_3^T\\\boldsymbol{A}_2^T&\boldsymbol{A}_4^T\end{pmatrix}=\begin{pmatrix}1&2&-1&0\\0&1&-2&4\\2&3&1&5\\0&1&2&0\end{pmatrix}$$

（2）分块矩阵的数乘

若 k 是一个数，则 $\boldsymbol{A}$ 与 k 的数乘，等于这个数乘到每个子块上，即

$$k\boldsymbol{A}=\begin{pmatrix}k\boldsymbol{A}_{11}&\cdots&k\boldsymbol{A}_{1t}\\\vdots&&\vdots\\k\boldsymbol{A}_{s1}&\cdots&k\boldsymbol{A}_{st}\end{pmatrix} \tag{2-46}$$

（3）分块矩阵的加法

若 $\boldsymbol{A}$ 与 $\boldsymbol{B}$ 同型，并且采用相同的分块法，$\boldsymbol{A}_{ij}$ 与 $\boldsymbol{B}_{ij}$ 同型，即

$$\boldsymbol{A}=\begin{pmatrix}\boldsymbol{A}_{11}&\cdots&\boldsymbol{A}_{1t}\\\vdots&\cdots&\vdots\\\boldsymbol{A}_{s1}&\cdots&\boldsymbol{A}_{st}\end{pmatrix},\boldsymbol{B}=\begin{pmatrix}\boldsymbol{B}_{11}&\cdots&\boldsymbol{B}_{1t}\\\vdots&&\vdots\\\boldsymbol{B}_{s1}&\cdots&\boldsymbol{B}_{st}\end{pmatrix}$$

那么，$\boldsymbol{A}$ 与 $\boldsymbol{B}$ 相加，等于对应的子块相加，即

$$\boldsymbol{A}\pm\boldsymbol{B}=\begin{pmatrix}\boldsymbol{A}_{11}\pm\boldsymbol{B}_{11}&\cdots&\boldsymbol{A}_{1t}\pm\boldsymbol{B}_{1t}\\\vdots&&\vdots\\\boldsymbol{A}_{s1}\pm\boldsymbol{B}_{s1}&\cdots&\boldsymbol{A}_{st}\pm\boldsymbol{B}_{st}\end{pmatrix} \tag{2-47}$$

NOTE

2.4.2　矩阵的分块乘法

先看一个例子. 设

$$\boldsymbol{A}=\left(\begin{array}{cc:c} a_{11} & a_{12} & a_{13} \\ a_{21} & a_{22} & a_{23} \\ \hdashline a_{31} & a_{32} & a_{33} \\ a_{41} & a_{42} & a_{43} \end{array}\right)=\begin{pmatrix} \boldsymbol{A}_1 & \boldsymbol{A}_2 \\ \boldsymbol{A}_3 & \boldsymbol{A}_4 \end{pmatrix} \quad \boldsymbol{B}=\left(\begin{array}{cc} b_{11} & b_{12} \\ b_{21} & b_{22} \\ \hdashline b_{31} & b_{32} \end{array}\right)=\begin{pmatrix} \boldsymbol{B}_1 \\ \boldsymbol{B}_2 \end{pmatrix}$$

本来 $\boldsymbol{A}$ 是 4×3 型，$\boldsymbol{B}$ 是 3×2 型，可以按通常意义相乘. 现在分块方法一致，各子块看成元素，然后按通常矩阵乘法把它们相乘，即

$$\boldsymbol{AB}=\begin{pmatrix} \boldsymbol{A}_1 & \boldsymbol{A}_2 \\ \boldsymbol{A}_3 & \boldsymbol{A}_4 \end{pmatrix}\begin{pmatrix} \boldsymbol{B}_1 \\ \boldsymbol{B}_2 \end{pmatrix}=\begin{pmatrix} \boldsymbol{A}_1\boldsymbol{B}_1+\boldsymbol{A}_2\boldsymbol{B}_2 \\ \boldsymbol{A}_3\boldsymbol{B}_1+\boldsymbol{A}_4\boldsymbol{B}_2 \end{pmatrix}=\begin{pmatrix} \boldsymbol{D}_1 \\ \boldsymbol{D}_2 \end{pmatrix}=\boldsymbol{D}$$

在上述分块方法下，$\boldsymbol{A}_1\boldsymbol{B}_1$，$\boldsymbol{A}_2\boldsymbol{B}_2$ 和 $\boldsymbol{A}_3\boldsymbol{B}_1$，$\boldsymbol{A}_4\boldsymbol{B}_2$ 都是有意义的，且都是 2×2 型矩阵. 因而，$\boldsymbol{D}_1=\boldsymbol{A}_1\boldsymbol{B}_1+\boldsymbol{A}_2\boldsymbol{B}_2$，$\boldsymbol{D}_2=\boldsymbol{A}_3\boldsymbol{B}_1+\boldsymbol{A}_4\boldsymbol{B}_2$ 都是 2×2 型矩阵.

可以验证，象这样按分块相乘所得的结果，与按通常意义相乘所得的结果是一致的.

一般地，设 $\boldsymbol{A}=(a_{ij})_{m\times l}$，$\boldsymbol{B}=(b_{ij})_{l\times n}$，对 $\boldsymbol{A}$，$\boldsymbol{B}$ 进行分块，使 $\boldsymbol{A}$ 的列分块个数，与 $\boldsymbol{B}$ 的行分块个数相同；并且 $\boldsymbol{A}$ 的每一个小块 $\boldsymbol{A}_{i1}$，$\boldsymbol{A}_{i2}$，$\cdots$，$\boldsymbol{A}_{it}$ 的列数，分别等于 $\boldsymbol{B}$ 的相应小块 $\boldsymbol{B}_{1j}$，$\boldsymbol{B}_{2j}$，$\cdots$，$\boldsymbol{B}_{tj}$ 的行数，即

$$\begin{array}{c} \qquad\; l_1 \quad\;\; l_2 \quad \cdots \quad l_t \\ \boldsymbol{A}=\begin{pmatrix} \boldsymbol{A}_{11} & \boldsymbol{A}_{12} & \cdots & \boldsymbol{A}_{1t} \\ \boldsymbol{A}_{21} & \boldsymbol{A}_{22} & \cdots & \boldsymbol{A}_{2t} \\ \vdots & \vdots & & \vdots \\ \boldsymbol{A}_{s1} & \boldsymbol{A}_{s2} & \cdots & \boldsymbol{A}_{st} \end{pmatrix}\begin{matrix} m_1 \\ m_2 \\ \vdots \\ m_s \end{matrix} \end{array}, \quad \begin{array}{c} \qquad\; n_1 \quad\;\; n_2 \quad \cdots \quad n_r \\ \boldsymbol{B}=\begin{pmatrix} \boldsymbol{B}_{11} & \boldsymbol{B}_{12} & \cdots & \boldsymbol{B}_{1r} \\ \boldsymbol{B}_{21} & \boldsymbol{B}_{22} & \cdots & \boldsymbol{B}_{2r} \\ \vdots & \vdots & & \vdots \\ \boldsymbol{B}_{t1} & \boldsymbol{B}_{t2} & \cdots & \boldsymbol{B}_{tr} \end{pmatrix}\begin{matrix} l_1 \\ l_2 \\ \vdots \\ l_t \end{matrix} \end{array}$$

这里矩阵右边的数 m_1，m_2，$\cdots$，m_s 和 l_1，l_2，$\cdots$，l_t 分别表示它们左边的子块矩阵的行数，而矩阵上边的数 l_1，l_2，$\cdots$，l_t 和 n_1，n_2，$\cdots$，n_r 分别表示它们下边的子块矩阵的列数，因而

$$\begin{cases} m_1+m_2+\cdots+m_s=m \\ l_1+l_2+\cdots+l_t=l \\ n_1+n_2+\cdots+n_r=n \end{cases}$$

把 $\boldsymbol{A}$，$\boldsymbol{B}$ 中各小块矩阵看成元素，然后按通常矩阵乘法把它们相乘，就是

$$\begin{array}{c} \qquad\quad n_1 \quad\;\; n_2 \quad \cdots \quad n_r \\ \boldsymbol{AB}=\begin{pmatrix} \boldsymbol{C}_{11} & \boldsymbol{C}_{12} & \cdots & \boldsymbol{C}_{1r} \\ \boldsymbol{C}_{21} & \boldsymbol{C}_{22} & \cdots & \boldsymbol{C}_{2r} \\ \vdots & \vdots & & \vdots \\ \boldsymbol{C}_{s1} & \boldsymbol{C}_{s2} & \cdots & \boldsymbol{C}_{sr} \end{pmatrix}\begin{matrix} m_1 \\ m_2 \\ \vdots \\ m_s \end{matrix}=\boldsymbol{C} \end{array} \tag{2-48}$$

其中
$$\boldsymbol{C}_{ij}=\boldsymbol{A}_{i1}\boldsymbol{B}_{1j}+\boldsymbol{A}_{i2}\boldsymbol{B}_{2j}+\cdots+\boldsymbol{A}_{it}\boldsymbol{B}_{tj}=\sum_{k=1}^{t}\boldsymbol{A}_{ik}\boldsymbol{B}_{kj}$$

例 2　用分块乘法，计算 $\boldsymbol{AB}$，设

$$A=\begin{pmatrix}1&0&0&0\\0&1&0&0\\-1&2&1&0\\1&1&0&1\end{pmatrix},B=\begin{pmatrix}1&0&1&0\\-1&2&0&1\\1&0&4&1\\-1&-1&2&0\end{pmatrix}$$

解 把 A、B 分块，计算得到

$$A=\left(\begin{array}{cc:cc}1&0&0&0\\0&1&0&0\\\hdashline -1&2&1&0\\1&1&0&1\end{array}\right)=\begin{pmatrix}E&0\\A_1&E\end{pmatrix}\quad B=\left(\begin{array}{cc:cc}1&0&1&0\\-1&2&0&1\\\hdashline 1&0&4&1\\-1&-1&2&0\end{array}\right)=\begin{pmatrix}B_{11}&E\\B_{21}&B_{22}\end{pmatrix}$$

$$AB=\begin{pmatrix}E&O\\A_1&E\end{pmatrix}\begin{pmatrix}B_{11}&E\\B_{21}&B_{22}\end{pmatrix}=\begin{pmatrix}B_{11}&E\\A_1B_{11}+B_{21}&A_1+B_{22}\end{pmatrix}$$

而
$$A_1B_{11}+B_{21}=\begin{pmatrix}-1&2\\1&1\end{pmatrix}\begin{pmatrix}1&0\\-1&2\end{pmatrix}+\begin{pmatrix}1&0\\-1&-1\end{pmatrix}=\begin{pmatrix}-2&4\\-1&1\end{pmatrix}$$

$$A_1+B_{22}=\begin{pmatrix}-1&2\\1&1\end{pmatrix}+\begin{pmatrix}4&1\\2&0\end{pmatrix}=\begin{pmatrix}3&3\\3&1\end{pmatrix}$$

于是，得到

$$AB=\left(\begin{array}{cc:cc}1&0&1&0\\-1&2&0&1\\\hdashline -2&4&3&3\\-1&1&3&1\end{array}\right)$$

2.4.3 分块对角阵

设 A 为 n 阶矩阵，若 A 的分块矩阵只在主对角线上有非零子块，其余子块都为零矩阵，且在对角线上的子块都是方阵，即

$$A=\begin{pmatrix}A_1&&&\\&A_2&&\\&&\ddots&\\&&&A_s\end{pmatrix},A_i\text{为方阵}(i=1,2,\cdots,s)\tag{2-49}$$

那么，称 A 为**分块对角矩阵**，简记为

$$A=\operatorname{diag}(A_1,A_2,\cdots,A_s)$$

k 是一个数，则有

$$kA=\operatorname{diag}(kA_1,kA_2,\cdots,kA_s)$$

若 B 是与 A 有相同分块的分块对角阵，即

$$B=\operatorname{diag}(B_1,B_2,\cdots,B_s)$$

则显然有

$$A+B=\operatorname{diag}(A_1+B_1,A_2+B_2,\cdots,A_s+B_s)$$
$$AB=\operatorname{diag}(A_1B_1,A_2B_2,\cdots,A_sB_s)$$

NOTE

此外，分块对角矩阵的行列式等于各小块行列式的乘积，即

$$|\boldsymbol{A}|=|\boldsymbol{A}_1||\boldsymbol{A}_2|\cdots|\boldsymbol{A}_s|$$

由此可知，若 $|\boldsymbol{A}_i|\neq 0(i=1,2,\cdots,s)$，则 $|\boldsymbol{A}|\neq 0$，并有

$$\boldsymbol{A}^{-1}=\mathrm{diag}(\boldsymbol{A}_1^{-1},\boldsymbol{A}_2^{-1},\cdots,\boldsymbol{A}_s^{-1})$$

例 3 求 $\boldsymbol{A}^{-1}$，设

$$\boldsymbol{A}=\begin{pmatrix}5&0&0\\0&3&1\\0&2&1\end{pmatrix}$$

解 分块计算，得到

$$\boldsymbol{A}=\begin{pmatrix}5&0&0\\0&3&1\\0&2&1\end{pmatrix}=\begin{pmatrix}\boldsymbol{A}_1&\boldsymbol{O}\\\boldsymbol{O}&\boldsymbol{A}_2\end{pmatrix},\boldsymbol{A}_1=(5),\boldsymbol{A}_2=\begin{pmatrix}3&1\\2&1\end{pmatrix}$$

$$\boldsymbol{A}_1^{-1}=\left(\frac{1}{5}\right),\boldsymbol{A}_2^{-1}=\begin{pmatrix}1&-1\\-2&3\end{pmatrix},\boldsymbol{A}^{-1}=\begin{pmatrix}1/5&0&0\\0&1&-1\\0&-2&3\end{pmatrix}$$

例 4 设分块方阵为

$$\boldsymbol{D}=\begin{pmatrix}\boldsymbol{A}&\boldsymbol{C}\\\boldsymbol{O}&\boldsymbol{B}\end{pmatrix}$$

其中，$\boldsymbol{A}$、$\boldsymbol{B}$ 分别为 r 阶与 k 阶可逆方阵，$\boldsymbol{C}$ 是 $r\times k$ 矩阵，$\boldsymbol{O}$ 是 $k\times r$ 零矩阵. 求 $\boldsymbol{D}^{-1}$.

解 设 $\boldsymbol{D}$ 可逆，且

$$\boldsymbol{D}^{-1}=\begin{pmatrix}\boldsymbol{X}&\boldsymbol{Z}\\\boldsymbol{W}&\boldsymbol{Y}\end{pmatrix}$$

其中，$\boldsymbol{X},\boldsymbol{Y}$ 分别为与 $\boldsymbol{A},\boldsymbol{B}$ 同阶的方阵. 则应有

$$\boldsymbol{D}^{-1}\boldsymbol{D}=\begin{pmatrix}\boldsymbol{X}&\boldsymbol{Z}\\\boldsymbol{W}&\boldsymbol{Y}\end{pmatrix}\begin{pmatrix}\boldsymbol{A}&\boldsymbol{C}\\\boldsymbol{O}&\boldsymbol{B}\end{pmatrix}=\boldsymbol{E},\begin{pmatrix}\boldsymbol{XA}&\boldsymbol{XC}+\boldsymbol{ZB}\\\boldsymbol{WA}&\boldsymbol{WC}+\boldsymbol{YB}\end{pmatrix}=\begin{pmatrix}\boldsymbol{E}_r&\boldsymbol{O}\\\boldsymbol{O}&\boldsymbol{E}_k\end{pmatrix}$$

$$\boldsymbol{XA}=\boldsymbol{E}_r,\boldsymbol{WA}=\boldsymbol{O},\boldsymbol{XC}+\boldsymbol{ZB}=\boldsymbol{O},\boldsymbol{WC}+\boldsymbol{YB}=\boldsymbol{E}_k \tag{2-50}$$

因 $\boldsymbol{A}$ 可逆，用 $\boldsymbol{A}^{-1}$ 右乘式 2-50 的前两式，得到

$$\boldsymbol{X}=\boldsymbol{XAA}^{-1}=\boldsymbol{E}_r\boldsymbol{A}^{-1}=\boldsymbol{A}^{-1},\boldsymbol{W}=\boldsymbol{WAA}^{-1}=\boldsymbol{O}$$

代入式 2-50 的后两式，因 $\boldsymbol{B}$ 可逆，可以得到

$$\boldsymbol{Z}=\boldsymbol{ZBB}^{-1}=-\boldsymbol{XCB}^{-1}=-\boldsymbol{A}^{-1}\boldsymbol{CB}^{-1},\boldsymbol{Y}=\boldsymbol{YBB}^{-1}=\boldsymbol{E}_k\boldsymbol{B}^{-1}=\boldsymbol{B}^{-1}$$

于是求出

$$\boldsymbol{D}^{-1}=\begin{pmatrix}\boldsymbol{A}^{-1}&-\boldsymbol{A}^{-1}\boldsymbol{CB}^{-1}\\\boldsymbol{O}&\boldsymbol{B}^{-1}\end{pmatrix}$$

2.4.4 特殊分块阵

对矩阵分块时，有两种分块法应予重视，这就是按行分块和按列分块.

NOTE

设 $\boldsymbol{A}$ 为 $m\times n$ 矩阵，每一行分为一小块，分别称为矩阵 $\boldsymbol{A}$ 的 m 个行向量. 若第 i 行记作

$$\boldsymbol{\alpha}_i=(a_{i1},a_{i2},\cdots,a_{in})$$

则矩阵 $\boldsymbol{A}$ 记为

$$\boldsymbol{A}=\begin{pmatrix}\alpha_1\\ \alpha_2\\ \vdots\\ \alpha_m\end{pmatrix}=(\alpha_1,\alpha_2,\cdots,\alpha_m)^T$$

若 $\boldsymbol{A}$ 的每一列分为一小块，分别称为矩阵 $\boldsymbol{A}$ 的 n 个列向量. 若第 j 列记作

$$\boldsymbol{\alpha}_j=\begin{pmatrix}a_{1j}\\ a_{2j}\\ \vdots\\ a_{mj}\end{pmatrix}=(a_{1j},a_{2j},\cdots,a_{mj})^T$$

则矩阵 $\boldsymbol{A}$ 记为

$$\boldsymbol{A}=(\boldsymbol{\alpha}_1,\boldsymbol{\alpha}_2,\cdots,\boldsymbol{\alpha}_n)$$

若矩阵 $\boldsymbol{A}=(a_{ij})_{m\times s}$ 按行分成 m 块，矩阵 $\boldsymbol{B}=(b_{ij})_{s\times n}$ 按列分成 n 块，则乘积矩阵为

$$\boldsymbol{AB}=\begin{pmatrix}\boldsymbol{\alpha}_1\\ \boldsymbol{\alpha}_2\\ \vdots\\ \boldsymbol{\alpha}_m\end{pmatrix}(\boldsymbol{\beta}_1,\boldsymbol{\beta}_2,\cdots,\boldsymbol{\beta}_n)=\begin{pmatrix}\boldsymbol{\alpha}_1\boldsymbol{\beta}_1 & \boldsymbol{\alpha}_1\boldsymbol{\beta}_2 & \cdots & \boldsymbol{\alpha}_1\boldsymbol{\beta}_n\\ \boldsymbol{\alpha}_2\boldsymbol{\beta}_1 & \boldsymbol{\alpha}_2\boldsymbol{\beta}_2 & \cdots & \boldsymbol{\alpha}_2\boldsymbol{\beta}_n\\ \vdots & \vdots & & \vdots\\ \boldsymbol{\alpha}_m\boldsymbol{\beta}_1 & \boldsymbol{\alpha}_m\boldsymbol{\beta}_2 & \cdots & \boldsymbol{\alpha}_m\boldsymbol{\beta}_n\end{pmatrix}=(c_{ij})_{m\times n} \qquad (2-51)$$

由此，可进一步领会矩阵相乘的定义.

若以对角阵 $\boldsymbol{\Lambda}_m$ 左乘按行分块的矩阵 $\boldsymbol{A}_{m\times n}$，则等于 $\boldsymbol{A}$ 的各行乘以 $\boldsymbol{\Lambda}_m$ 的相应对角元，即

$$\boldsymbol{\Lambda}_m\boldsymbol{A}_{m\times n}=\begin{pmatrix}\lambda_1 & & & \\ & \lambda_2 & & \\ & & \ddots & \\ & & & \lambda_m\end{pmatrix}\begin{pmatrix}\boldsymbol{\alpha}_1\\ \boldsymbol{\alpha}_2\\ \vdots\\ \boldsymbol{\alpha}_m\end{pmatrix}=\begin{pmatrix}\lambda_1\boldsymbol{\alpha}_1\\ \lambda_2\boldsymbol{\alpha}_2\\ \vdots\\ \lambda_m\boldsymbol{\alpha}_m\end{pmatrix} \qquad (2-52)$$

若以对角阵 $\boldsymbol{\Lambda}_n$ 右乘按列分块的矩阵 $\boldsymbol{A}_{m\times n}$，则等于 $\boldsymbol{A}$ 的各列乘以 $\boldsymbol{\Lambda}_m$ 的相应对角元，即

$$\boldsymbol{A}_{m\times n}\boldsymbol{\Lambda}_n=(\boldsymbol{\alpha}_1,\boldsymbol{\alpha}_2,\cdots,\boldsymbol{\alpha}_n)\begin{pmatrix}\lambda_1 & & & \\ & \lambda_2 & & \\ & & \ddots & \\ & & & \lambda_n\end{pmatrix}=(\lambda_1a_1,\lambda_2a_2,\cdots,\lambda_na_n) \qquad (2-53)$$

例 5 设 $\boldsymbol{A}^T\boldsymbol{A}=\boldsymbol{O}$，证明 $\boldsymbol{A}=\boldsymbol{O}$.

证明 设 $\boldsymbol{A}=(a_{ij})_{m\times n}$ 用列向量表示为 $\boldsymbol{A}=(\boldsymbol{\alpha}_1,\boldsymbol{\alpha}_2,\cdots,\boldsymbol{\alpha}_n)$，则

$$\boldsymbol{A}^T\boldsymbol{A}=\begin{pmatrix}\boldsymbol{\alpha}_1^T\\ \boldsymbol{\alpha}_2^T\\ \vdots\\ \boldsymbol{\alpha}_n^T\end{pmatrix}(\boldsymbol{\alpha}_1,\boldsymbol{\alpha}_2,\cdots,\boldsymbol{\alpha}_n)=\begin{pmatrix}\boldsymbol{\alpha}_1^T\boldsymbol{\alpha}_1 & \boldsymbol{\alpha}_1^T\boldsymbol{\alpha}_2 & \cdots & \boldsymbol{\alpha}_1^T\boldsymbol{\alpha}_n\\ \boldsymbol{\alpha}_2^T\boldsymbol{\alpha}_1 & \boldsymbol{\alpha}_2^T\boldsymbol{\alpha}_2 & \cdots & \boldsymbol{\alpha}_2^T\boldsymbol{\alpha}_n\\ \vdots & \vdots & & \vdots\\ \boldsymbol{\alpha}_m^T\boldsymbol{\alpha}_1 & \boldsymbol{\alpha}_m^T\boldsymbol{\alpha}_2 & \cdots & \boldsymbol{\alpha}_m^T\boldsymbol{\alpha}_n\end{pmatrix}$$

因 $\boldsymbol{A}^T\boldsymbol{A}=\boldsymbol{O}$，故 $\boldsymbol{\alpha}_i^T\boldsymbol{\alpha}_j=0(i,j=1,2,\cdots,n)$. 特殊地，有 $\boldsymbol{\alpha}_j^T\boldsymbol{\alpha}_j=0(j=1,2,\cdots,n)$，即

NOTE

$$\boldsymbol{\alpha}_j^T\boldsymbol{\alpha}_j=(a_{1j},a_{2j},\cdots,a_{mj})\begin{pmatrix}a_{1j}\\a_{2j}\\\vdots\\a_{mj}\end{pmatrix}=a_{1j}^2+a_{2j}^2+\cdots+a_{mj}^2=0$$

因 a_{ij} 为实数，得 $a_{1j}=a_{2j}=\cdots=a_{mj}=0(j=1,2,\cdots,n)$.

故 $\boldsymbol{A}=\boldsymbol{O}$，得证.

习 题 2

1．已知线性方程组，写出系数矩阵.

$$\begin{cases}x_1+x_2+3x_3-x_4=1\\3x_1-x_2-3x_3+4x_4=4\\x_1+5x_2-9x_3-8x_4=0\end{cases}$$

2．已知线性变换，写出相对应的系数矩阵.

① $\begin{cases}3x_1+5x_2+x_3=y_1\\2x_1+7x_2+4x_3=y_2\\5x_1-6x_2-x_3=y_3\end{cases}$　　② $\begin{cases}x_1=2y_1+y_3\\x_2=-2y_1+3y_2+2y_3\\x_3=4y_1+y_2+5y_3\end{cases}$

3．已知两个线性变换，求从 z_1,z_2,z_3 到 x_1,x_2,x_3 的线性变换.

$$\begin{cases}x_1=2y_1+y_3\\x_2=-2y_1+3y_2+2y_3\\x_3=4y_1+y_2+5y_3\end{cases},\quad\begin{cases}y_1=-3z_1+z_2\\y_2=2z_1+z_3\\y_3=-z_2+3z_3\end{cases}$$

4．求 $3\boldsymbol{AB}-2\boldsymbol{A}$ 及 $\boldsymbol{A}^T\boldsymbol{B}$，设

$$\boldsymbol{A}=\begin{pmatrix}1&1&1\\1&1&-1\\1&-1&1\end{pmatrix},\quad\boldsymbol{B}=\begin{pmatrix}1&2&3\\-1&-2&4\\0&5&1\end{pmatrix}$$

5．计算下列的矩阵乘积.

① $\begin{pmatrix}4&3&1\\1&-2&3\\5&7&0\end{pmatrix}\begin{pmatrix}7\\2\\1\end{pmatrix}$　　② $(a_1,a_2,\cdots,a_n)\begin{pmatrix}b_1\\b_2\\\vdots\\b_n\end{pmatrix}$

③ $\begin{pmatrix}a_1\\a_2\\\vdots\\a_n\end{pmatrix}(b_1,b_2,\cdots,b_n)$　　④ $\begin{pmatrix}1&2&3\\2&4&6\\3&6&9\end{pmatrix}\begin{pmatrix}-1&-2&-4\\-1&-2&-4\\1&2&4\end{pmatrix}$

NOTE

⑤ $(x_1,x_2,x_3)\begin{pmatrix}a_{11}&a_{12}&a_{13}\\a_{21}&a_{22}&a_{23}\\a_{31}&a_{32}&a_{33}\end{pmatrix}\begin{pmatrix}x_1\\x_2\\x_3\end{pmatrix}$ ⑥ $\begin{pmatrix}\lambda&1&0\\0&\lambda&1\\0&0&\lambda\end{pmatrix}^n$

6. 如果 $\boldsymbol{A}=\frac{1}{2}(\boldsymbol{B}+\boldsymbol{E})$，证明 $\boldsymbol{A}^2=\boldsymbol{A}$ 当且仅当 $\boldsymbol{B}^2=\boldsymbol{E}$.

7. 设 $\boldsymbol{A},\boldsymbol{B}$ 是两个对称矩阵. 证明：$\boldsymbol{AB}$ 也对称的充分必要条件是 $\boldsymbol{A},\boldsymbol{B}$ 可交换.

8. 设 $\boldsymbol{A}$ 是实对称矩阵. 证明：如果 $\boldsymbol{A}^2=0$，则 $\boldsymbol{A}=0$.

9. 举例证明当 $\boldsymbol{AB}=\boldsymbol{AC}$ 时，未必 $\boldsymbol{B}=\boldsymbol{C}$.

10. 令 $\boldsymbol{A}$ 是任意 n 阶矩阵，而 $\boldsymbol{E}$ 是 n 阶单位矩阵，证明：

$$(\boldsymbol{E}-\boldsymbol{A})(\boldsymbol{E}+\boldsymbol{A}+\boldsymbol{A}^2+\cdots+\boldsymbol{A}^{m-1})=\boldsymbol{E}-\boldsymbol{A}^m$$

11. 判断下列矩阵是否可逆，若可逆则求出其逆.

① $\begin{pmatrix}2&0&0\\1&-1&0\\-1&2&1\end{pmatrix}$ ② $\begin{pmatrix}\cos\theta&-\sin\theta\\\sin\theta&\cos\theta\end{pmatrix}$

③ $\begin{pmatrix}a_1&&&\\&a_2&&\\&&\ddots&\\&&&a_n\end{pmatrix}$，$(a_1a_2\cdots a_n\neq 0)$

12. 解下列等式中的 $\boldsymbol{X}$.

① $\begin{pmatrix}1&5\\1&-1\end{pmatrix}X=\begin{pmatrix}2&-3\\2&1\end{pmatrix}$ ② $X\begin{pmatrix}2&1&-1\\0&1&0\\0&0&1\end{pmatrix}=\begin{pmatrix}1&-1&3\\2&2&2\end{pmatrix}$

③ $\begin{pmatrix}0&1&0\\1&0&0\\0&0&1\end{pmatrix}X\begin{pmatrix}1&0&0\\0&0&1\\0&1&0\end{pmatrix}=\begin{pmatrix}1&-4&3\\2&0&-1\\1&-2&0\end{pmatrix}$

13. 利用逆阵解线性方程组.

$$\begin{cases}x_1+2x_2+3x_3=-1\\2x_1+2x_2+5x_3=2\\3x_1+5x_2+\ \ x_3=1\end{cases}$$

14. 设 $\boldsymbol{A}$ 是一个 n 阶矩阵，并存在一个正整数 k，使 $\boldsymbol{A}^k=\boldsymbol{0}$. 证明：$\boldsymbol{E}-\boldsymbol{A}$ 可逆，并且

$$(\boldsymbol{E}-\boldsymbol{A})^{-1}=\boldsymbol{E}+\boldsymbol{A}+\cdots+\boldsymbol{A}^{k-1}$$

15. 证明：

① 如果可逆矩阵 $\boldsymbol{A}$ 对称（或反对称），则 $\boldsymbol{A}^{-1}$ 也对称（或反对称）.

② 如果 $\boldsymbol{A}^2=\boldsymbol{A}$，但 $\boldsymbol{A}$ 不是单位矩阵，则 $\boldsymbol{A}$ 必为奇异矩阵.

③ 设 m 为正整数，$\boldsymbol{A}$、$\boldsymbol{B}$、$\boldsymbol{C}$ 为同阶矩阵，$\boldsymbol{C}$ 非奇异，满足 $\boldsymbol{C}^{-1}\boldsymbol{AC}=\boldsymbol{B}$，则 $\boldsymbol{C}^{-1}\boldsymbol{A}^m\boldsymbol{C}=\boldsymbol{B}^m$.

16. 设 n 阶矩阵 $\boldsymbol{A}$ 满足 $\boldsymbol{A}^2-2\boldsymbol{A}-4\boldsymbol{E}=0$，证明 $\boldsymbol{A}+\boldsymbol{E}$ 可逆，并求 $(\boldsymbol{A}+\boldsymbol{E})^{-1}$.

17. 若三阶矩阵 $\boldsymbol{A}$ 的伴随矩阵为 $\boldsymbol{A}^*$，已知 $|\boldsymbol{A}|=\frac{1}{3}$，求 $|(5\boldsymbol{A})^{-1}-2\boldsymbol{A}^*|$ 的值.

NOTE

18. 取 $\boldsymbol{A}=\boldsymbol{B}=-\boldsymbol{C}=\boldsymbol{D}=\begin{pmatrix}1&0\\0&1\end{pmatrix}$，验证 $\begin{vmatrix}\boldsymbol{A}&\boldsymbol{B}\\\boldsymbol{C}&\boldsymbol{D}\end{vmatrix}\neq\begin{vmatrix}|\boldsymbol{A}|&|\boldsymbol{B}|\\|\boldsymbol{C}|&|\boldsymbol{D}|\end{vmatrix}$.

19. 设 n 阶矩阵 A 及 s 阶矩阵 $\boldsymbol{B}$ 都可逆，求：$\begin{pmatrix}0&\boldsymbol{A}\\\boldsymbol{B}&0\end{pmatrix}^{-1}$.

20. 分块求下列矩阵的逆阵.

① $\begin{pmatrix}1&0&0&0\\0&1&0&0\\0&0&8&3\\0&0&5&2\end{pmatrix}$ ② $\begin{pmatrix}1&0&0&0\\1&2&0&0\\2&1&1&0\\1&2&0&4\end{pmatrix}$

③ $\begin{pmatrix}0&a_1&0&\cdots&0\\0&0&a_2&\cdots&0\\\cdots&\cdots&\cdots&\ddots&\cdots\\0&0&0&\cdots&a_{n-1}\\a_n&0&0&0&0\end{pmatrix}$，其中 $a_i\neq0(i=1,2,\cdots,n)$

21. 用分块的乘法求下列矩阵的乘积.

① $\begin{pmatrix}1&-2&0\\-1&1&1\\0&3&2\end{pmatrix}\begin{pmatrix}0&1\\1&0\\0&-1\end{pmatrix}$ ② $\begin{pmatrix}a&0&0&0\\0&a&0&0\\1&0&b&0\\0&1&0&b\end{pmatrix}\begin{pmatrix}1&0&c&0\\0&1&0&c\\0&0&d&0\\0&0&0&d\end{pmatrix}$

NOTE

3 矩阵的变换

3.1 初等变换

3.1.1 消元法

矩阵的初等变换是矩阵的一种重要运算,在解线性方程组、求矩阵的秩及矩阵理论的研究中都起到重要的作用.为引入矩阵的初等变换,先来分析用消元法解线性方程组的例子.

例1 求解线性方程组.

$$\begin{cases}2x_1+4x_2-6x_3+4x_4=8\\ x_1+x_2-2x_3+x_4=4\\ 4x_1-6x_2+2x_3-2x_4=4\\ 3x_1+6x_2-9x_3+7x_4=9\end{cases}\tag{3-1}$$

解 将式3-1的方程1、2交换位置,方程2加上方程1乘以(-2),方程3加上方程1乘以(-4),方程4加上方程1乘以(-3),得到

$$\begin{cases}x_1+x_2-2x_3+x_4=4\\ 2x_2-2x_3+2x_4=0\\ -10x_2+10x_3-6x_4=-12\\ 3x_2-3x_3+4x_4=-3\end{cases}\tag{3-2}$$

将式3-2的方程2乘以(1/2),方程3加上方程2乘以10,方程4加上方程2乘以(-3),得到

$$\begin{cases}x_1+x_2-2x_3+x_4=4\\ x_2-x_3+x_4=0\\ 4x_4=-12\\ x_4=-3\end{cases}\tag{3-3}$$

将式3-3的方程3乘以(1/4),方程4加上方程3乘以(-1),得到

$$\begin{cases}x_1+x_2-2x_3+x_4=4\\ x_2-x_3+x_4=0\\ x_4=-3\\ 0=0\end{cases}\tag{3-4}$$

可以看出,从式3-1到式3-2是把方程1的x_1系数变为1,消去方程2、3、4的x_1.式3-2到式3-3是把方程2的x_2系数变为1,消去方程2、3、4的x_2,在此同时把x_3也消去了.式3-3到式3-4

NOTE

是消去 x_4,同时也消掉了常数项,得到恒等式 $0=0$,至此消元完毕. 如果常数项不能消去,则会得到矛盾方程 $0=1$,说明方程组无解.

式 3-4 是 4 个未知数 3 个有效方程的方程组,应有一个自由未知数. 由于方程组呈阶梯形,可把每个台阶的第一个未知数(即 x_1,x_2,x_4)选为非自由未知数,剩下的 x_3 选为自由未知数,只需用“回代”方法便能求出解. 由方程 3 得 $x_4=-3$,代入方程 2 得 $x_2=x_3+3$,代入方程 1 得 $x_1=x_3+4$. 得到用自由未知数表示非自由未知数的解,称为一般解,即

$$\begin{cases} x_1=x_3+4 \\ x_2=x_3+3 \\ x_4=\quad -3 \end{cases} \tag{3-5}$$

若令 $x_3=c$,则方程组的解可表示为含任意常数的形式,称为**通解**,即

$$\boldsymbol{x}=\begin{pmatrix} x_1 \\ x_2 \\ x_3 \\ x_4 \end{pmatrix}=\begin{pmatrix} c+4 \\ c+3 \\ c \\ -3 \end{pmatrix}$$

即

$$\boldsymbol{x}=c\begin{pmatrix} 1 \\ 1 \\ 1 \\ 0 \end{pmatrix}+\begin{pmatrix} 4 \\ 3 \\ 0 \\ -3 \end{pmatrix}$$

其中,c 为任意常数.

3.1.2 矩阵的初等变换

在例 1 的消元过程中,始终把方程组看作一个整体,即不是着眼于方程组中某一个方程的变形,而是着眼于将整个方程组变成另一个方程组. 其中用到三种变换,即

(1)交换两个方程的位置,方程(i)与(j)相互交换,记为:$(i),(j)$;

(2)用一个非零数去乘方程,$k\neq 0$ 乘方程(i),记为:$k(i)$;

(3)一个方程被加上另一个方程的 k 倍,方程(i)加上方程(j)的 k 倍,记为:$(i)+k(j)$.

由于这三种变换都是可逆的,因此变换前的方程组与变换后的方程组是同解的,这三种变换都是方程组的同解变换,所以最后求得的解式 3-5 是方程组式 3-1 的全部解.

在上述变换过程中,实际上只对方程组的系数和常数进行运算,未知数并未参与运算. 因此,若记方程组式 3-1 的增广矩阵为

$$\boldsymbol{B}=(\boldsymbol{A}/\boldsymbol{b})=\begin{pmatrix} 2 & 4 & -6 & 4 & 8 \\ 1 & 1 & -2 & 1 & 4 \\ 4 & -6 & 2 & -2 & 4 \\ 3 & 6 & -9 & 7 & 9 \end{pmatrix}$$

那么,上述对方程组的变换完全可以转换为对矩阵 $\boldsymbol{B}$ 的变换. 把方程组的上述三种同解变换移植到矩阵上,就得到矩阵的三种初等变换.

NOTE

定义 1 下面三种变换,称为**矩阵的初等行变换**,即

(1)对调两行的位置,第(i)行与第(j)行相互交换,记为:$(i),(j)$;

(2)用一个非零数去乘某一行中的所有元素,$k\neq0$ 乘(i)行,记为:$k(i)$;

(3)把某行元素的 k 倍加到另一行对应元素上,(i)行加上(j)行的 k 倍,记为:$(i)+k(j)$.

把定义中的"行"换成"列",即得矩阵的初等列变换的定义. 矩阵的初等行变换与初等列变换,统称**初等变换**.

显然,三种初等变换都是可逆的,且其逆变换是同一类型的初等变换;变换$(i),(j)$的逆变换就是其本身;变换 $k(i)$的逆变换为$(i)/k$;变换$(i)+k(j)$的逆变换为$(i)-k(j)$.

如果矩阵 $\boldsymbol{A}$ 经有限次初等行变换变成矩阵 $\boldsymbol{B}$,就称矩阵 $\boldsymbol{A}$ 与 $\boldsymbol{B}$ 是行等价的. 如果矩阵 $\boldsymbol{A}$ 经有限次初等列变换变成矩阵 $\boldsymbol{B}$,就称矩阵 $\boldsymbol{A}$ 与 $\boldsymbol{B}$ 是列等价的. 如果矩阵 $\boldsymbol{A}$ 经有限次初等变换变成矩阵 $\boldsymbol{B}$,就称矩阵 $\boldsymbol{A}$ 与 $\boldsymbol{B}$ 是等价的. 矩阵 $\boldsymbol{A}$ 与 $\boldsymbol{B}$ 行等价、列等价和等价,均可以记作

$$\boldsymbol{A}\sim\boldsymbol{B} \tag{3-6}$$

矩阵之间的等价关系,具有反身性、对称性、传递性,即

$$\boldsymbol{A}\sim\boldsymbol{A}\quad(\text{反身性}) \tag{3-7}$$

$$\text{若}\boldsymbol{A}\sim\boldsymbol{B},\text{则}\boldsymbol{B}\sim\boldsymbol{A}\quad(\text{对称性}) \tag{3-8}$$

$$\text{若}\boldsymbol{A}\sim\boldsymbol{B},\boldsymbol{B}\sim\boldsymbol{C},\text{则}\boldsymbol{A}\sim\boldsymbol{C}\quad(\text{传递性}) \tag{3-9}$$

初等变换得到的矩阵,与变换前的矩阵等价. 因此,变换前后的矩阵不用等号连接,而是用"~"或箭头"→"连接. 初等行变换记号写在箭头上方,初等列变换记号写在箭头下方.

例 2 用矩阵的初等行变换解方程组式 3-1.

解 对增广矩阵作初等行变换,其过程可与方程组式 3-1 的消元过程一一对照,即

$$\boldsymbol{B}\xrightarrow[\substack{(3)-4(1)\\(4)-3(1)}]{\substack{(1),(2)\\(2)-2(1)}}\begin{pmatrix}1&1&-2&1&4\\0&2&-2&2&0\\0&-10&10&-6&-12\\0&3&-3&4&-3\end{pmatrix}\xrightarrow{\substack{(2)/2\\(3)+10(2)\\(4)-3(2)}}\begin{pmatrix}1&1&-2&1&4\\0&1&-1&1&0\\0&0&0&4&-12\\0&0&0&1&-3\end{pmatrix}$$

$$\xrightarrow{\substack{(3)/4\\(4)-(3)}}\begin{pmatrix}1&1&-2&1&4\\0&1&-1&1&0\\0&0&0&1&-3\\0&0&0&0&0\end{pmatrix}\xrightarrow{\substack{(2)-(3)\\(1)-(3)\\(1)-(2)}}\begin{pmatrix}1&0&-1&0&4\\0&1&-1&0&3\\0&0&0&1&-3\\0&0&0&0&0\end{pmatrix} \tag{3-10}$$

由矩阵式 3-10,取 x_3 为自由未知数,得到方程组式 3-1 的一般解,即

$$\begin{cases}x_1=x_3+4\\x_2=x_3+3\\x_4=\quad-3\end{cases}$$

令 $x_3=c$,得到方程组 3-1 的通解,即

$$\boldsymbol{x}=c\begin{pmatrix}1\\1\\1\\0\end{pmatrix}+\begin{pmatrix}4\\3\\0\\-3\end{pmatrix}\ (c\text{ 为任意常数})$$

NOTE

3.1.3 矩阵的标准形

在例 2 中,矩阵式 3-10 的两式都称为**行阶梯形矩阵**. 行阶梯形矩阵的特点是:可画出一条阶梯线,线的下方全为 0;每个台阶只有一行,台阶数即是非零行的行数,阶梯线的竖线后面的第一个元素为非零元,也就是非零行的第一个非零数,称为首非零元.

行阶梯形矩阵式 3-10 的后面一个称为**行最简形矩阵**,其特点是:非零行的首非零元为 1,且首非零元所在的列的其他元素都为 0.

用归纳法不难证明,对于任何矩阵 $A_{m\times n}$,总可经过有限次初等行变换,把它变为行阶梯形矩阵和行最简形矩阵.

用初等行变换把一个矩阵化为行阶梯形矩阵和行最简形矩阵,是一种很重要的运算. 由例 2 可知,要解线性方程组只需把增广矩阵化为行最简形矩阵.

由行最简形矩阵式 3-10,即可写出方程组的一般解;反之,由方程组的一般解,也可写出矩阵式 3-10. 由此,可以猜想到一个矩阵的行最简形矩阵是唯一确定的,行阶梯形矩阵中非零行的行数也是唯一确定的.

对行最简形矩阵再施以初等列变换,可以变成一种形状更简单的矩阵,例如

$$\boldsymbol{B}\sim\begin{pmatrix}1&0&-1&0&4\\0&1&-1&0&3\\0&0&0&1&-3\\0&0&0&0&0\end{pmatrix}\sim\begin{pmatrix}1&0&0&0&0\\0&1&0&0&0\\0&0&1&0&0\\0&0&0&0&0\end{pmatrix}=\boldsymbol{F} \tag{3-11}$$

左上角是一个单位阵,其余元素全为 0 的矩阵称为**标准形**. 矩阵 $\boldsymbol{F}$ 是矩阵 $\boldsymbol{B}$ 的标准形.

一般地,对于 $m\times n$ 矩阵 $\boldsymbol{A}$,总可经过初等变换化为标准形,即

$$\boldsymbol{F}=\begin{pmatrix}\boldsymbol{E}_r&0\\0&0\end{pmatrix}_{m\times n} \tag{3-12}$$

此标准形由 m、n、r 三个数完全确定,其中 r 就是行阶梯形矩阵中非零行的行数. 所有与 $\boldsymbol{A}$ 等价的矩阵组成的一个集合,称为一个等价类,标准形 $\boldsymbol{F}$ 是这个等价类中形状最简单的矩阵.

例 3 求矩阵的标准型.

$$\boldsymbol{A}=\begin{pmatrix}1&3&4\\2&5&9\\3&7&14\\0&-1&1\end{pmatrix}$$

解 对 $\boldsymbol{A}$ 作初等变换,得到

$$\boldsymbol{A}\xrightarrow[(3)-3(1)]{(2)-2(1)}\begin{pmatrix}1&3&4\\0&-1&1\\0&-2&2\\0&-1&1\end{pmatrix}\xrightarrow[(4)+(2)]{\substack{-(2)\\(1)-3(2)\\(3)+2(2)}}\begin{pmatrix}1&0&7\\0&1&-1\\0&0&0\\0&0&0\end{pmatrix}\xrightarrow[\substack{(3)-7(1)\\(3)+(2)}]{}\begin{pmatrix}1&0&0\\0&1&0\\0&0&0\\0&0&0\end{pmatrix}$$

3.1.4 初等矩阵

NOTE

定义 2 由单位阵 $\boldsymbol{E}$ 经过一次初等变换得到的矩阵,称为**初等矩阵**.

三种初等变换对应三种初等矩阵.

1. 互换两行或互换两列

把单位阵中第 i,j 两行互换(或第 i,j 两列互换),得到初等矩阵 $\boldsymbol{E}((i),(j))$,即

$$\boldsymbol{E}((i),(j))=\begin{pmatrix}1 & & & & & & \\ & \ddots & & & & & \\ & & 0 & \cdots & 1 & & \\ & & & \ddots & & & \\ & & 1 & \cdots & 0 & & \\ & & & & & \ddots & \\ & & & & & & 1\end{pmatrix}\begin{matrix} \\ \\ \leftarrow 第\,i\,行 \\ \\ \leftarrow 第\,j\,行 \\ \\ \\ \end{matrix} \tag{3-13}$$

用 m 阶初等矩阵 $\boldsymbol{E}_m((i),(j))$ 左乘矩阵 $\boldsymbol{A}=(a_{ij})_{m\times n}$,得到

$$\boldsymbol{E}_m((i),(j))\boldsymbol{A}=\begin{pmatrix}a_{11} & a_{12} & \cdots & a_{1n} \\ \cdots & \cdots & \cdots & \cdots \\ a_{j1} & a_{j2} & \cdots & a_{jn} \\ \cdots & \cdots & \cdots & \cdots \\ a_{i1} & a_{i2} & \cdots & a_{in} \\ \cdots & \cdots & \cdots & \cdots \\ a_{m1} & a_{m2} & \cdots & a_{mn}\end{pmatrix}\begin{matrix} \\ \\ \leftarrow 第\,i\,行 \\ \\ \leftarrow 第\,j\,行 \\ \\ \\ \end{matrix} \tag{3-14}$$

其结果相当于对矩阵 $\boldsymbol{A}$ 施行第一种初等行变换:把 $\boldsymbol{A}$ 的第 i 行与第 j 行互换. 类似地,以 n 阶初等矩阵 $\boldsymbol{E}_n((i),(j))$ 右乘矩阵 $\boldsymbol{A}$,其结果相当于对矩阵 $\boldsymbol{A}$ 施行第一种初等变换:把 $\boldsymbol{A}$ 的第 i 列与第 j 列互换.

2. 以数 $k\neq0$ 乘某行或某列

以数 $k\neq0$ 乘单位阵 $\boldsymbol{E}$ 的第 i 行(或第 i 列),得到初等矩阵 $\boldsymbol{E}(k(i))$,即

$$\boldsymbol{E}(k(i))=\begin{pmatrix}1 & & & & & \\ & \ddots & & & & \\ & & 1 & & & \\ & & & k & & \\ & & & & 1 & \\ & & & & & \ddots & \\ & & & & & & 1\end{pmatrix}\begin{matrix} \\ \\ \\ \leftarrow 第\,i\,行 \\ \\ \\ \\ \end{matrix} \tag{3-15}$$

可以验证:以 $\boldsymbol{E}_m(k(i))$ 左乘矩阵 $\boldsymbol{A}$,其结果相当于以数 k 乘 $\boldsymbol{A}$ 的第 i 行;以 $\boldsymbol{E}_n(k(i))$ 右乘矩阵 $\boldsymbol{A}$,其结果相当于以数 k 乘 $\boldsymbol{A}$ 的第 i 列.

3. 以数 k 乘某行(列)加到另一行(列)

以数 k 乘单位阵 $\boldsymbol{E}$ 的第 j 行加到第 i 行(或 k 乘 $\boldsymbol{E}$ 的第 i 列加到第 j 列),得到初等矩阵 $\boldsymbol{E}((i)+k(j))$,即

NOTE

$$E((i)+k(j))=\begin{pmatrix}1 & & & & & & \\ & \ddots & & & & & \\ & & 1 & \cdots & k & & \\ & & & \ddots & \vdots & & \\ & & & & 1 & & \\ & & & & & \ddots & \\ & & & & & & 1\end{pmatrix}\begin{matrix} \\ \\ \leftarrow 第 i 行 \\ \\ \leftarrow 第 j 行 \\ \\ \\ \end{matrix} \tag{3-16}$$

可以验证：以$\boldsymbol{E}_m((i)+k(j))$左乘矩阵$\boldsymbol{A}$，其结果相当于把$\boldsymbol{A}$的第$j$行乘$k$加到第$i$行，以$\boldsymbol{E}_n((i)+k(j))$右乘矩阵$\boldsymbol{A}$，其结果相当于把$\boldsymbol{A}$的第$j$列乘$k$加到第$i$列.

综上所述，可得到下述定理.

定理1 设$\boldsymbol{A}$是一个$m\times n$矩阵，对$\boldsymbol{A}$施行一次初等行变换，相当于以相应的m阶初等矩阵左乘$\boldsymbol{A}$；对$\boldsymbol{A}$施行一次初等列变换，相当于以相应的n阶初等矩阵右乘$\boldsymbol{A}$.

推论 矩阵$\boldsymbol{A}$与$\boldsymbol{B}$等价的充分必要条件是存在初等矩阵$\boldsymbol{P}_1,\boldsymbol{P}_2,\cdots,\boldsymbol{P}_t$和$\boldsymbol{Q}_1,\boldsymbol{Q}_2,\cdots,\boldsymbol{Q}_l$使得

$$\boldsymbol{A}=\boldsymbol{P}_1\boldsymbol{P}_2\cdots\boldsymbol{P}_t\boldsymbol{B}\boldsymbol{Q}_1\boldsymbol{Q}_2\cdots\boldsymbol{Q}_l \tag{3-17}$$

3.1.5 初等变换计算逆矩阵

初等变换对应初等矩阵，由初等变换可逆，可知初等矩阵可逆，且此初等变换的逆变换也就对应此初等矩阵的逆矩阵.

由变换“$(i),(j)$”的逆变换就是其本身，得到

$$\boldsymbol{E}((i),(j))^{-1}=\boldsymbol{E}((i),(j)) \tag{3-18}$$

由变换“$k(i)$”的逆变换为“$(i)/k$”，得到

$$\boldsymbol{E}(k(i))^{-1}=\boldsymbol{E}((i)/k) \tag{3-19}$$

由变换“$(i)+k(j)$”的逆变换为“$(i)-k(j)$”，得到

$$\boldsymbol{E}((i)+k(j))^{-1}=\boldsymbol{E}((i)-k(j)) \tag{3-20}$$

可见，初等矩阵的逆矩阵仍是初等矩阵.

定理2 方阵$\boldsymbol{A}$可逆充分必要条件是存在有限个初等矩阵$\boldsymbol{P}_1,\boldsymbol{P}_2,\cdots,\boldsymbol{P}_t$，使得

$$\boldsymbol{A}=\boldsymbol{P}_1\boldsymbol{P}_2\cdots\boldsymbol{P}_t \tag{3-21}$$

证明 充分性 设$\boldsymbol{A}=\boldsymbol{P}_1\boldsymbol{P}_2\cdots\boldsymbol{P}_t$，因初等矩阵可逆，有限个可逆矩阵的乘积仍可逆，故$\boldsymbol{A}$可逆.

必要性 设n阶方阵$\boldsymbol{A}$可逆，且$\boldsymbol{A}$的标准形矩阵为$\boldsymbol{F}$，由于$\boldsymbol{F}\sim\boldsymbol{A}$，知$\boldsymbol{F}$经有限次初等变换可化为$\boldsymbol{A}$，即有初等矩阵$\boldsymbol{P}_1,\boldsymbol{P}_2,\cdots,\boldsymbol{P}_t$，使得

$$\boldsymbol{A}=\boldsymbol{P}_1\boldsymbol{P}_2\cdots\boldsymbol{P}_s\boldsymbol{F}\boldsymbol{P}_{s+1}\cdots\boldsymbol{P}_t$$

因为$\boldsymbol{A}$可逆，$\boldsymbol{P}_1,\boldsymbol{P}_2,\cdots,\boldsymbol{P}_t$也都可逆，故标准形矩阵$\boldsymbol{F}$可逆. 假设

$$\boldsymbol{F}=\begin{pmatrix}\boldsymbol{E}_r & 0\\ 0 & 0\end{pmatrix}$$

中的$r<n$，则$|\boldsymbol{F}|=0$，与$\boldsymbol{F}$可逆矛盾. 因此，必有$r=n$，即$\boldsymbol{F}=\boldsymbol{E}$，从而

$$\boldsymbol{A}=\boldsymbol{P}_1\boldsymbol{P}_2\cdots\boldsymbol{P}_t$$

得证.

NOTE

上述证明显示:可逆矩阵的标准形矩阵是单位阵. 其实,可逆矩阵的行最简形矩阵也是单位阵.

推论1 方阵 $\boldsymbol{A}$ 可逆的充分必要条件是 $\boldsymbol{A}\sim\boldsymbol{E}$.

证明 设方阵 $\boldsymbol{A}$ 可逆,则存在有限个初等矩阵 $\boldsymbol{P}_1,\boldsymbol{P}_2,\cdots,\boldsymbol{P}_t$,使 $\boldsymbol{A}=\boldsymbol{P}_1\boldsymbol{P}_2\cdots\boldsymbol{P}_t$. 由初等矩阵可逆,得到

$$\boldsymbol{P}_t^{-1}\cdots\boldsymbol{P}_2^{-1}\boldsymbol{P}_1^{-1}\boldsymbol{A}=\boldsymbol{E} \tag{3-22}$$

由于初等矩阵的逆仍是初等矩阵,式 3-22 表示,$\boldsymbol{A}$ 经过有限次初等行变换可变为 $\boldsymbol{E}$,即 $\boldsymbol{A}\sim\boldsymbol{E}$,得证.

推论2 $m\times n$ 阶矩阵 $\boldsymbol{A}$ 与 $\boldsymbol{B}$ 等价的充分必要条件是存在 m 阶可逆矩阵 $\boldsymbol{P}$ 及 n 阶可逆矩阵 $\boldsymbol{Q}$,使得

$$\boldsymbol{PAQ}=\boldsymbol{B} \tag{3-23}$$

证明 设 $\boldsymbol{A}$ 与 $\boldsymbol{B}$ 等价,则存在初等矩阵 $\boldsymbol{P}_1,\boldsymbol{P}_2,\cdots,\boldsymbol{P}_t$ 和 $\boldsymbol{Q}_1,\boldsymbol{Q}_2,\cdots,\boldsymbol{Q}_l$,使得

$$\boldsymbol{A}=\boldsymbol{P}_1\boldsymbol{P}_2\cdots\boldsymbol{P}_t\boldsymbol{B}\boldsymbol{Q}_1\boldsymbol{Q}_2\cdots\boldsymbol{Q}_l,$$

令 $\boldsymbol{P}=\boldsymbol{P}_1\boldsymbol{P}_2\cdots\boldsymbol{P}_t,\boldsymbol{Q}=\boldsymbol{Q}_1\boldsymbol{Q}_2\cdots\boldsymbol{Q}_l$,则 $\boldsymbol{PAQ}=\boldsymbol{B}$.

反之,设 $\boldsymbol{PAQ}=\boldsymbol{B}$ 成立. 由定理 2,$\boldsymbol{P}$ 与 $\boldsymbol{Q}$ 均可表成初等矩阵的乘积 $\boldsymbol{P}=\boldsymbol{P}_1\boldsymbol{P}_2\cdots\boldsymbol{P}_t,\boldsymbol{Q}=\boldsymbol{Q}_1\boldsymbol{Q}_2\cdots\boldsymbol{Q}_l$. 从而 $\boldsymbol{A}=\boldsymbol{P}_1\boldsymbol{P}_2\cdots\boldsymbol{P}_t\boldsymbol{B}\boldsymbol{Q}_1\boldsymbol{Q}_2\cdots\boldsymbol{Q}_l$,即 $\boldsymbol{A}$ 与 $\boldsymbol{B}$ 等价,得证.

推论3 对于方阵 $\boldsymbol{A}$,若

$$(\boldsymbol{A}|\boldsymbol{E})\sim(\boldsymbol{E}|\boldsymbol{X}) \tag{3-24}$$

则 $\boldsymbol{A}$ 可逆,且 $\boldsymbol{X}=\boldsymbol{A}^{-1}$.

证明 由推论 1 知 $\boldsymbol{A}$ 可逆. 下面证 $\boldsymbol{X}=\boldsymbol{A}^{-1}$.

设有 n 阶矩阵 $\boldsymbol{A}$ 及 $n\times s$ 矩阵 $\boldsymbol{B}$,求矩阵 $\boldsymbol{X}$ 使 $\boldsymbol{AX}=\boldsymbol{B}$. 如果 $\boldsymbol{A}$ 可逆,则 $\boldsymbol{X}=\boldsymbol{A}^{-1}\boldsymbol{B}$. 而当 $\boldsymbol{A}$ 可逆时,据定理 2,有初等矩阵 $\boldsymbol{P}_1,\boldsymbol{P}_2,\cdots,\boldsymbol{P}_t$ 使 $\boldsymbol{A}=\boldsymbol{P}_1\boldsymbol{P}_2\cdots\boldsymbol{P}_t$,从而 $\boldsymbol{A}^{-1}=\boldsymbol{P}_t^{-1}\cdots\boldsymbol{P}_2^{-1}\boldsymbol{P}_1^{-1}$. 记 $\boldsymbol{P}_k^{-1}=\boldsymbol{Q}_k$,则 $\boldsymbol{Q}_k$ 也是初等矩阵. 于是

$$\boldsymbol{Q}_t\cdots\boldsymbol{Q}_2\boldsymbol{Q}_1\boldsymbol{A}=\boldsymbol{E} \tag{3-25}$$

$$\boldsymbol{Q}_t\cdots\boldsymbol{Q}_2\boldsymbol{Q}_1\boldsymbol{B}=\boldsymbol{A}^{-1}\boldsymbol{B} \tag{3-26}$$

式 3-25 表明 $\boldsymbol{A}$ 经一系列初等行变换化为 $\boldsymbol{E}$,式 3-26 则表明 $\boldsymbol{B}$ 经同一系列初等行变换化为 $\boldsymbol{A}^{-1}\boldsymbol{B}$. 用分块矩阵形式,两式可合并为

$$\boldsymbol{Q}_t\cdots\boldsymbol{Q}_2\boldsymbol{Q}_1(\boldsymbol{A}|\boldsymbol{B})=(\boldsymbol{E}|\boldsymbol{A}^{-1}\boldsymbol{B}) \tag{3-27}$$

即对矩阵 $(\boldsymbol{A}|\boldsymbol{B})$ 作初等行变换,当把 $\boldsymbol{A}$ 化成 $\boldsymbol{E}$ 时,$\boldsymbol{B}$ 就化成 $\boldsymbol{A}^{-1}\boldsymbol{B}$.

综上所述,对于 n 阶矩阵 $\boldsymbol{A}$ 及 $n\times s$ 矩阵 $\boldsymbol{B}$,把分块矩阵 $(\boldsymbol{A}|\boldsymbol{B})$ 化成行最简形 $(\boldsymbol{E}|\boldsymbol{X})$,即 $(\boldsymbol{A}|\boldsymbol{B})\sim(\boldsymbol{E}|\boldsymbol{X})$,则 $\boldsymbol{A}$ 可逆,且 $\boldsymbol{X}=\boldsymbol{A}^{-1}\boldsymbol{B}$.

特别地,当 $\boldsymbol{B}=\boldsymbol{E}$ 时,若 $(\boldsymbol{A}|\boldsymbol{E})\sim(\boldsymbol{E}|\boldsymbol{X})$,则 $\boldsymbol{A}$ 可逆,且 $\boldsymbol{X}=\boldsymbol{A}^{-1}$,得证.

由此,我们就得到了一种利用初等变换求 $\boldsymbol{A}^{-1}$ 的方法. 把 $\boldsymbol{A},\boldsymbol{E}$ 这两个 n 阶矩阵凑在一起作一个 $n\times 2n$ 型的矩阵 $(\boldsymbol{A}|\boldsymbol{E})$,只要若干初等行变换把 $(\boldsymbol{A}|\boldsymbol{E})$ 左边的一半化为 $\boldsymbol{E}$,那么用同样的这些初等行变换把 $(\boldsymbol{A}|\boldsymbol{E})$ 右边的一半化为 $\boldsymbol{A}^{-1}$.

类似地,可逆矩阵也可以用初等列变换化为单位阵,把 $\boldsymbol{A}$ 和 $\boldsymbol{E}$ 作成一个 $2n\times n$ 分块矩阵

$$\left(\frac{\boldsymbol{A}}{\boldsymbol{E}}\right)$$

NOTE

只要用初等列变换把分块矩阵上面一半化为 $\boldsymbol{E}$,那么,分块矩阵下面一半经历相同的初等列变换就化成 $\boldsymbol{A}^{-1}$.

例 4 用初等行变换求逆矩阵.

$$\boldsymbol{A}=\begin{pmatrix}0 & 1 & 2\\ 1 & 1 & 4\\ 2 & -1 & 0\end{pmatrix}$$

解 用初等行变换把 $(\boldsymbol{A}|\boldsymbol{E})$ 左边的一半化为 $\boldsymbol{E}$,得到

$$(\boldsymbol{A}|\boldsymbol{E})=\left(\begin{array}{ccc|ccc}0 & 1 & 2 & 1 & 0 & 0\\ 1 & 1 & 4 & 0 & 1 & 0\\ 2 & -1 & 0 & 0 & 0 & 1\end{array}\right)\xrightarrow[(3)-2(1)]{(1),(2)}\left(\begin{array}{ccc|ccc}1 & 1 & 4 & 0 & 1 & 0\\ 0 & 1 & 2 & 1 & 0 & 0\\ 0 & -3 & -8 & 0 & -2 & 1\end{array}\right)$$

$$\xrightarrow[(3)+3(2)]{(1)-(2)}\left(\begin{array}{ccc|ccc}1 & 0 & 2 & -1 & 1 & 0\\ 0 & 1 & 2 & 1 & 0 & 0\\ 0 & 0 & -2 & 3 & -2 & 1\end{array}\right)\xrightarrow[-(3)/2]{\substack{(1)+(3)\\ (2)+(3)}}\left(\begin{array}{ccc|ccc}1 & 0 & 0 & 2 & -1 & 1\\ 0 & 1 & 0 & 4 & -2 & 1\\ 0 & 0 & 1 & -3/2 & 1 & -1/2\end{array}\right)$$

从而,得到

$$\boldsymbol{A}^{-1}=\begin{pmatrix}2 & -1 & 1\\ 4 & -2 & 1\\ -3/2 & 1 & -1/2\end{pmatrix}$$

例 5 求矩阵 X,使得 $\boldsymbol{A}X=\boldsymbol{B}$,其中 $\boldsymbol{A}=\begin{pmatrix}1 & 2 & 3\\ 2 & 2 & 1\\ 3 & 4 & 3\end{pmatrix}$,$\boldsymbol{B}=\begin{pmatrix}2 & 2\\ 3 & 1\\ 0 & 1\end{pmatrix}$.

解 设有可逆矩阵 P 使得 $P\boldsymbol{A}=F$,F 为行最简形,则

$$P(A,B)=(PA,PB)=(F,PB)$$

这就是说:对矩阵 (A,B) 进行初等行变换把 A 变成 F,则同时把 B 变成 FB. 若 A 可逆,则 $F=E$,且 $P=A^{-1}$,$X=A^{-1}B=PB$. 因此,可以对 (A,B) 进行初等行变换,把 A 变成 E,则 B 就变成了 X,即是所求的解.

$$(A|B)=\left(\begin{array}{ccc|cc}1 & 2 & 3 & 2 & 2\\ 2 & 2 & 1 & 3 & 1\\ 3 & 4 & 3 & 0 & 1\end{array}\right)\xrightarrow[(3)-3(1)]{(2)-2(1)}\left(\begin{array}{ccc|cc}1 & 2 & 3 & 2 & 2\\ 0 & -2 & -5 & -1 & -3\\ 0 & -2 & -6 & -6 & -5\end{array}\right)$$

$$\xrightarrow{(3)-(2)}\left(\begin{array}{ccc|cc}1 & 2 & 3 & 2 & 2\\ 0 & -2 & -5 & -1 & -3\\ 0 & 0 & -1 & -5 & -2\end{array}\right)\xrightarrow[(1)-3(3)]{\substack{-(3)\\ (2)+5(3)}}\left(\begin{array}{ccc|cc}1 & 2 & 0 & -13 & -4\\ 0 & -2 & 0 & 24 & 7\\ 0 & 0 & 1 & 5 & 2\end{array}\right)$$

$$\xrightarrow[-1/2(2)]{(1)+(2)}\left(\begin{array}{ccc|cc}1 & 0 & 0 & 11 & 3\\ 0 & 1 & 0 & -12 & -7/2\\ 0 & 0 & 1 & 5 & 2\end{array}\right)$$

即得

$$X=\begin{pmatrix}11 & 3\\ -12 & -7/2\\ 5 & 2\end{pmatrix}$$

NOTE

3.2 矩阵的秩

3.2.1 矩阵秩的定义

定义1 在 $m\times n$ 矩阵 $\boldsymbol{A}$ 中,任取 k 行与 k 列($k\leqslant m,k\leqslant n$),位于这些行列交叉处的 k^2 个元素,不改变它们在 $\boldsymbol{A}$ 中所处的位置次序而得的 k 阶行列式,称为矩阵 $\boldsymbol{A}$ 的 k 阶子式.

$m\times n$ 矩阵 $\boldsymbol{A}$ 的 k 阶子式共有 $C_m^k\cdot C_n^k$ 个.

定义2 设在矩阵 $\boldsymbol{A}$ 中有一个不等于0的 r 阶子式 D,且所有 $r+1$ 阶子式全等于0,那么 D 称为矩阵 $\boldsymbol{A}$ 的最高阶非零子式,数 r 称为矩阵 $\boldsymbol{A}$ 的**秩**,记作 $R(\boldsymbol{A})$. 并规定零矩阵的秩等于0.

由行列式的性质知,当 $\boldsymbol{A}$ 中所有 $r+1$ 阶子式全等于0时,所有高于 $r+1$ 阶的子式也全等于0. 因此,r 阶非零子式称为最高阶非零子式,$R(\boldsymbol{A})$ 是 $\boldsymbol{A}$ 中非零子式的最高阶数.

若矩阵 $\boldsymbol{A}$ 中有某个 s 阶子式不为0,则有

$$R(\boldsymbol{A})\geqslant s$$

若 $\boldsymbol{A}$ 中所有 t 阶子式全为0,则有

$$R(\boldsymbol{A})<t$$

显然,若 $\boldsymbol{A}$ 为 $m\times n$ 矩阵,则有

$$0\leqslant R(\boldsymbol{A})\leqslant \min\{m,n\}$$

由于行列式与其转置行列式相等,因此 $\boldsymbol{A}^{\mathrm{T}}$ 的子式与 $\boldsymbol{A}$ 的子式对应相等,从而

$$R(\boldsymbol{A}^{\mathrm{T}})=R(\boldsymbol{A})$$

对于 n 阶方阵 $\boldsymbol{A}$,由于 n 阶子式只有一个 $|\boldsymbol{A}|$,故有

$$|\boldsymbol{A}|\neq 0 \text{ 时 } R(\boldsymbol{A})=n,\ |\boldsymbol{A}|=0 \text{ 时 } R(\boldsymbol{A})<n$$

可见,可逆矩阵的秩等于矩阵的阶数. 因此,可逆矩阵既称为非奇异矩阵,又称为**满秩矩阵**;不可逆矩阵既称为奇异矩阵,又称为**降秩矩阵**.

例1 求矩阵的秩.

$$\boldsymbol{A}=\begin{pmatrix}2&4&3&3\\1&2&1&1\\1&2&3&3\end{pmatrix},\boldsymbol{B}=\begin{pmatrix}2&-1&0&3&-2\\0&3&1&-2&5\\0&0&0&4&-3\\0&0&0&0&0\end{pmatrix}$$

解 $\boldsymbol{A}$ 为 3×4 矩阵,三阶子式全为0,有二阶子式不为0,即

$$\begin{vmatrix}2&4&3\\1&2&1\\1&2&3\end{vmatrix}=0,\begin{vmatrix}4&3&3\\2&1&1\\2&3&3\end{vmatrix}=0,D_2=\begin{vmatrix}4&3\\2&1\end{vmatrix}=-2\neq 0$$

所以 $R(\boldsymbol{A})=2$.

$\boldsymbol{B}$ 是 4×5 行阶梯形矩阵,非零行为3行,所有四阶子式全为0,三个非零行的首非零元为对角元的三阶行列式不为0,即

NOTE

$$D_3=\begin{vmatrix}2 & -1 & 3\\0 & 3 & -2\\0 & 0 & 4\end{vmatrix}=24$$

所以 $R(\boldsymbol{B})=3$.

3.2.2 初等变换求矩阵的秩

当矩阵的行数与列数较高时，用子式来确定一个矩阵的秩，计算量太大.

然而，对于行阶梯形矩阵，它的秩就等于非零行的行数，一看便知，不需计算. 因此自然想到用初等变换把矩阵化为行阶梯形矩阵.

但是，对矩阵施行初等变换，是否会改变矩阵的秩呢?

定理 1 对矩阵施行初等变换不改变矩阵的秩，即

$$\text{若 }\boldsymbol{A}\sim\boldsymbol{B}\text{，则 }R(\boldsymbol{A})=R(\boldsymbol{B})\tag{3-28}$$

证明 设 $R(\boldsymbol{A})=r$，且 $\boldsymbol{A}$ 的某个 r 阶子式 $D\neq0$，$\boldsymbol{A}$ 经过一次初等行变换化为 $\boldsymbol{B}$.

由 $\boldsymbol{A}\sim\boldsymbol{B}$，在 $\boldsymbol{B}$ 中总能找到与 D 相对应的 r 阶子式 D_1.

而交换两行时 $D_1=-D$，数 k 乘某行时 $D_1=kD$，k 乘某行加到另一行时 $D_1=D$.

故 $D_1\neq0$，从而 $R(\boldsymbol{B})\geqslant r$，$R(\boldsymbol{A})\leqslant R(\boldsymbol{B})$.

由于 $\boldsymbol{B}$ 也可经过一次初等行变换化为 $\boldsymbol{A}$，也有 $R(\boldsymbol{B})\leqslant R(\boldsymbol{A})$，故 $R(\boldsymbol{A})=R(\boldsymbol{B})$，得证.

这说明，经过一次初等行变换后，矩阵秩不变. 因而可知，经过有限次初等行变换的，矩阵的秩仍不变.

再设矩阵 $\boldsymbol{A}$ 经过有限次初等列变换化为 $\boldsymbol{B}$，则 $\boldsymbol{A}^{\mathrm{T}}$ 经过有限次初等行变换化为 $\boldsymbol{B}^{\mathrm{T}}$，由上面证明知 $R(\boldsymbol{A}^{\mathrm{T}})=R(\boldsymbol{B}^{\mathrm{T}})$. 由 $R(\boldsymbol{A})=R(\boldsymbol{A}^{\mathrm{T}})$，$R(\boldsymbol{B})=R(\boldsymbol{B}^{\mathrm{T}})$，得到 $R(\boldsymbol{A})=R(\boldsymbol{B})$.

总之，若 $\boldsymbol{A}$ 经有限次初等变换化为 $\boldsymbol{B}$，则有 $R(\boldsymbol{A})=R(\boldsymbol{B})$，得证.

根据定理 1，用初等行变换化矩阵为行阶梯形矩阵，非零行的行数即是该矩阵的秩.

例 2 求矩阵 $\boldsymbol{A}$ 的秩，并求 $\boldsymbol{A}$ 的一个最高阶非零子式.

$$\boldsymbol{A}=\begin{pmatrix}3 & 2 & 0 & 5 & 0\\3 & 14 & -9 & -2 & 11\\2 & 0 & 1 & 5 & -3\\1 & 6 & -4 & -1 & 4\end{pmatrix}$$

解 对 $\boldsymbol{A}$ 作初等行变换，化为行阶梯形矩阵，即

$$\boldsymbol{A}=\begin{pmatrix}3 & 2 & 0 & 5 & 0\\3 & 14 & -9 & -2 & 11\\2 & 0 & 1 & 5 & -3\\1 & 6 & -4 & -1 & 4\end{pmatrix}\xrightarrow[\substack{(3)-2(1)\\(4)-3(1)}]{\substack{(1),(4)\\(2)-3(1)}}\begin{pmatrix}1 & 6 & -4 & -1 & 4\\0 & -4 & 3 & 1 & -1\\0 & -12 & 9 & 7 & -11\\0 & -16 & 12 & 8 & -12\end{pmatrix}$$

$$\xrightarrow{\substack{(3)-3(2)\\(4)-4(2)}}\begin{pmatrix}1 & 6 & -4 & -1 & 4\\0 & -4 & 3 & 1 & -1\\0 & 0 & 0 & 4 & -8\\0 & 0 & 0 & 4 & -8\end{pmatrix}\xrightarrow{(4)-(3)}\begin{pmatrix}1 & 6 & -4 & -1 & 4\\0 & -4 & 3 & 1 & -1\\0 & 0 & 0 & 4 & -8\\0 & 0 & 0 & 0 & 0\end{pmatrix}$$

NOTE

因为行阶梯形矩阵有 3 个非零行，所以 $R(\boldsymbol{A})=3$.

$\boldsymbol{A}$ 的最高阶非零子式为 3 阶，行阶梯形矩阵三个非零行的首非零元为对角元的 3 阶行列式不为 0，取 $\boldsymbol{A}$ 的对应 3 阶行列式得到

$$\begin{vmatrix} 1 & 6 & -1 \\ 3 & 14 & -2 \\ 2 & 0 & 5 \end{vmatrix} = \begin{vmatrix} 1 & 6 & -1 \\ 0 & -4 & 1 \\ 0 & -12 & 7 \end{vmatrix} = \begin{vmatrix} -4 & 1 \\ -12 & 7 \end{vmatrix} = -16 \neq 0$$

因此，这个子式便是 $\boldsymbol{A}$ 的一个最高阶非零子式，$\boldsymbol{A}$ 还有其他 3 阶非零子式，请自行给出.

例 3 求矩阵 $\boldsymbol{A}$ 及分块矩阵 $\boldsymbol{B}=(\boldsymbol{A}|\boldsymbol{b})$ 的秩.

$$\boldsymbol{A}=\begin{pmatrix} 1 & -2 & 2 & -1 \\ 2 & -4 & 8 & 0 \\ -2 & 4 & -2 & 3 \\ 3 & -6 & 0 & -6 \end{pmatrix}, \boldsymbol{b}=\begin{pmatrix} 1 \\ 2 \\ 3 \\ 4 \end{pmatrix}$$

解 对 $\boldsymbol{B}$ 作初等行变换化为行阶梯形矩阵，得到

$$\boldsymbol{B}=\left(\begin{array}{cccc|c} 1 & -2 & 2 & -1 & 1 \\ 2 & -4 & 8 & 0 & 2 \\ -2 & 4 & -2 & 3 & 3 \\ 3 & -6 & 0 & -6 & 4 \end{array}\right) \xrightarrow[(4)-3(1)]{\substack{(2)-2(1)\\(3)+2(1)}} \left(\begin{array}{cccc|c} 1 & -2 & 2 & -1 & 1 \\ 0 & 0 & 4 & 2 & 0 \\ 0 & 0 & 2 & 1 & 5 \\ 0 & 0 & -6 & -3 & 1 \end{array}\right)$$

$$\xrightarrow[(4)+3(2)]{\substack{(2)/2\\(3)-(2)}} \left(\begin{array}{cccc|c} 1 & -2 & 2 & -1 & 1 \\ 0 & 0 & 2 & 1 & 0 \\ 0 & 0 & 0 & 0 & 5 \\ 0 & 0 & 0 & 0 & 1 \end{array}\right) \xrightarrow[(4)-(3)]{(3)/5} \left(\begin{array}{cccc|c} 1 & -2 & 2 & -1 & 1 \\ 0 & 0 & 2 & 1 & 0 \\ 0 & 0 & 0 & 0 & 1 \\ 0 & 0 & 0 & 0 & 0 \end{array}\right)$$

因此，$R(\boldsymbol{A})=2$，$R(\boldsymbol{B})=3$.

从矩阵 $\boldsymbol{B}$ 的行阶梯形矩阵可知，本例中的 $\boldsymbol{A}$ 与 $\boldsymbol{b}$ 所对应的线性方程组 $\boldsymbol{Ax}=\boldsymbol{b}$ 是无解的，这是因为行阶梯形矩阵的第 3 行表示矛盾方程 $0=1$.

3.2.3 矩阵秩的性质

前面，我们已经提出了矩阵秩的一些最基本的性质，归纳起来有：

(1) $0 \leqslant R(\boldsymbol{A}) \leqslant \min\{m,n\}$ (3-29)

(2) $R(\boldsymbol{A}^{\mathrm{T}})=R(\boldsymbol{A})$ (3-30)

(3) 若 $\boldsymbol{A} \sim \boldsymbol{B}$，则 $R(\boldsymbol{A})=R(\boldsymbol{B})$ (3-31)

(4) 若 $\boldsymbol{P}$、$\boldsymbol{Q}$ 可逆，则 $R(\boldsymbol{PAQ})=R(\boldsymbol{A})$ (3-32)

(5) $R(\boldsymbol{A}|\boldsymbol{B}) \leqslant R(\boldsymbol{A})+R(\boldsymbol{B})$ (3-33)

特别地，若 $\boldsymbol{b}$ 为列向量，则 $R(\boldsymbol{A}) \leqslant R(\boldsymbol{A}|\boldsymbol{b}) \leqslant R(\boldsymbol{A})+1$ (3-34)

证明 因为 $\boldsymbol{A}$ 的最高阶非零子式总是 $(\boldsymbol{A}|\boldsymbol{B})$ 的非零子式，故 $R(\boldsymbol{A}) \leqslant R(\boldsymbol{A}|\boldsymbol{B})$.

同理有 $R(\boldsymbol{B}) \leqslant R(\boldsymbol{A}|\boldsymbol{B})$. 两式结合起来，得到

$$\max\{R(\boldsymbol{A}),R(\boldsymbol{B})\} \leqslant R(\boldsymbol{A}|\boldsymbol{B}) \tag{3-35}$$

设 $R(\boldsymbol{A})=r$，$R(\boldsymbol{B})=t$. 把 $\boldsymbol{A}$ 和 $\boldsymbol{B}$ 分别作列变换化为列阶梯形 $\widetilde{\boldsymbol{A}}$ 和 $\widetilde{\boldsymbol{B}}$，则 $\widetilde{\boldsymbol{A}}$ 和 $\widetilde{\boldsymbol{B}}$ 中分别含 r 个

NOTE

和 t 个非零列，故可设

$$\boldsymbol{A}\sim\widetilde{\boldsymbol{A}}=(\widetilde{\boldsymbol{a}}_1,\cdots,\widetilde{\boldsymbol{a}}_r,0,\cdots,0),\boldsymbol{B}\sim\widetilde{\boldsymbol{B}}=(\widetilde{\boldsymbol{b}}_1,\cdots,\widetilde{\boldsymbol{b}}_t,0,\cdots,0)$$

从而 $(\boldsymbol{A}|\boldsymbol{B})\sim(\widetilde{\boldsymbol{A}}|\widetilde{\boldsymbol{B}})$.

由于 $(\widetilde{\boldsymbol{A}}|\widetilde{\boldsymbol{B}})$ 中只含 $r+t$ 个非零列，从而 $R(\widetilde{\boldsymbol{A}}|\widetilde{\boldsymbol{B}})\leqslant r+t$，而 $R(\boldsymbol{A}|\boldsymbol{B})=R(\widetilde{\boldsymbol{A}}|\widetilde{\boldsymbol{B}})$，故 $R(\boldsymbol{A}|\boldsymbol{B})\leqslant r+t$，即 $R(\boldsymbol{A}|\boldsymbol{B})\leqslant R(\boldsymbol{A})+R(\boldsymbol{B})$，得证.

(6) $R(\boldsymbol{A}+\boldsymbol{B})\leqslant R(\boldsymbol{A})+R(\boldsymbol{B})$ (3-36)

证明 设 $\boldsymbol{A},\boldsymbol{B}$ 为 $m\times n$ 矩阵.

对矩阵 $(\boldsymbol{A}+\boldsymbol{B}|\boldsymbol{B})$ 作初等列变换 $(i)-(n+i)$，$(i=1,\cdots,n)$，得 $(\boldsymbol{A}+\boldsymbol{B}|\boldsymbol{B})\sim(\boldsymbol{A}|\boldsymbol{B})$，从而 $R(\boldsymbol{A}+\boldsymbol{B})\leqslant R(\boldsymbol{A}+\boldsymbol{B}|\boldsymbol{B})=R(\boldsymbol{A}|\boldsymbol{B})\leqslant R(\boldsymbol{A})+R(\boldsymbol{B})$，得证.

(7) 若 $\boldsymbol{A}$ 为 $s\times n$ 型矩阵，$\boldsymbol{B}$ 为 $n\times t$ 型矩阵，那么

$$R(\boldsymbol{A})+R(\boldsymbol{B})-n\leqslant R(\boldsymbol{AB})\leqslant\min\{R(\boldsymbol{A}),R(\boldsymbol{B})\} \tag{3-37}$$

推论 如果 $A=A_1A_2\cdots A_t$，则

$$R(\boldsymbol{A})\leqslant\min_{1\leqslant i\leqslant t}R(\boldsymbol{A}_i) \tag{3-38}$$

(8) 若 $A_{s\times n}B_{n\times m}=\boldsymbol{0}$，则

$$R(\boldsymbol{A})+R(\boldsymbol{B})\leqslant n \tag{3-39}$$

例 4 设 $\boldsymbol{A}$ 为 n 阶矩阵，证明 $R(\boldsymbol{A}+\boldsymbol{E})+R(\boldsymbol{A}-\boldsymbol{E})\geqslant n$.

证明 因 $(\boldsymbol{A}+\boldsymbol{E})+(\boldsymbol{E}-\boldsymbol{A})=2\boldsymbol{E}$，由性质(6)，有

$$R(\boldsymbol{A}+\boldsymbol{E})+R(\boldsymbol{E}-\boldsymbol{A})\geqslant R(2\boldsymbol{E})=n$$

而 $R(\boldsymbol{E}-\boldsymbol{A})=R(\boldsymbol{A}-\boldsymbol{E})$，所以 $R(\boldsymbol{A}+\boldsymbol{E})+R(\boldsymbol{A}-\boldsymbol{E})\geqslant n$，得证.

习 题 3

1. 用矩阵的初等变换求下列线性方程组的一般解.

① $\begin{cases}2x_1-4x_2+3x_3-x_4=0\\x_1+4x_2+x_3-3x_4=0\end{cases}$ ② $\begin{cases}2x_1+7x_2+3x_3+x_4=6\\3x_1+5x_2+2x_3+2x_4=4\\9x_1+4x_2+x_3+7x_4=2\end{cases}$

③ 求线性方程组 $\boldsymbol{Ax}=\boldsymbol{b}$ 的解，设

$$\boldsymbol{A}=\begin{pmatrix}2&1&-3\\1&2&-2\\-1&3&2\end{pmatrix},\quad \boldsymbol{b}=\begin{pmatrix}-1\\0\\5\end{pmatrix}$$

2. 试利用矩阵的初等变换求下列方阵的逆阵.

① $\begin{pmatrix}2&2&3\\1&-1&0\\-1&2&1\end{pmatrix}$ ② $\begin{pmatrix}1&3&-5&7\\0&1&2&-3\\0&0&1&2\\0&0&0&1\end{pmatrix}$

NOTE

③ $\begin{pmatrix} 2 & 1 & 0 & 0 & 0 \\ 0 & 2 & 1 & 0 & 0 \\ 0 & 0 & 2 & 1 & 0 \\ 0 & 0 & 0 & 2 & 1 \\ 0 & 0 & 0 & 0 & 2 \end{pmatrix}$

3. 百鸡问题：今有鸡翁一只值钱五，鸡母一只值钱三，鸡雏三只值钱一. 百钱买鸡百只. 问鸡翁母雏各几何?

4. 设 $\boldsymbol{A}$ 是 n 阶矩阵. 证明：如果 $\boldsymbol{A}^2=\boldsymbol{E}$，则 $R(\boldsymbol{A}+\boldsymbol{E})+R(\boldsymbol{A}-\boldsymbol{E})=n$.

5. 设 $\boldsymbol{A}$ 是 n 阶矩阵. 证明：如果 $\boldsymbol{A}^2=\boldsymbol{A}$，则 $R(\boldsymbol{A})+R(\boldsymbol{A}-\boldsymbol{E})=n$.

6. 求 $\boldsymbol{X}$，使 $\boldsymbol{XA}=\boldsymbol{B}$，设

$$\boldsymbol{A}=\begin{pmatrix} 0 & 2 & 1 \\ 2 & -1 & 3 \\ -3 & 3 & -4 \end{pmatrix},\boldsymbol{B}=\begin{pmatrix} 1 & 2 & 3 \\ 2 & -3 & 1 \end{pmatrix}$$

7. 求矩阵方程 $AX=B$，其中 $\boldsymbol{A}=\begin{pmatrix} 1 & 2 & 3 \\ 3 & -2 & 1 \\ 1 & -1 & -1 \end{pmatrix},\boldsymbol{B}=\begin{pmatrix} 0 & 0 & 1 \\ 0 & 1 & 0 \\ 1 & 0 & 0 \end{pmatrix}$

8. 求下列矩阵的秩，并求一个最高阶非零子式.

① $\begin{pmatrix} 3 & 1 & 0 & 2 \\ 1 & -1 & 2 & -1 \\ 1 & 3 & -4 & 4 \end{pmatrix}$　　② $\begin{pmatrix} 3 & 2 & -1 & -3 & -1 \\ 2 & -1 & 3 & 1 & -3 \\ 7 & 0 & 5 & -1 & -8 \end{pmatrix}$

③ $\begin{pmatrix} 2 & 1 & 8 & 3 & 7 \\ 2 & -3 & 0 & 7 & -5 \\ 3 & -2 & 5 & 8 & 0 \\ 1 & 0 & 3 & 2 & 0 \end{pmatrix}$

9. 设 $\boldsymbol{A}^*$ 是 $n(n\geqslant 2)$ 阶矩阵 $\boldsymbol{A}$ 的伴随矩阵. 证明：

$$R(\boldsymbol{A}^*)=\begin{cases} n & (R(\boldsymbol{A})=n) \\ 1 & (R(\boldsymbol{A})=n-1) \\ 0 & (R(\boldsymbol{A})<n-1) \end{cases}$$

10. 设 $\boldsymbol{A}$、$\boldsymbol{B}$ 都是 $m\times n$ 矩阵，证明：$\boldsymbol{A}\sim\boldsymbol{B}$ 的充分必要条件是 $R(\boldsymbol{A})=R(\boldsymbol{B})$.

11. 问 k 为何值，可使①$R(\boldsymbol{A})=1$，②$R(\boldsymbol{A})=2$，③$R(\boldsymbol{A})=3$，设

$$\boldsymbol{A}=\begin{pmatrix} 1 & -2 & 3k \\ -1 & 2k & -3 \\ k & -2 & 3 \end{pmatrix}$$

NOTE

4 向 量

4.1 *n* 维向量及其运算

4.1.1 *n* 维向量

在解析几何里学习过向量的概念,在取定一个坐标系下,一个向量 $\boldsymbol{\alpha}$ 可以用坐标表示成(x, y,z),其中,x,y,z 都是实数. 现在,把熟悉的三维行向量 $\boldsymbol{\alpha}$ 进行推广,对于任一正整数 n,定义 n 维向量.

定义 1 n 个数 $a_1,a_2,\cdots,a_n$所组成的一个有序数组

$$\boldsymbol{\alpha}=(a_1,a_2,\cdots,a_n) \tag{4-1}$$

或

$$\boldsymbol{\alpha}=\begin{pmatrix} a_1 \\ a_2 \\ \vdots \\ a_n \end{pmatrix} \tag{4-2}$$

称为一个 n 维**向量** $\boldsymbol{\alpha}$. n 维向量可以写成一行的形式,如式 4-1,称为 n 维**行向量**,也就是行矩阵. n 维向量也可以写成一列的形式,如式 4-2,称为 n 维**列向量**,也就是列矩阵. n 维行向量与 n 维列向量统称为 n 维向量,简称为**向量**. 数 $a_1,a_2,\cdots,a_n$称为该向量的 n 个**分量**,第 i 个数 a_i称为这个向量的第 i 个分量或坐标.

当 $a_i(i=1,2,\cdots,n)$都是实数时,$\boldsymbol{\alpha}$ 称为实 n 维向量;当 $a_i(i=1,2,\cdots,n)$都是复数时,$\boldsymbol{\alpha}$ 称为复 n 维向量. 本书讨论实向量,并用粗体希腊字母 $\boldsymbol{\alpha},\boldsymbol{\beta},\boldsymbol{\gamma}$ 等表示向量.

若一个 n 维向量的所有分量都是零,就称之为 n 维**零向量**,记为 $\mathbf{0}$.

若干个同维数的行向量(或同维数的列向量)所组成的集合称为向量组.

如将线性方程组

$$\begin{cases} a_{11}x_1+a_{12}x_2+\cdots+a_{1n}x_n=b_1 \\ a_{21}x_1+a_{22}x_2+\cdots+a_{2n}x_n=b_2 \\ \cdots \\ a_{m1}x_1+a_{m2}x_2+\cdots+a_{mn}x_n=b_m \end{cases} \tag{4-3}$$

的系数矩阵表示为

$$A=\begin{pmatrix} a_{11} & a_{12} & \cdots & a_{1n} \\ a_{21} & a_{22} & \cdots & a_{2n} \\ \cdots & \cdots & \cdots & \cdots \\ a_{m1} & a_{m2} & \cdots & a_{mn} \end{pmatrix}$$

NOTE

则 $A=(a_{ij})_{m\times n}$有 m 个 n 维行向量. 其中 $\boldsymbol{\alpha}_1=(a_{11},a_{12},\cdots,a_{1n})$,$\boldsymbol{\alpha}_2=(a_{21},a_{22},\cdots,a_{2n})$,$\cdots$,$\boldsymbol{\alpha}_m=(a_{m1},a_{m2},\cdots,a_{mn})$. 向量组 $\boldsymbol{\alpha}_1,\boldsymbol{\alpha}_2,\cdots,\boldsymbol{\alpha}_m$称为矩阵 A 的行向量组.

类似的,$A=(a_{ij})_{m\times n}$有 n 个 m 维列向量.

其中

$$\boldsymbol{\beta}_1=\begin{pmatrix}a_{11}\\a_{21}\\\vdots\\a_{m1}\end{pmatrix},\boldsymbol{\beta}_2=\begin{pmatrix}a_{12}\\a_{22}\\\vdots\\a_{m2}\end{pmatrix},\cdots,\boldsymbol{\beta}_n=\begin{pmatrix}a_{1n}\\a_{2n}\\\vdots\\a_{mn}\end{pmatrix}$$

向量组 $\boldsymbol{\beta}_1,\boldsymbol{\beta}_2,\cdots,\boldsymbol{\beta}_n$称为矩阵 A 的列向量组.

反之,由 m 个 n 维行向量所组成的向量组 $\boldsymbol{\alpha}_1,\boldsymbol{\alpha}_2,\cdots,\boldsymbol{\alpha}_m$或 n 个 m 维列向量所组成的向量组 $\boldsymbol{\beta}_1,\boldsymbol{\beta}_2,\cdots,\boldsymbol{\beta}_n$也可以构成一个 $m\times n$ 矩阵. 由此,矩阵 A 可以记为

$$A=\begin{pmatrix}\boldsymbol{\alpha}_1\\\boldsymbol{\alpha}_2\\\vdots\\\boldsymbol{\alpha}_m\end{pmatrix}=(\boldsymbol{\alpha}_1,\boldsymbol{\alpha}_2,\cdots,\boldsymbol{\alpha}_m)^T$$

或

$$A=(\boldsymbol{\beta}_1,\boldsymbol{\beta}_2,\cdots,\boldsymbol{\beta}_n)$$

这样向量组之间的关系可以用矩阵来研究,反之,矩阵的问题也可以用向量组来研究.

n 阶单位矩阵 E_n的 n 个行向量分别记为 $\boldsymbol{e}_1=(1,0,\cdots,0)$,$\boldsymbol{e}_2=(0,1,\cdots,0)$,$\cdots$,$\boldsymbol{e}_n=(0,0,\cdots,1)$,称 $\boldsymbol{e}_1,\boldsymbol{e}_2,\cdots,\boldsymbol{e}_n$为 n 维基本单位向量组.

两个 n 维向量 $\boldsymbol{\alpha}=(a_1,a_2,\cdots,a_n)$,$\boldsymbol{\beta}=(b_1,b_2,\cdots,b_n)$,当且仅当它们各对应分量都相等时,才是相等的,即

$$当且仅当\ a_i=b_i(i=1,2,...,n)时,\boldsymbol{\alpha}=\boldsymbol{\beta}$$

4.1.2 n 维向量的运算

由于向量是特殊的矩阵,因此向量之间的基本代数运算也有加法与数乘两种,且同矩阵的加法和数乘运算完全一致.

设有两个 n 维行向量,$\boldsymbol{\alpha}=(a_1,a_2,\cdots,a_n)$,$\boldsymbol{\beta}=(b_1,b_2,\cdots,b_n)$,则定义 $\boldsymbol{\alpha},\boldsymbol{\beta}$ 的和向量为

$$\boldsymbol{\alpha}+\boldsymbol{\beta}=(a_1+b_1,a_2+b_2,\cdots,a_n+b_n) \tag{4-4}$$

对列向量,类似定义加法. 这里需要注意的是,m 维向量与 n 维向量在 $m\neq n$ 时不可以相加,即它们做加法没有意义.

设 $\boldsymbol{\alpha}$ 是一个 n 维行向量 $\boldsymbol{\alpha}=(a_1,a_2,...,a_n)$,$k$ 是一个常数,则定义数 k 与向量 $\boldsymbol{\alpha}$ 的**数乘**为

$$k\boldsymbol{\alpha}=(ka_1,ka_2,\cdots,ka_n) \tag{4-5}$$

列向量类似定义数乘. 由于行向量和列向量的许多性质都相同,后面所讨论的性质无论对行向量还是列向量都适用,所以不再特别注明行或列向量,统称向量.

向量$(-a_1,-a_2,\cdots,-a_n)$称为向量 $\boldsymbol{\alpha}=(a_1,a_2,\cdots,a_n)$的负向量,记为$-\boldsymbol{\alpha}$,即

$$-\boldsymbol{\alpha}=(-a_1,-a_2,\cdots,-a_n) \tag{4-6}$$

NOTE

设$\boldsymbol{\alpha},\boldsymbol{\beta},\boldsymbol{\gamma}$是$n$维行向量，$k,l$是数，则向量的运算适合交换律、结合律等，即

$$\boldsymbol{\alpha}+\boldsymbol{\beta}=\boldsymbol{\beta}+\boldsymbol{\alpha} \quad (\text{加法交换律}) \tag{4-7}$$

$$(\boldsymbol{\alpha}+\boldsymbol{\beta})+\boldsymbol{\gamma}=\boldsymbol{\alpha}+(\boldsymbol{\beta}+\boldsymbol{\gamma}) \quad (\text{加法结合律}) \tag{4-8}$$

$$\boldsymbol{\alpha}+\boldsymbol{0}=\boldsymbol{\alpha} \quad (\text{零向量特性}) \tag{4-9}$$

$$\boldsymbol{\alpha}+(-\boldsymbol{\alpha})=0 \quad (\text{负向量特性}) \tag{4-10}$$

$$1\cdot\boldsymbol{\alpha}=\boldsymbol{\alpha} \quad (\text{数 1 特性}) \tag{4-11}$$

$$k(\boldsymbol{\alpha}+\boldsymbol{\beta})=k\boldsymbol{\alpha}+k\boldsymbol{\beta} \quad (\text{向量加法分配律}) \tag{4-12}$$

$$(k+l)\boldsymbol{\alpha}=k\boldsymbol{\alpha}+l\boldsymbol{\alpha} \quad (\text{数量加法分配律}) \tag{4-13}$$

$$k(l\boldsymbol{\alpha})=(kl)\boldsymbol{\alpha} \quad (\text{数乘结合律}) \tag{4-14}$$

在数学中，把具有上述八条规律的运算称为线性运算. 这里，式 4-7、式 4-8 是我们熟悉的加法交换律与加法结合律；式 4-12、式 4-13、式 4-14 是数乘的分配律与结合律.

式 4-9 与式 4-10 保证加法有逆运算，即

$$\text{若 } \boldsymbol{\alpha}+\boldsymbol{\beta}=\boldsymbol{\gamma}\text{，则 } \boldsymbol{\gamma}+(-\boldsymbol{\beta})=\boldsymbol{\alpha}$$

式 4-11 保证非零数乘有逆运算，即

$$\text{当 } \lambda\neq 0 \text{ 时，若 } \lambda\boldsymbol{\alpha}=\boldsymbol{\gamma}\text{，则 } \frac{1}{\lambda}\boldsymbol{\gamma}=\boldsymbol{\alpha}$$

例 1　已知$\boldsymbol{\alpha}=(1,2,3)$，$\boldsymbol{\beta}=(-2,5,0)$，求$3\boldsymbol{\alpha}-4\boldsymbol{\beta}$.

解　由$3\boldsymbol{\alpha}=3(1,2,3)=(3,6,9)$，$4\boldsymbol{\beta}=4(-2,5,0)=(-8,20,0)$

则$3\boldsymbol{\alpha}-4\boldsymbol{\beta}=(3,6,9)-(-8,20,0)=(11,-14,9)$.

例 2　将线性方程组式 4-3 表示成向量形式.

解　将系数矩阵的列向量组记为

$$\boldsymbol{A}=\begin{pmatrix} a_{11} & a_{12} & \cdots & a_{1n} \\ a_{21} & a_{22} & \cdots & a_{2n} \\ \cdots & \cdots & \cdots & \cdots \\ a_{m1} & a_{m2} & \cdots & a_{mn} \end{pmatrix}$$

则

$$x_1\boldsymbol{\alpha}_1+x_2\boldsymbol{\alpha}_2+\cdots+x_n\boldsymbol{\alpha}_n=x_1\begin{pmatrix} a_{11} \\ a_{21} \\ \vdots \\ a_{m1} \end{pmatrix}+x_2\begin{pmatrix} a_{12} \\ a_{22} \\ \vdots \\ a_{m2} \end{pmatrix}+\cdots+x_n\begin{pmatrix} a_{1n} \\ a_{2n} \\ \vdots \\ a_{mn} \end{pmatrix}$$

线性方程组式 4-3 的向量形式为：$x_1\boldsymbol{\alpha}_1+x_2\boldsymbol{\alpha}_2+\cdots+x_n\boldsymbol{\alpha}_n=\boldsymbol{b}$.

线性方程组式 4-3，可用矩阵表示为$A\boldsymbol{x}=\boldsymbol{b}$，其中$A=(a_{ij})_{m\times n}$为方程组的系数矩阵；$\boldsymbol{x}=(x_1,x_2,\cdots,x_n)^T$为未知量列矩阵，也称为未知量列向量；$\boldsymbol{b}=(b_1,b_2,\cdots,b_m)^T$为常数项列矩阵，也称为常数列向量. 同时，线性方程组式 4-3，可用向量表示为$x_1\boldsymbol{\alpha}_1+x_2\boldsymbol{\alpha}_2+\cdots+x_n\boldsymbol{\alpha}_n=\boldsymbol{b}$. 若将线性方程组式 4-3 的解$x_1=c_1,x_2=c_2,\cdots x_n=c_n$记为$\boldsymbol{\gamma}=(c_1,c_2,\cdots,c_n)^T$，则称$\boldsymbol{\gamma}$为线性方程组式 4-3 的一个解向量或简称为方程组的一个解.

NOTE

4.2 向量组的线性相关性

4.2.1 线性组合

向量之间,除了运算关系外,还存在着各种关系,其中最主要的关系是向量组的线性相关与线性无关.为了引出这两个概念,我们先介绍线性组合.

定义1 对于向量$\boldsymbol{\alpha},\boldsymbol{\alpha}_1,\boldsymbol{\alpha}_2,\cdots,\boldsymbol{\alpha}_m$,如果有一组数$k_1,k_2,\cdots,k_m$,使得

$$\boldsymbol{\alpha}=k_1\boldsymbol{\alpha}_1+k_2\boldsymbol{\alpha}_2+\cdots+k_m\boldsymbol{\alpha}_m \tag{4-15}$$

则称向量$\boldsymbol{\alpha}$是$\boldsymbol{\alpha}_1,\boldsymbol{\alpha}_2,\cdots,\boldsymbol{\alpha}_m$的线性组合,或称$\boldsymbol{\alpha}$可用$\boldsymbol{\alpha}_1,\boldsymbol{\alpha}_2,\cdots,\boldsymbol{\alpha}_m$线性表示或线性表出.

组合系数$k_1,k_2,\cdots,k_m$不要求非零.

零向量是任意相同维数的向量组$\boldsymbol{\alpha}_1,\boldsymbol{\alpha}_2,\cdots,\boldsymbol{\alpha}_m$的线性组合.事实上$\mathbf{0}=0\boldsymbol{\alpha}_1+0\boldsymbol{\alpha}_2+\cdots+0\boldsymbol{\alpha}_m$.

例1 设$\boldsymbol{e}_1=(1,0),\boldsymbol{e}_2=(0,1),\boldsymbol{\beta}=(-5,8)$,判断$\boldsymbol{e}_1,\boldsymbol{e}_2$能否线性表示向量$\boldsymbol{\beta}$.

解 由于$\boldsymbol{\beta}=-5\boldsymbol{e}_1+8\boldsymbol{e}_2$,因此$\boldsymbol{\beta}$是$\boldsymbol{e}_1,\boldsymbol{e}_2$的线性组合.

例1的结论可以推广为:任意n维向量都是n维基本单位向量组的线性组合.

例2 设$\boldsymbol{\alpha}_1=(1,0,2,-1),\boldsymbol{\alpha}_2=(3,0,4,1),\boldsymbol{\beta}=(-1,0,0,-3)$,判断$\boldsymbol{\alpha}_1,\boldsymbol{\alpha}_2$能否线性表示向量$\boldsymbol{\beta}$.

解 由于$\boldsymbol{\beta}=2\boldsymbol{\alpha}_1-\boldsymbol{\alpha}_2$,因此$\boldsymbol{\beta}$是$\boldsymbol{\alpha}_1,\boldsymbol{\alpha}_2$的线性组合.

例3 证明:向量$\boldsymbol{\beta}=(-1,1,5)$是向量$\boldsymbol{\alpha}_1=(1,2,3),\boldsymbol{\alpha}_2=(0,1,4),\boldsymbol{\alpha}_3=(2,3,6)$的线性组合.

证明 假设$\boldsymbol{\beta}=k_1\boldsymbol{\alpha}_1+k_2\boldsymbol{\alpha}_2+k_3\boldsymbol{\alpha}_3$,其中$k_1,k_2,k_3$为常数,那么

$$\begin{aligned}(-1,1,5)&=k_1(1,2,3)+k_2(0,1,4)+k_3(2,3,6)\\&=(k_1,2k_1,3k_1)+(0,k_2,4k_2)+(2k_3,3k_3,6k_3)\\&=(k_1+2k_3,2k_1+k_2+3k_3,3k_1+4k_2+6k_3)\end{aligned}$$

由向量相等的充分必要条件,可以得到方程组

$$\begin{cases}k_1+2k_3=-1\\2k_1+k_2+3k_3=1\\3k_1+4k_2+6k_3=5\end{cases}$$

用克莱姆法则,或矩阵方程,或初等行变换,均可以解得

$$\begin{cases}k_1=1\\k_2=2\\k_3=-1\end{cases}$$

于是,$\boldsymbol{\beta}$可以表示为$\boldsymbol{\alpha}_1,\boldsymbol{\alpha}_2,\boldsymbol{\alpha}_3$的线性组合,即$\boldsymbol{\beta}=\boldsymbol{\alpha}_1+2\boldsymbol{\alpha}_2-\boldsymbol{\alpha}_3$.

从上例可以看出,线性表示的问题,可以转换为求解一个线性方程组解的问题.反之,判断一个线性方程组是否有解的问题,也可以转化为向量的线性组合问题.由4.1节例2可知线性方程组式4-3的向量形式为

$$x_1\boldsymbol{\alpha}_1+x_2\boldsymbol{\alpha}_2+\cdots+x_n\boldsymbol{\alpha}_n=\boldsymbol{b}$$

NOTE

如果方程组有唯一解，则$\boldsymbol{\beta}$能由$\boldsymbol{\alpha}_1,\boldsymbol{\alpha}_2,\cdots,\boldsymbol{\alpha}_n$线性表示，且表示方法唯一；如果方程组有无穷多解，则$\boldsymbol{\beta}$能由$\boldsymbol{\alpha}_1,\boldsymbol{\alpha}_2,\cdots,\boldsymbol{\alpha}_n$线性表示，但表示方法不唯一；如果方程组无解，则$\boldsymbol{\beta}$不能由$\boldsymbol{\alpha}_1,\boldsymbol{\alpha}_2,\cdots,\boldsymbol{\alpha}_n$线性表示. 这说明，线性方程组解的存在与线性表示之间有密切的关系.

4.2.2 线性相关

为了更深入地研究向量之间的线性关系，引入向量线性相关的概念.

定义2 设$\boldsymbol{\alpha}_1,\boldsymbol{\alpha}_2,\cdots,\boldsymbol{\alpha}_m$是$m$个$n$维向量. 若存在$m$个不全为零的数$k_1,k_2,\cdots,k_m$，使得

$$k_1\boldsymbol{\alpha}_1+k_2\boldsymbol{\alpha}_2+\cdots+k_m\boldsymbol{\alpha}_m=\boldsymbol{0} \tag{4-16}$$

则称$\boldsymbol{\alpha}_1,\boldsymbol{\alpha}_2,\cdots,\boldsymbol{\alpha}_m$这$m$个向量**线性相关**，否则称这$m$个向量线性无关.

不是线性相关，就是线性无关. 所谓线性无关，换句话说，就是：

如果只有当$k_1=k_2=\cdots=k_m=0$时$k_1\boldsymbol{\alpha}_1+k_2\boldsymbol{\alpha}_2+\cdots+k_m\boldsymbol{\alpha}_m=\boldsymbol{0}$才成立，才称$\boldsymbol{\alpha}_1,\boldsymbol{\alpha}_2,\cdots,\boldsymbol{\alpha}_m$线性无关.

例4 判断向量$\boldsymbol{e}_1=(1,0)$，$\boldsymbol{e}_2=(0,1)$是否线性相关.

解 设有k_1,k_2两个数，使$k_1\boldsymbol{e}_1+k_2\boldsymbol{e}_2=\boldsymbol{0}$，即

$$k_1(1,0)+k_2(0,1)=(k_1,k_2)=(0,0)$$

于是必有$k_1=k_2=0$. 所以，向量$\boldsymbol{e}_1,\boldsymbol{e}_2$线性无关.

例4的结论可以推广为：n维基本单位向量组线性无关.

例5 判断向量$\boldsymbol{e}_1=(1,0,0)$，$\boldsymbol{e}_2=(0,1,0)$，$\boldsymbol{e}_3=(0,0,1)$，$\boldsymbol{\alpha}=(3,4,5)$是否线性相关.

解 由于存在不全为零的数3,4,5,−1使得$3\boldsymbol{e}_1+4\boldsymbol{e}_2+5\boldsymbol{e}_3+(-1)\boldsymbol{\alpha}=\boldsymbol{0}$.

所以，向量$\boldsymbol{e}_1,\boldsymbol{e}_2,\boldsymbol{e}_3,\boldsymbol{\alpha}$线性相关.

例5的结论可以推广为：任意一个n维向量与n维基本单位向量组所构成的含$n+1$个向量的向量组线性相关.

例6 判断向量$\boldsymbol{\alpha}_1=(1,2,-1)$，$\boldsymbol{\alpha}_2=(2,-3,1)$，$\boldsymbol{\alpha}_3=(4,1,-1)$是否线性相关.

解 由于存在不全为零的数2,1,−1使得$2\boldsymbol{\alpha}_1+\boldsymbol{\alpha}_2+(-1)\boldsymbol{\alpha}_3=\boldsymbol{0}$.

所以，向量$\boldsymbol{\alpha}_1,\boldsymbol{\alpha}_2,\boldsymbol{\alpha}_3$线性相关.

例7 判断向量$\alpha_1=(1,2,-1)$，$\alpha_2=(2,-3,1)$是否线性相关.

解 设有k_1,k_2两个数，使$k_1\boldsymbol{\alpha}_1+k_2\boldsymbol{\alpha}_2=\boldsymbol{0}$，即

$$k_1(1,2,-1)+k_2(2,-3,1)=(k_1+2k_2,2k_1-3k_2,-k_1+k_2)=(0,0,0)$$

可以得到方程组

$$\begin{cases}k_1+2k_2=0\\2k_1-3k_2=0\\-k_1+k_2=0\end{cases}$$

于是必有$k_1=k_2=0$. 这就表明，对任何不全为零的两个数k_1,k_2，都有$k_1\boldsymbol{\alpha}_1+k_2\boldsymbol{\alpha}_2\neq\boldsymbol{0}$.

所以，向量$\boldsymbol{\alpha}_1,\boldsymbol{\alpha}_2$线性无关.

判断一个向量组是否线性相关，往往将其转化为对线性方程组是否有非零解的讨论：若方程组只有零解，则向量组线性无关；若方程组有非零解，则向量组线性相关.

由例5可知，向量$\boldsymbol{e}_1,\boldsymbol{e}_2,\boldsymbol{e}_3,\boldsymbol{\alpha}$线性相关且$\boldsymbol{\alpha}=3\boldsymbol{e}_1+4\boldsymbol{e}_2+5\boldsymbol{e}_3$；由例6可知，向量$\boldsymbol{\alpha}_1,\boldsymbol{\alpha}_2,\boldsymbol{\alpha}_3$线性相关且$\boldsymbol{\alpha}_3=2\boldsymbol{\alpha}_1+\boldsymbol{\alpha}_2$. 所以线性相关与线性组合之间应存在某种必然的联系.

NOTE

定理1 设 $\boldsymbol{\alpha}_1,\boldsymbol{\alpha}_2,\cdots,\boldsymbol{\alpha}_m(m\geqslant 2)$ 为 n 维向量组,则这 m 个向量线性相关的充分必要条件是其中至少有一个向量可以用其余向量线性表示.

证明 充分性 假定 $\boldsymbol{\alpha}_1,\boldsymbol{\alpha}_2,\cdots,\boldsymbol{\alpha}_m$ 中有一个向量,不妨设为 $\boldsymbol{\alpha}_m$,能由其余向量线性表示,即

$$\boldsymbol{\alpha}_m=k_1\boldsymbol{\alpha}_1+k_2\boldsymbol{\alpha}_2+\cdots+k_{m-1}\boldsymbol{\alpha}_{m-1}$$

移项得

$$k_1\boldsymbol{\alpha}_1+k_2\boldsymbol{\alpha}_2+\cdots+k_{m-1}\boldsymbol{\alpha}_{m-1}+(-1)\boldsymbol{\alpha}_m=\mathbf{0}$$

由于 $(-1)\neq 0$,因 $k_1,k_2,\cdots,k_{m-1},(-1)$ 这 m 个数不全为零,因此 $\boldsymbol{\alpha}_1,\boldsymbol{\alpha}_2,\cdots,\boldsymbol{\alpha}_m$ 线性相关.

必要性 假设 $\boldsymbol{\alpha}_1,\boldsymbol{\alpha}_2,\cdots,\boldsymbol{\alpha}_m$ 是一组线性相关的向量,则由线性相关的定义,存在一组不全为零的数 $k_1,k_2,\cdots,k_m$ 使得

$$k_1\boldsymbol{\alpha}_1+k_2\boldsymbol{\alpha}_2+\cdots+k_m\boldsymbol{\alpha}_m=\mathbf{0}$$

由于 $k_1,k_2,\cdots,k_m$ 不全为零,其中至少有某一个不为零,不妨设 $k_1\neq 0$,则有

$$\boldsymbol{\alpha}_1=\left(-\frac{k_2}{k_1}\right)\boldsymbol{\alpha}_2+\left(-\frac{k_3}{k_1}\right)\boldsymbol{\alpha}_3+\cdots+\left(-\frac{k_m}{k_1}\right)\boldsymbol{\alpha}_m$$

也就是说 $\boldsymbol{\alpha}_1$ 可用其余向量线性表示,得证.

定理2 设 $\boldsymbol{\alpha}_1,\boldsymbol{\alpha}_2,\cdots,\boldsymbol{\alpha}_m$ 线性无关的 n 维向量组,而 $\boldsymbol{\alpha}_1,\boldsymbol{\alpha}_2,\cdots,\boldsymbol{\alpha}_m,\boldsymbol{\beta}$ 线性相关,则 $\boldsymbol{\beta}$ 能由 $\boldsymbol{\alpha}_1,\boldsymbol{\alpha}_2,\cdots,\boldsymbol{\alpha}_m$ 线性表示,且表示式是唯一的.

证明 因 $\boldsymbol{\alpha}_1,\boldsymbol{\alpha}_2,\cdots,\boldsymbol{\alpha}_m,\boldsymbol{\beta}$ 线性相关,故有 $k_1,k_2,\cdots,k_{m+1}$ 不全为零,使得

$$k_1\boldsymbol{\alpha}_1+k_2\boldsymbol{\alpha}_2+\cdots+k_m\boldsymbol{\alpha}_m+k_{m+1}\boldsymbol{\beta}=\mathbf{0}$$

要证 $\boldsymbol{\beta}$ 能由 $\boldsymbol{\alpha}_1,\boldsymbol{\alpha}_2,\cdots,\boldsymbol{\alpha}_m$ 线性表示,只须证明 $k_{m+1}\neq 0$.

用反证法,假设 $k_{m+1}=0$,则 $k_1,k_2,\cdots,k_m$ 不全为零,且有 $k_1\boldsymbol{\alpha}_1+k_2\boldsymbol{\alpha}_2+\cdots+k_m\boldsymbol{\alpha}_m=0$,这与 $\boldsymbol{\alpha}_1,\boldsymbol{\alpha}_2,\cdots,\boldsymbol{\alpha}_m$ 线性无关矛盾,从而说明 $k_{m+1}\neq 0$.

再证表示式唯一性. 设有两个表示式

$$\boldsymbol{\beta}=\lambda_1\boldsymbol{\alpha}_1+\lambda_2\boldsymbol{\alpha}_2+\cdots+\lambda_m\boldsymbol{\alpha}_m \text{ 及 } \boldsymbol{\beta}=k_1\boldsymbol{\alpha}_1+k_2\boldsymbol{\alpha}_2+\cdots+k_m\boldsymbol{\alpha}_m$$

两式相减,得到

$$(\lambda_1-k_1)\boldsymbol{\alpha}_1+(\lambda_2-k_2)\boldsymbol{\alpha}_2+\cdots+(\lambda_m-k_m)\boldsymbol{\alpha}_m=\mathbf{0}$$

由于 $\boldsymbol{\alpha}_1,\boldsymbol{\alpha}_2,\cdots,\boldsymbol{\alpha}_m$ 线性无关,所以 $\lambda_i-k_i=0$,即 $\lambda_i=k_i(i=1,2,\cdots,m)$,得证.

4.2.3 线性相关的常用结论

以上我们介绍了向量组的线性相关性的概念,说向量组 $\boldsymbol{\alpha}_1,\boldsymbol{\alpha}_2,\cdots,\boldsymbol{\alpha}_m$ 线性相关或线性无关,通常是指 $m\geqslant 2$ 的情形. 对于只有一个向量,当 $\boldsymbol{\alpha}=0$ 时,就说 $\boldsymbol{\alpha}$ 线性相关,当 $\boldsymbol{\alpha}\neq\mathbf{0}$ 时,就说 $\boldsymbol{\alpha}$ 线性无关.

本节介绍两个常用来判断向量组的线性相关或线性无关的命题.

问题1 设向量 $\boldsymbol{\alpha}_1=(1,2,3),\boldsymbol{\alpha}_2=(2,4,6),\boldsymbol{\alpha}_3=(1,1,1)$,已知 $\boldsymbol{\alpha}_1,\boldsymbol{\alpha}_2$ 线性相关,那么 $\boldsymbol{\alpha}_1,\boldsymbol{\alpha}_2,\boldsymbol{\alpha}_3$ 一定线性相关吗,若 $\boldsymbol{\alpha}_3$ 是其它 3 维向量呢?

命题1 设 $\boldsymbol{\alpha}_1,\boldsymbol{\alpha}_2,\cdots,\boldsymbol{\alpha}_m$ 是一组线性相关的向量,则在这一组向量再添加若干个向量,得到的新向量组仍是线性相关的. 或换句话说,任一组包含 $\boldsymbol{\alpha}_1,\boldsymbol{\alpha}_2,\cdots,\boldsymbol{\alpha}_m$ 的向量也一定线性相关.(读者可自己证明.)

命题1告诉我们,如果在一组向量中有几个向量是线性相关的,那么马上就可断定整个向量组必定线性相关. 用一句话来概括,就是:部分相关则整体相关.

NOTE

推论 若$\boldsymbol{\alpha}_1,\boldsymbol{\alpha}_2,\cdots,\boldsymbol{\alpha}_m$是一组线性无关的向量,则从中取出任意若干个向量都是线性无关的.

这个结论可以概括为:整体无关则部分无关.

证明 如果从其中取出的若干个向量线性相关,则由"部分相关则整体相关"可知$\boldsymbol{\alpha}_1$,$\boldsymbol{\alpha}_2,\cdots,\boldsymbol{\alpha}_m$线性相关,与题设矛盾.因此结论成立.

问题 2 已知向量$\boldsymbol{\alpha}_1=(1,2)$,$\boldsymbol{\alpha}_2=(3,4)$线性无关,由$\boldsymbol{\alpha}_1,\boldsymbol{\alpha}_2$构成新的向量$\boldsymbol{\beta}_1=(\times,1,\times,\times,2)$,$\boldsymbol{\beta}_2=(\times,3,\times,\times,4)$,能否判定向量$\boldsymbol{\beta}_1,\boldsymbol{\beta}_2$是线性相关还是线性无关?

命题 2 设$\boldsymbol{\alpha}_1,\boldsymbol{\alpha}_2,\cdots,\boldsymbol{\alpha}_m$是$m$个线性无关的$k$维向量,又设$\boldsymbol{\beta}_1,\boldsymbol{\beta}_2,\cdots,\boldsymbol{\beta}_m$分别是$\boldsymbol{\alpha}_1,\boldsymbol{\alpha}_2,\cdots,\boldsymbol{\alpha}_m$的$k+l$维接长向量,则$\boldsymbol{\beta}_1,\boldsymbol{\beta}_2,\cdots,\boldsymbol{\beta}_m$必线性无关.

证明 设存在m个数$k_1,k_2,\cdots,k_m$使

$$k_1\boldsymbol{\beta}_1+k_2\boldsymbol{\beta}_2+\cdots+k_m\boldsymbol{\beta}_m=\boldsymbol{0} \tag{4-17}$$

又设$\boldsymbol{\alpha}_i=(a_{i1},a_{i2},\cdots,a_{ik})$,$\boldsymbol{\beta}_i=(a_{i1},a_{i2},\cdots,a_{ik},a_{i,k+1},\cdots,a_{i,k+l})$$(i=1,2,\cdots,m)$,代入式 4-17 整理后,利用向量等于零其每个分量都为零这一事实,得到$k+l$个等式,即

$$\begin{aligned}
&k_1a_{11}+k_2a_{21}+\cdots+k_ma_{m1}=0\\
&k_1a_{12}+k_2a_{22}+\cdots+k_ma_{m2}=0\\
&\cdots\cdots\cdots\cdots\cdots\cdots\\
&k_1a_{1k}+k_2a_{2k}+\cdots+k_ma_{mk}=0\\
&k_1a_{1,k+1}+k_2a_{2,k+1}+\cdots+k_ma_{m,k+1}=0\\
&\cdots\cdots\cdots\cdots\cdots\cdots\\
&k_1a_{1,k+l}+k_2a_{2,k+l}+\cdots+k_ma_{m,k+l}=0
\end{aligned} \tag{4-18}$$

在式 4-18 中,前面k个等式即表明

$$k_1\boldsymbol{\alpha}_1+k_2\boldsymbol{\alpha}_2+\cdots+k_m\boldsymbol{\alpha}_m=\boldsymbol{0}$$

由$\boldsymbol{\alpha}_1,\boldsymbol{\alpha}_2,\cdots,\boldsymbol{\alpha}_m$线性无关,故只有$k_1,k_2,\cdots,k_m$全为零.从而证明了$\boldsymbol{\beta}_1,\boldsymbol{\beta}_2,\cdots,\boldsymbol{\beta}_m$是线性无关的,得证.

推论 设$\boldsymbol{\alpha}_1,\boldsymbol{\alpha}_2,\cdots,\boldsymbol{\alpha}_m$是$m$个$k$维向量,$\boldsymbol{\beta}_1,\boldsymbol{\beta}_2,\cdots,\boldsymbol{\beta}_m$是其$k+l$维接长向量,若$\boldsymbol{\beta}_1,\boldsymbol{\beta}_2,\cdots,\boldsymbol{\beta}_m$线性相关,则$\boldsymbol{\alpha}_1,\boldsymbol{\alpha}_2,\cdots,\boldsymbol{\alpha}_m$必线性相关.(利用反证法读者可自己证明.)

命题 2 和推论可以概括为:低维无关则高维无关,高维相关则低维相关.

例 8 判断向量(1,0,3,4),(0、1、0、-1)的线性相关性.

解 向量(1,0),(0、1)线性无关,则其接长向量(1,0,3,4),(0、1、0、-1)线性无关.

例 9 已知向量(1,0,-1,3),(4,-1,2,7),(2,-1,4,1)线性相关,判断(1,0,-1),(4,-1,2),(2,-1,4)的线性相关性.

解 (1,0,-1),(4,-1,2),(2,-1,4)的接长向量线性相关,故向量组线性相关.

4.3 向量组的秩

4.3.1 极大线性无关组

NOTE

例 1 研究向量组$\boldsymbol{i}=(1,0,0)$,$\boldsymbol{j}=(0,1,0)$,$\boldsymbol{k}=(0,0,1)$的特点.

解 设 $\boldsymbol{V}$ 是所有3维行向量的全体，则 $\boldsymbol{i},\boldsymbol{j},\boldsymbol{k}$ 是 $\boldsymbol{V}$ 中线性无关的向量. 现在，我们在这3个向量中再加进去一个3维向量 $\boldsymbol{\alpha}=(x,y,z)$，就有 $\boldsymbol{\alpha}=x\boldsymbol{i}+y\boldsymbol{j}+z\boldsymbol{k}$. 这表明 $\boldsymbol{i},\boldsymbol{j},\boldsymbol{k},\boldsymbol{\alpha}$ 是 $\boldsymbol{V}$ 中线性相关的向量组. 因此，$\boldsymbol{i},\boldsymbol{j},\boldsymbol{k}$ 这组向量有两个特点：一是它们本身线性无关，二是添加一个向量则所得向量组线性相关.

定义1 设有一组 n 维向量，如果这一组向量中存在一组向量 $\boldsymbol{\alpha}_1,\boldsymbol{\alpha}_2,\cdots,\boldsymbol{\alpha}_r$ 满足：

(1) $\boldsymbol{\alpha}_1,\boldsymbol{\alpha}_2,\cdots,\boldsymbol{\alpha}_r$ 线性无关；

(2) 在原来那一组向量中任取一个向量 $\boldsymbol{\alpha}$ 加进去，则 $\boldsymbol{\alpha}_1,\boldsymbol{\alpha}_2,\cdots,\boldsymbol{\alpha}_r,\boldsymbol{\alpha}$ 线性相关；

那么，称 $\boldsymbol{\alpha}_1,\boldsymbol{\alpha}_2,\cdots,\boldsymbol{\alpha}_r$ 是这一组向量的一个**极大线性无关组**，简称极大无关组. 极大无关组所含向量的个数 r 称为**向量组的秩**，记作 $R(\boldsymbol{\alpha}_1,\boldsymbol{\alpha}_2,\cdots,\boldsymbol{\alpha}_r)$.

由例1知道，$\boldsymbol{i},\boldsymbol{j},\boldsymbol{k}$ 是 V 的一个极大线性无关组.

极大线性无关组有这样一个明显的好处，即一组向量中的任意一个向量都可以用它的极大线性无关组线性表出. 这样，在某种程度上，对原来一组向量的讨论，可以归纳为对极大线性无关组的讨论.

如果给定一组向量. 假如这组向量本身是线性无关的，那么它的极大无关组就是这组向量本身. 假如这组向量本身线性相关而且至少含有一个非零向量，那么，我们一定可以从中选出极大无关组来. 事实上，由于任意一个非零向量是线性无关的，就以这个非零向量为基础，记为 $\boldsymbol{\alpha}_1$. 再在这一组向量中选一个与 $\boldsymbol{\alpha}_1$ 线性无关的向量 $\boldsymbol{\alpha}_2$ 与 $\boldsymbol{\alpha}_1$ 放在一起（如果选不到 $\boldsymbol{\alpha}_2$，则 $\boldsymbol{\alpha}_1$ 就是极大无关组了）；再选一个 $\boldsymbol{\alpha}_3$ 与 $\boldsymbol{\alpha}_1,\boldsymbol{\alpha}_2$ 线性无关，再放在一起；依次这样做下去，直到得出一组线性无关的向量组 $\boldsymbol{\alpha}_1,\boldsymbol{\alpha}_2,\cdots,\boldsymbol{\alpha}_r$，再也找不到与这 r 个向量线性无关的向量为止. 显然，$\boldsymbol{\alpha}_1,\boldsymbol{\alpha}_2,\cdots,\boldsymbol{\alpha}_r$ 就是极大线性无关向量组，它们的秩为 r.

对一组向量，我们总可以找出它的极大线性无关组. 但是一般来说，一组向量的极大线性无关组并不唯一.

例2 向量组 $\boldsymbol{\alpha}_1=(1,0,0),\boldsymbol{\alpha}_2=(0,1,0),\boldsymbol{\alpha}_3=(0,0,1),\boldsymbol{\alpha}_4=(2,0,0),\boldsymbol{\alpha}_5=(0,2,0)$，则 $\boldsymbol{\alpha}_1,\boldsymbol{\alpha}_2,\boldsymbol{\alpha}_3;\boldsymbol{\alpha}_4,\boldsymbol{\alpha}_2,\boldsymbol{\alpha}_3;\boldsymbol{\alpha}_1,\boldsymbol{\alpha}_5,\boldsymbol{\alpha}_3;\boldsymbol{\alpha}_4,\boldsymbol{\alpha}_5,\boldsymbol{\alpha}_3$ 都是向量组的极大线性无关组.

证明 显然，$\boldsymbol{\alpha}_1,\boldsymbol{\alpha}_2,\boldsymbol{\alpha}_3$ 是线性无关的. 因为

$$\boldsymbol{\alpha}_4=(2,0,0)=2(1,0,0)=2\boldsymbol{\alpha}_1,\boldsymbol{\alpha}_5=(0,2,0)=2(0,1,0)=2\boldsymbol{\alpha}_2$$

故向量组任意一个向量都可由 $\boldsymbol{\alpha}_1,\boldsymbol{\alpha}_2,\boldsymbol{\alpha}_3$ 线性表出，$\boldsymbol{\alpha}_1,\boldsymbol{\alpha}_2,\boldsymbol{\alpha}_3$ 是一个极大线性无关组.

其他极大线性无关组，读者自己不难证明.

从例2可以看出，虽然一组向量可以有不同的极大线性无关组，但它们所含的向量个数是一样的，即向量组的秩都为3. 下面，我们就来研究这个问题.

4.3.2 向量组秩的定理

定理1 假如向量组 $A:\boldsymbol{\beta}_1,\boldsymbol{\beta}_2,\cdots,\boldsymbol{\beta}_s$ 中每一个向量都可用向量组 $B:\boldsymbol{\alpha}_1,\boldsymbol{\alpha}_2,\cdots,\boldsymbol{\alpha}_r$ 的向量线性表出，而且向量组 A 线性无关，那么 $s\leqslant r$.

证明 对 s 用数学归纳法. 当 $s=1$ 时，结论显然成立.

假设对于 $s-1$ 个向量结论成立，现在来证明对于 s 个向量结论也是成立的. 由已知条件得到 s 个等式，即

NOTE

$$\begin{cases}\boldsymbol{\beta}_1 = b_{11}\boldsymbol{\alpha}_1 + b_{12}\boldsymbol{\alpha}_2 + \cdots + b_{1r}\boldsymbol{\alpha}_r \\ \cdots\cdots\cdots\cdots\cdots\cdots\cdots\cdots\cdots \\ \boldsymbol{\beta}_{s-1} = b_{s-1,1}\boldsymbol{\alpha}_1 + b_{s-1,2}\boldsymbol{\alpha}_2 + \cdots + b_{s-1,r}\boldsymbol{\alpha}_r \\ \boldsymbol{\beta}_s = b_{s1}\boldsymbol{\alpha}_1 + b_{s2}\boldsymbol{\alpha}_2 + \cdots + b_{sr}\boldsymbol{\alpha}_r\end{cases} \tag{4-19}$$

因为$\beta_s \neq 0$(否则$\boldsymbol{\beta}_1,\boldsymbol{\beta}_2,\cdots,\boldsymbol{\beta}_s$线性相关),所以$b_{s1},b_{s2},\cdots,b_{sr}$不全是零. 不妨设$b_{sr}\neq 0$,那么

$$\boldsymbol{\alpha}_r = \frac{1}{b_{sr}}\boldsymbol{\beta}_s - \sum_{j=1}^{r-1}\frac{b_{sj}}{b_{sr}}\boldsymbol{\alpha}_j$$

代入式4-19的前$s-1$个,可以得到

$$\begin{cases}\boldsymbol{\beta}_1 - a_1\boldsymbol{\beta}_s = c_{11}\boldsymbol{\alpha}_1 + \cdots + c_{1,r-1}\boldsymbol{\alpha}_{r-1} \\ \cdots\cdots\cdots\cdots\cdots\cdots\cdots\cdots\cdots \\ \boldsymbol{\beta}_{s-1} - a_{s-1}\boldsymbol{\beta}_s = c_{s-1,1}\boldsymbol{\alpha}_1 + \cdots + c_{s-1,r-1}\boldsymbol{\alpha}_{r-1}\end{cases} \tag{4-20}$$

其中

$$a_i = \frac{b_{ir}}{b_{sr}}, c_{ij} = b_{ij} - \frac{b_{ir}b_{sj}}{b_{sr}} (i=1,2,\cdots,s-1; j=1,2,\cdots,r-1)$$

又$\boldsymbol{\beta}_1,\boldsymbol{\beta}_2,\cdots,\boldsymbol{\beta}_s$线性无关,所以由

$$k_1(\boldsymbol{\beta}_1 - a_1\boldsymbol{\beta}_s) + \cdots + k_{s-1}(\boldsymbol{\beta}_{s-1} - a_{s-1}\boldsymbol{\beta}_s) = 0 \text{ 或 } k_1\boldsymbol{\beta}_1 + \cdots + k_{s-1}\boldsymbol{\beta}_{s-1} + (-a_1k_1 - \cdots - a_{s-1}k_{s-1})\boldsymbol{\beta}_s = 0$$

只能得到$k_1 = \cdots = k_{s-1} = 0$,从而向量$\boldsymbol{\beta}_1 - a_1\boldsymbol{\beta}_s,\cdots,\boldsymbol{\beta}_{s-1} - a_{s-1}\boldsymbol{\beta}_s$线性无关.

于是由式4-20及归纳法假设,有$s-1 \leqslant r-1$,即$s \leqslant r$,得证.

定理1的逆否命题是:假如向量组A:$\boldsymbol{\beta}_1,\beta_2,\cdots,\beta_s$中每一个向量都可用向量组$B$:$\boldsymbol{\alpha}_1,\boldsymbol{\alpha}_2,\cdots,\boldsymbol{\alpha}_r$的向量线性表出,且$s>r$,则向量组$A$线性相关.

定义2 设有两个向量组A:$\boldsymbol{\beta}_1,\boldsymbol{\beta}_2,\cdots,\boldsymbol{\beta}_s$及$B$:$\boldsymbol{\alpha}_1,\boldsymbol{\alpha}_2,\cdots,\boldsymbol{\alpha}_r$,若向量组$A$与向量组$B$能相互线性表出,则称这两个向量组等价.

推论1 两个等价的线性无关向量组所包含的向量个数相等.

证明 设这两个向量组分别含有r和s向量. 由定理1知道$r \leqslant s$同时$s \leqslant r$,故$r=s$.

推论2 设B_1与B_2都是向量组A的极大线性无关组,则B_1与B_2所含的向量个数相等.

(读者自己证明)

正是有了这个结论,即一个向量组的极大线性无关组可能不唯一,但它们的极大线性无关组中所含向量的个数是一致的. 因此,极大线性无关组中的向量个数,称为向量组的秩.

显然,线性相关的向量组的秩,小于它所含向量的个数;线性无关的向量组的秩,等于它所含向量的个数.

推论3 设A是n维向量组,则A的极大线性无关组的向量个数不超过n.

证明 设B是A的一个极大线性无关组. 向量组$\boldsymbol{e}_1=(1,0,\cdots,0),\boldsymbol{e}_2=(0,1,\cdots,0),\cdots,\boldsymbol{e}_n=(0,0,\cdots,1)$由$n$个线性无关向量组成,而且任何一个$n$维向量都可用它们来线性表出. 也就是说,$B$中任意一个向量也可用它们表出. 由定理1,$B$中向量的个数不会超过$n$,得证.

推论4 A是n维向量组,若A中向量的个数超过n,则A必是线性相关的向量组.

证明 若A为线性无关的向量组,则A的极大线性无关组中向量个数必大于n,这与推论3不符,得证.

NOTE

4.3.3 矩阵的秩

在第3章中,我们已学习了矩阵的秩,那么矩阵的秩与向量组的秩有怎样的关系?下面我们就来研究这个问题.

例3 已知矩阵

$$A=\begin{pmatrix}1&0&0&0\\1&2&0&0\\5&-1&0&0\\1&6&8&2\end{pmatrix}$$

求:(1)$R(\boldsymbol{A})$;(2)A的列向量组的秩;(3)A的行向量组的秩.

解 (1) 依次求矩阵A的各阶非零子式的行列式:

$$D_1=|1|=1\neq 0,\qquad D_2=\begin{vmatrix}1&0\\1&2\end{vmatrix}=2\neq 0$$

$$D_3=\begin{vmatrix}1&0&0\\1&2&0\\1&6&8\end{vmatrix}=16\neq 0,\qquad D_4=\begin{vmatrix}1&0&0&0\\1&2&0&0\\5&-1&0&0\\1&6&8&2\end{vmatrix}=0$$

所以$R(\boldsymbol{A})=3$.

(2) A的列向量组为

$$\boldsymbol{\beta}_1=\begin{pmatrix}1\\1\\5\\1\end{pmatrix},\quad \boldsymbol{\beta}_2=\begin{pmatrix}0\\2\\-1\\6\end{pmatrix},\quad \boldsymbol{\beta}_3=\begin{pmatrix}0\\0\\0\\8\end{pmatrix},\quad \boldsymbol{\beta}_4=\begin{pmatrix}0\\0\\0\\2\end{pmatrix}$$

由于$\boldsymbol{\beta}_4=\frac{1}{4}\boldsymbol{\beta}_3$,所以$\boldsymbol{\beta}_3$、$\boldsymbol{\beta}_4$线性相关. 同时由4.2节命题1可得,$\boldsymbol{\beta}_1$、$\boldsymbol{\beta}_2$、$\boldsymbol{\beta}_3$、$\boldsymbol{\beta}_4$线性相关.

现考查$\boldsymbol{\beta}_1,\boldsymbol{\beta}_2,\boldsymbol{\beta}_3$:

去掉各向量的第3个分量后得

$$\boldsymbol{\beta}_1'=\begin{pmatrix}1\\1\\1\end{pmatrix},\quad \boldsymbol{\beta}_2'=\begin{pmatrix}0\\2\\6\end{pmatrix},\quad \boldsymbol{\beta}_3'=\begin{pmatrix}0\\0\\8\end{pmatrix}$$

若$k_1\boldsymbol{\beta}_1'+k_2\boldsymbol{\beta}_2'+k_3\boldsymbol{\beta}_3'=0$,$k_1=k_2=k_3=0$,所以$\boldsymbol{\beta}_1',\boldsymbol{\beta}_2',\boldsymbol{\beta}_3'$线性无关.

同时由4.2节命题2可得$\boldsymbol{\beta}_1,\boldsymbol{\beta}_2,\boldsymbol{\beta}_3$线性无关,即列向量组的秩$R(\beta_1,\beta_2,\beta_3,\beta_4)=3$.

(3) A的行向量组为

$$\boldsymbol{\alpha}_1=(1,0,0,0),\boldsymbol{\alpha}_2=(1,2,0,0),\boldsymbol{\alpha}_3=(5,-1,0,0),\boldsymbol{\alpha}_4=(1,6,8,2)$$

由于$\frac{11}{2}\boldsymbol{\alpha}_1-\frac{1}{2}\boldsymbol{\alpha}_2=\boldsymbol{\alpha}_3$,所以$\boldsymbol{\alpha}_3$可由$\boldsymbol{\alpha}_1,\boldsymbol{\alpha}_2$线性表示,故$\boldsymbol{\alpha}_1,\boldsymbol{\alpha}_2,\boldsymbol{\alpha}_3,\boldsymbol{\alpha}_4$线性相关.

现考查$\boldsymbol{\alpha}_1,\boldsymbol{\alpha}_2,\boldsymbol{\alpha}_4$:

去掉第4个分量后得

NOTE

$$\boldsymbol{\alpha}'_1=(1,0,0),\boldsymbol{\alpha}'_2=(1,2,0),\boldsymbol{\alpha}'_4=(1,6,8)$$

可知 $\boldsymbol{\alpha}'_1,\boldsymbol{\alpha}'_2,\boldsymbol{\alpha}'_4$线性无关.

同时由4.2节命题2可得 $\boldsymbol{\alpha}_1,\boldsymbol{\alpha}_2,\boldsymbol{\alpha}_4$线性无关,即行向量组的秩 $R(\alpha_1,\alpha_2,\alpha_3,\alpha_4)=3$.

由例3可知,矩阵A的秩等于矩阵行向量组的秩,也等于矩阵列向量组的秩,此结论对一般的矩阵是否成立?

若列向量组 $A:\boldsymbol{\beta}_1,\boldsymbol{\beta}_2,\cdots,\boldsymbol{\beta}_n$只含有限个向量,它可以构成矩阵 $A=(\boldsymbol{\beta}_1,\boldsymbol{\beta}_2,\cdots,\boldsymbol{\beta}_n)$. 把向量组的极大线性无关组定义与上一章矩阵的最高阶非零子式及矩阵的秩的定义作比较,容易想到向量组A的秩就等于矩阵A的秩,即有

定理2 矩阵的秩等于它的列向量组的秩,也等于它的行向量组的秩.

证明 设A为n个m维向量组,且 $A=(\boldsymbol{\beta}_1,\boldsymbol{\beta}_2,\cdots,\boldsymbol{\beta}_n)$,$R(\boldsymbol{A})=r$,并设$r$阶子式 $D_r\neq0$. 显然由这r列构成的r维向量组线性无关,由4.2节命题2可知矩阵A中包含这r列的n维r个列向量组线性无关,又根据矩阵秩的定义,所有$r+1$阶子式都等于零,知A中任意$r+1$个列向量都线性相关. 因此D_r所在的r列是A的列向量组的一个极大线性无关组,所以列向量组的秩等于r.

可以类似证明,矩阵A的行向量组的秩也等于$R(A)$.

从上述证明中可见:若D_r是矩阵A的一个最高阶非零子式,则D_r所在的r列即是A的列向量组的一个极大线性无关组,D_r所在的r行即是A的行向量组的一个极大线性无关组. 为进一步讨论用极大无关组表出向量组A的其它向量,讨论下面的命题.

命题 行变换不改变列向量组的线性组合关系.

证明 设

$$\boldsymbol{\beta}=k_1\boldsymbol{\alpha}_1+\cdots+k_m\boldsymbol{\alpha}_m \tag{4-21}$$

设 $\boldsymbol{\beta},\boldsymbol{\alpha}_1,\cdots,\boldsymbol{\alpha}_m$构成的矩阵$(\boldsymbol{\beta},\boldsymbol{\alpha}_1,\cdots,\boldsymbol{\alpha}_m)$经初等行变换化为矩阵$(\boldsymbol{\beta}',\boldsymbol{\alpha}'_1,\cdots,\boldsymbol{\alpha}'_m)$.

由初等矩阵可知,存在可逆矩阵$\boldsymbol{P}$,使 $\boldsymbol{P}(\boldsymbol{\beta},\boldsymbol{\alpha}_1,\cdots,\boldsymbol{\alpha}_m)=(\boldsymbol{\beta}',\boldsymbol{\alpha}'_1,\cdots,\boldsymbol{\alpha}'_m)$成立,即

$$(\boldsymbol{P\beta},\boldsymbol{P\alpha}_1,\cdots,\boldsymbol{P\alpha}_m)=(\boldsymbol{\beta}',\boldsymbol{\alpha}'_1,\cdots,\boldsymbol{\alpha}'_m) \tag{4-22}$$

式4-21两边同乘$\boldsymbol{P}$,得到 $\boldsymbol{P\beta}=k_1\boldsymbol{P\alpha}_1+\cdots+k_m\boldsymbol{P\alpha}_m$. 由式4-22,得 $\beta'=P\beta,\alpha'_i=P\alpha_i(i=1,2,\cdots m)$. 故 $\boldsymbol{\beta}'=k_1\boldsymbol{\alpha}'_1+\cdots+k_m\boldsymbol{\alpha}'_m$,得证.

这个命题,说明了初等行变换不改变列向量的线性相关性,因此求向量组的秩,可把向量组写成矩阵,再根据初等变换来求.

例4 全体n维向量构成的向量组记作R^n,求R^n的一个极大无关组和秩.

解 单位矩阵$\boldsymbol{E}_n$的秩为n,且由向量 $\boldsymbol{e}_1=(1,0,\cdots,0)$、$\boldsymbol{e}_2=(0,1,\cdots,0)$、…、$\boldsymbol{e}_n=(0,0,\cdots,1)$构成,根据定理2,向量组 $\boldsymbol{e}_1,\boldsymbol{e}_2,\cdots,\boldsymbol{e}_n$为$R^n$的一个极大无关组且秩为$n$.

例5 设有矩阵A,求A的列向量组的一个极大无关组,并用极大无关组把剩余的向量线性表示出来.

$$A=\begin{pmatrix}2&-1&-1&1&2\\1&1&-2&1&4\\4&-6&2&-2&4\\3&6&-9&7&9\end{pmatrix}$$

NOTE

解 矩阵A实施初等行变换为行阶梯矩阵,得到

$$A \to \begin{pmatrix} 1 & 1 & -2 & 1 & 4 \\ 0 & 1 & -1 & 3 & -6 \\ 0 & 0 & 0 & 1 & -3 \\ 0 & 0 & 0 & 0 & 0 \end{pmatrix}$$

$R(\boldsymbol{A})=3$，故列向量组的极大无关组含 3 个向量. 三个非零行的首非零元在 1、2、4 三列，故 $\boldsymbol{\alpha}_1,\boldsymbol{\alpha}_2,\boldsymbol{\alpha}_4$ 为列向量组的一个极大无关组. 为线性表出 $\boldsymbol{\alpha}_3,\boldsymbol{\alpha}_5$，$A$ 再经初等行变换为行最简形矩阵得

$$A \to \begin{pmatrix} 1 & 0 & -1 & 0 & 4 \\ 0 & 1 & -1 & 0 & 3 \\ 0 & 0 & 0 & 1 & -3 \\ 0 & 0 & 0 & 0 & 0 \end{pmatrix}$$

因为 $\boldsymbol{\alpha}_3'=-\boldsymbol{\alpha}_1'-\boldsymbol{\alpha}_2'$，所以 $\boldsymbol{\alpha}_3=-\boldsymbol{\alpha}_1-\boldsymbol{\alpha}_2$. 同理有 $\boldsymbol{\alpha}_5=4\boldsymbol{\alpha}_1+3\boldsymbol{\alpha}_2-3\boldsymbol{\alpha}_4$.

4.4 向量空间

4.4.1 向量空间概念

在前面，已经学过 n 维向量的概念. 这一节中，将介绍向量空间的一些基本知识.

定义 1 设 V 为 n 维向量的集合，如果集合 V 非空，且集合 V 对于加法及数乘两种运算封闭，那么就称集合 V 为**向量空间**.

所谓封闭，是指集合 V 进行加法及数乘两种运算的结果也在集合 V 中，即

$$若\ \boldsymbol{\alpha}\in V,\boldsymbol{\beta}\in V,\lambda\in R,则\ \boldsymbol{\alpha}+\boldsymbol{\beta}\in V,\lambda\boldsymbol{\alpha}\in V$$

例 1 平面上直角坐标系中，以原点为起点的向量全体，或这个坐标平面内，所有点的全体，组成一个 2 维向量空间 R^2. 在空间中引进直角坐标系，则空间中任一点都可用一个行向量 (x,y,z) 来表示，它们构成了一个 3 维空间 R^3.

此例看出，2 维空间可以看作是一个平面，而 3 维空间就是整个空间. 这就是 n 维向量空间概念的来源，而 n 维向量空间可以看作是平面和空间的推广.

例 2 判断集合 $V=\{x=(0,x_2,\cdots,x_n)\mid x_2,\cdots,x_n\in R\}$ 是否为一个向量空间.

解 若 $\boldsymbol{\alpha}=(0,a_2,\cdots,a_n)\in V,\boldsymbol{\beta}=(0,b_2,\cdots,b_n)\in V,\lambda\in R$，则有

$$\boldsymbol{\alpha}+\boldsymbol{\beta}=(0,a_1+b_1,\cdots,a_n+b_n)\in V,\lambda\boldsymbol{\alpha}=(0,\lambda a_1,\cdots,\lambda a_n)\in V$$

故，$V=\{x=(0,x_2,\cdots,x_n)\mid x_2,\cdots,x_n\in R\}$ 是一个向量空间.

例 3 判断集合 $V=\{x=(1,x_2,\cdots,x_n)\mid x_2,\cdots,x_n\in R\}$ 是否为一个向量空间.

解 因为 $\boldsymbol{\alpha}=(1,a_2,\cdots,a_n)\in V$，而 $2\boldsymbol{\alpha}=(2,2a_2,\cdots,2a_n)\notin V$，故 V 不是向量空间.

例 4 设 $\boldsymbol{\alpha},\boldsymbol{\beta}$ 为两个已知的 n 维向量，判断集合 $V=\{\boldsymbol{x}=\lambda\boldsymbol{\alpha}+\mu\boldsymbol{\beta}\mid\lambda,\mu\in R\}$ 是否为一个向量空间.

解 若 $\boldsymbol{x}_1=\lambda_1\boldsymbol{\alpha}+\mu_1\boldsymbol{\beta},\boldsymbol{x}_2=\lambda_2\boldsymbol{\alpha}+\mu_2\boldsymbol{\beta}$，则有

$$\boldsymbol{x}_1+\boldsymbol{x}_2=(\lambda_1+\lambda_2)\boldsymbol{\alpha}+(\mu_1+\mu_2)\boldsymbol{\beta}\in V,k\boldsymbol{x}_1=(k\lambda_1)\boldsymbol{\alpha}+(k\mu_1)\boldsymbol{\beta}\in V$$

NOTE

故，$V=\{\boldsymbol{x}=\lambda\boldsymbol{\alpha}+\mu\boldsymbol{\beta}\mid\lambda,\mu\in R\}$是一个向量空间，称为由向量$\boldsymbol{\alpha},\boldsymbol{\beta}$所生成的向量空间.

一般地，由向量组$\boldsymbol{\alpha}_1,\boldsymbol{\alpha}_2,\cdots,\boldsymbol{\alpha}_m$所生成的向量空间为

$$V=\{\boldsymbol{x}=k_1\boldsymbol{\alpha}_1+\cdots+k_m\boldsymbol{\alpha}_m\mid k_1,\cdots,k_m\in R\}$$

4.4.2　子空间

若向量组$\boldsymbol{\alpha}_1,\boldsymbol{\alpha}_2,\cdots,\boldsymbol{\alpha}_m$与向量组$\boldsymbol{\beta}_1,\boldsymbol{\beta}_2,\cdots,\boldsymbol{\beta}_s$等价，那么它们所生成的向量空间是相同的，即

$$V_1=\{\boldsymbol{x}=\lambda_1\boldsymbol{\alpha}_1+\cdots+\lambda_m\boldsymbol{\alpha}_m\mid\lambda_1,\cdots,\lambda_m\in R\},V_2=\{\boldsymbol{x}=k_1\boldsymbol{\beta}_1+\cdots+k_s\boldsymbol{\beta}_s\mid k_1,\cdots,k_s\in R\}$$

那么$V_1=V_2$.

这是由于对于任意$\boldsymbol{x}\in V_1$，则$\boldsymbol{x}$可以由向量组$\boldsymbol{\alpha}_1,\boldsymbol{\alpha}_2,\cdots,\boldsymbol{\alpha}_m$线性表出. 因$\boldsymbol{\alpha}_1,\boldsymbol{\alpha}_2,\cdots,\boldsymbol{\alpha}_m$可以由向量组$\boldsymbol{\beta}_1,\boldsymbol{\beta}_2,\cdots,\boldsymbol{\beta}_s$线性表出，故$\boldsymbol{x}$可以由$\boldsymbol{\beta}_1,\boldsymbol{\beta}_2,\cdots,\boldsymbol{\beta}_s$线性表出，所以$\boldsymbol{x}\in V_2$，说明$V_1\subset V_2$. 同理可得出$V_2\subset V_1$，从而$V_1=V_2$.

定义 2　设有向量空间V_1及V_2，若$V_1\subset V_2$，就称V_1是V_2的**子空间**.

例如，任何由n维向量所生成的向量空间V，总有$V\subset R^n$，所以这样的向量空间总是R^n的子空间.

例如，例 3 中集合$V=\{x=(1,x_2,\cdots,x_n),x_2,\cdots,x_n\in R\}$所生成的向量空间是$R^n$的子空间.

定义 3　设V为向量空间，如果r个向量$\boldsymbol{\alpha}_1,\boldsymbol{\alpha}_2,\cdots,\boldsymbol{\alpha}_r\in V$，且满足

（1）$\boldsymbol{\alpha}_1,\boldsymbol{\alpha}_2,\cdots,\boldsymbol{\alpha}_r$线性无关；

（2）V中任一向量都可由$\boldsymbol{\alpha}_1,\boldsymbol{\alpha}_2,\cdots,\boldsymbol{\alpha}_r$线性表示，那么，向量组$\boldsymbol{\alpha}_1,\boldsymbol{\alpha}_2,\cdots,\boldsymbol{\alpha}_r$就称为向量空间$V$的一个基，$r$称为向量空间$V$的维数，并称$V$为$r$**维向量空间**.

如果向量空间V没有基，那么V的维数为 0. 零维向量空间只含一个零向量.

若把向量空间V看作向量组，由上节内容可知，V的基就是向量组的极大线性无关组，V的维数就是向量组的秩.

例如，任何n个线性无关的n维向量都可以是向量空间R^n的一个基，且由此可知R^n的维数为n，所以我们把R^n称为n维向量空间.

又如，向量空间$V=\{\boldsymbol{x}=(0,x_2,\cdots,x_n)\mid x_2,\cdots,x_n\in R\}$的一个基可取为

$$\boldsymbol{e}_2=(0,1,0,\cdots,0),\cdots,\boldsymbol{e}_n=(0,\cdots,0,1)$$

并由此可知它是$n-1$维向量空间.

通过上面的知识可以得出：若向量空间$V\subset R^n$，则V的维数不会超过n. 并且，当V的维数为n时，$V=R^n$.

例 5　证明：向量组$\{(-1,2,1),(3,-1,0),(2,2,-2)\}$组成$R^3$的一个基.

证明　要证向量组$\{(-1,2,1),(3,-1,0),(2,2,-2)\}$是$R^3$的一个基，只需证明这 3 个向量线性无关即可. 将这 3 个向量写成矩阵，即

$$\begin{pmatrix}-1&3&2\\2&-1&2\\1&0&-2\end{pmatrix}$$

NOTE

如能证明这个矩阵的秩等于 3，或证明它所对应的行列式不等于零，则这个向量组一定线性

无关.

$$\begin{pmatrix}-1&3&2\\2&-1&2\\1&0&-2\end{pmatrix}\xrightarrow[(3)+(1)]{(2)+2(1)}\begin{pmatrix}-1&3&2\\0&5&6\\0&3&0\end{pmatrix}\xrightarrow{(3)-\frac{3}{5}(2)}\begin{pmatrix}-1&3&2\\0&5&6\\0&0&-18/5\end{pmatrix}$$

矩阵的秩确实等于3,因此{(-1,2,1),(3,-1,0),(2,2,-2)}线性无关,得证.

习 题 4

1. 已知向量$\boldsymbol{\alpha}=(2,5,1,3)$,$\boldsymbol{\beta}=(10,1,5,10)$,$\boldsymbol{\gamma}=(4,1,-1,1)$,试求下列向量.

   ① $3\boldsymbol{\alpha}-\boldsymbol{\beta}-\boldsymbol{\gamma}$　　② $2\boldsymbol{\alpha}+\boldsymbol{\beta}-5\boldsymbol{\gamma}$

2. 求解下列向量方程.

   ① $2\boldsymbol{x}-\boldsymbol{\beta}=3\boldsymbol{\gamma}$,$\boldsymbol{\beta}=(1,1,0)$,$\boldsymbol{\gamma}=(3,4,0)$,$\boldsymbol{x}$ 是 3 维向量;

   ② $\boldsymbol{x}-3\boldsymbol{\beta}=2\boldsymbol{x}+\boldsymbol{\gamma}$,$\boldsymbol{\beta}=(2,0,1)$,$\boldsymbol{\gamma}=(3,1,-1)$,$\boldsymbol{x}$ 是 3 维向量.

3. 试决定下列向量中,第一个向量是不是其余向量的线性组合,如果是,则将这个向量用其余向量表示出来.

   ① (-1,7),(1,-1),(2,4)　　② (4,0),(-1,2),(3,2),(6,4)

   ③ (6,22),(2,3),(-1,5)

   ④ (-3,3,7),(1,-1,2),(2,1,0),(-1,2,1)

   ⑤ (2,7,13),(1,2,3),(-1,2,4),(1,6,10)

4. 试确定下列各组向量是线性相关还是线性无关.

   ① $\begin{pmatrix}-1\\3\\1\end{pmatrix},\begin{pmatrix}2\\1\\0\end{pmatrix},\begin{pmatrix}1\\4\\1\end{pmatrix}$　　② $\begin{pmatrix}2\\3\\0\end{pmatrix},\begin{pmatrix}-1\\4\\0\end{pmatrix},\begin{pmatrix}0\\0\\2\end{pmatrix}$

5. 问 a 取什么值时,下列向量线性相关.

$$\boldsymbol{\alpha}_1=(a,1,1),\boldsymbol{\alpha}_2=(1,a,-1),\boldsymbol{\alpha}_3=(1,-1,a)$$

6. 设 $A=\begin{pmatrix}1&2&-2\\2&1&2\\3&0&4\end{pmatrix}$,$\boldsymbol{b}=\begin{pmatrix}x\\1\\1\end{pmatrix}$,且 $A\boldsymbol{b}$,$\boldsymbol{b}$ 线性相关,求 x.

7. 设向量组 A:$\boldsymbol{a}_1,\boldsymbol{a}_2,\boldsymbol{a}_3$线性无关,向量 $\boldsymbol{b}_1$ 能由向量组 A 线性表示,向量 $\boldsymbol{b}_2$ 不能由向量组 A 线性表示,k 为任意常数,问:

   ① 向量组 $\boldsymbol{a}_1,\boldsymbol{a}_2,\boldsymbol{a}_3,k\boldsymbol{b}_1+\boldsymbol{b}_2$是否线性相关,为什么?

   ② 向量组 $\boldsymbol{a}_1,\boldsymbol{a}_2,\boldsymbol{a}_3,\boldsymbol{b}_1+k\boldsymbol{b}_2$是否线性相关,为什么?

8. 下列说法正确吗? 为什么?

   ① 对向量组 $\boldsymbol{\alpha}_1,\cdots,\boldsymbol{\alpha}_m$,如果有全为零的数 $k_1,k_2,\cdots,k_m$,使得 $k_1\boldsymbol{\alpha}_1+\cdots+k_m\boldsymbol{\alpha}_m=\boldsymbol{0}$,则 $\boldsymbol{\alpha}_1,\cdots,\boldsymbol{\alpha}_m$线性无关;

   ② 若有一组不全为零的数 $k_1,k_2,\cdots,k_m$,使得 $k_1\boldsymbol{\alpha}_1+\cdots+k_m\boldsymbol{\alpha}_m\neq\boldsymbol{0}$,则 $\boldsymbol{\alpha}_1,\cdots,\boldsymbol{\alpha}_m$线性无关;

   ③ 若向量组 $\boldsymbol{\alpha}_1,\cdots,\boldsymbol{\alpha}_m$线性相关,则其中每一个向量都可以由其余向量线性表出.

NOTE

9. 若 $\boldsymbol{\alpha}_1,\boldsymbol{\alpha}_2$ 线性相关，$\boldsymbol{\beta}_1,\boldsymbol{\beta}_2$ 线性相关，问 $\boldsymbol{\alpha}_1+\boldsymbol{\beta}_1$ 与 $\boldsymbol{\alpha}_2+\boldsymbol{\beta}_2$ 是否一定线性相关？

10. 设 $\boldsymbol{\alpha}_1,\boldsymbol{\alpha}_2$ 线性无关，$\boldsymbol{\alpha}_1+\boldsymbol{\beta}$ 与 $\boldsymbol{\alpha}_2+\boldsymbol{\beta}$ 线性相关，求向量 $\boldsymbol{\beta}$ 用 $\boldsymbol{\alpha}_1,\boldsymbol{\alpha}_2$ 线性表示的表达式.

11. 证明：$\boldsymbol{\alpha}_1+\boldsymbol{\alpha}_2,\boldsymbol{\alpha}_2+\boldsymbol{\alpha}_3,\boldsymbol{\alpha}_3+\boldsymbol{\alpha}_1$ 线性无关的充分必要条件是 $\boldsymbol{\alpha}_1,\boldsymbol{\alpha}_2,\boldsymbol{\alpha}_3$ 线性无关.

12. 下面命题是否正确？若正确，证明之；若不正确，举反例.

① $\boldsymbol{\alpha}_1,\cdots,\boldsymbol{\alpha}_m(m\geqslant 3)$ 线性无关的充分必要条件是任意两个向量线性无关；

② $\boldsymbol{\alpha}_1,\cdots,\boldsymbol{\alpha}_m(m\geqslant 3)$ 线性相关的充分必要条件是有 $m-1$ 个向量线性相关；

③ 设 $\boldsymbol{\alpha}_1,\boldsymbol{\alpha}_2,\boldsymbol{\alpha}_3,\boldsymbol{\alpha}_4$ 是一组 4 维向量，且它们线性无关，则任何一个 4 维向量 $\boldsymbol{\alpha}$ 都可以由它们线性表出.

13. 设有向量组 $\boldsymbol{a}_1=\begin{pmatrix}\alpha\\2\\10\end{pmatrix},\boldsymbol{a}_2=\begin{pmatrix}-2\\1\\5\end{pmatrix},\boldsymbol{a}_3=\begin{pmatrix}-1\\1\\4\end{pmatrix}$ 及向量 $\boldsymbol{b}=\begin{pmatrix}1\\\beta\\-1\end{pmatrix}$，问 α,β 为何值时？

① 向量 $\boldsymbol{b}$ 能由向量组 $\boldsymbol{a}_1,\boldsymbol{a}_2,\boldsymbol{a}_3$ 线性表示，且表示唯一；

② 向量 $\boldsymbol{b}$ 不能由向量组 $\boldsymbol{a}_1,\boldsymbol{a}_2,\boldsymbol{a}_3$ 线性表示；

③ 向量 $\boldsymbol{b}$ 能由向量组 $\boldsymbol{a}_1,\boldsymbol{a}_2,\boldsymbol{a}_3$ 线性表示，且表示不唯一，并求一般表示式.

14. 设 $\boldsymbol{a}=\begin{pmatrix}a_1\\a_2\\a_3\end{pmatrix},\boldsymbol{b}=\begin{pmatrix}b_1\\b_2\\b_3\end{pmatrix},\boldsymbol{c}=\begin{pmatrix}c_1\\c_2\\c_3\end{pmatrix}(a_i^2+b_i^2\neq 0,i=1,2,3)$，证明三直线 $\begin{cases}l_1:a_1x+b_1y+c_1=0\\l_2:a_2x+b_2y+c_2=0\\l_3:a_3x+b_3y+c_3=0\end{cases}$ 相交于一点的充要条件为向量组 $\boldsymbol{a},\boldsymbol{b}$ 线性无关，且向量组 $\boldsymbol{a},\boldsymbol{b},\boldsymbol{c}$ 线性相关.

15. 设 $\boldsymbol{\beta}_1=\boldsymbol{\alpha}_1+\boldsymbol{\alpha}_2,\boldsymbol{\beta}_2=\boldsymbol{\alpha}_2+\boldsymbol{\alpha}_3,\boldsymbol{\beta}_3=\boldsymbol{\alpha}_3+\boldsymbol{\alpha}_4,\boldsymbol{\beta}_4=\boldsymbol{\alpha}_4+\boldsymbol{\alpha}_1$，证明向量组 $\boldsymbol{\beta}_1,\boldsymbol{\beta}_2,\boldsymbol{\beta}_3,\boldsymbol{\beta}_4$ 线性相关.

16. 设 $\boldsymbol{b}_1=\boldsymbol{a}_1,\boldsymbol{b}_2=\boldsymbol{a}_1+\boldsymbol{a}_2,\cdots,\boldsymbol{b}_r=\boldsymbol{a}_1+\boldsymbol{a}_2+\cdots+\boldsymbol{a}_r$，且向量组 $\boldsymbol{a}_1,\boldsymbol{a}_2,\cdots,\boldsymbol{a}_r$ 线性无关，证明向量组 $\boldsymbol{b}_1,\boldsymbol{b}_2,\cdots,\boldsymbol{b}_r$ 线性无关.

17. 求下列矩阵的秩，并求其列向量组的一个极大线性无关组，并将其余向量用极大线性无关组线性表出.

① $\begin{pmatrix}1&-1&1&1\\0&1&1&0\\0&0&2&1\end{pmatrix}$　② $\begin{pmatrix}1&9&-2\\2&100&-4\\-1&10&2\\4&4&-8\end{pmatrix}$　③ $\begin{pmatrix}6&1&1&7\\4&0&4&1\\1&2&-9&0\\9&3&-6&-1\\2&-4&22&3\end{pmatrix}$

18. 设有向量组

$$\boldsymbol{\alpha}_1=\begin{pmatrix}1\\-1\\2\\4\end{pmatrix},\boldsymbol{\alpha}_2=\begin{pmatrix}0\\3\\1\\2\end{pmatrix},\boldsymbol{\alpha}_3=\begin{pmatrix}3\\0\\7\\14\end{pmatrix},\boldsymbol{\alpha}_4=\begin{pmatrix}2\\1\\5\\6\end{pmatrix},\boldsymbol{\alpha}_5=\begin{pmatrix}1\\-1\\2\\0\end{pmatrix}$$

① 证明 $\boldsymbol{\alpha}_1,\boldsymbol{\alpha}_5$ 线性无关；

② 求向量组包含 $\boldsymbol{\alpha}_1,\boldsymbol{\alpha}_5$ 的极大线性无关组.

19. 证明：若 n 维向量组 $\boldsymbol{e}_1,\boldsymbol{e}_2,\cdots,\boldsymbol{e}_n$ 可以由 n 维向量组 $\boldsymbol{\alpha}_1,\boldsymbol{\alpha}_2,\cdots,\boldsymbol{\alpha}_n$ 线性表出，则 $\boldsymbol{\alpha}_1,\boldsymbol{\alpha}_2,\cdots,\boldsymbol{\alpha}_n$ 线性无关.

NOTE

20. 设向量组 $A:\boldsymbol{a}_1,\boldsymbol{a}_2$，向量组 $B:\boldsymbol{b}_1,\boldsymbol{b}_2$，其中

$$\boldsymbol{a}_1=\begin{pmatrix}1\\-1\\2\\4\end{pmatrix},\boldsymbol{a}_2=\begin{pmatrix}0\\3\\1\\2\end{pmatrix};\boldsymbol{b}_1=\begin{pmatrix}3\\0\\7\\14\end{pmatrix},\boldsymbol{b}_2=\begin{pmatrix}2\\1\\5\\10\end{pmatrix}$$

证明向量组 A 与 B 等价并求向量组 A 与 B 的相互线性表示的表示式.

21. 设向量组 $\begin{pmatrix}a\\3\\1\end{pmatrix},\begin{pmatrix}2\\b\\3\end{pmatrix},\begin{pmatrix}1\\2\\1\end{pmatrix},\begin{pmatrix}2\\3\\1\end{pmatrix}$ 的秩为 2，求 a,b.

22. 设矩阵 $A=(\boldsymbol{a}_1,\boldsymbol{a}_2,\boldsymbol{a}_3,\boldsymbol{a}_4)$，其中 $\boldsymbol{a}_2,\boldsymbol{a}_3,\boldsymbol{a}_4$ 线性无关，$\boldsymbol{a}_1=2\boldsymbol{a}_2-\boldsymbol{a}_3$，求矩阵 A 的秩.

23. 已知向量组 $\boldsymbol{\alpha}_1,\boldsymbol{\alpha}_2,\cdots,\boldsymbol{\alpha}_n$ 的秩为 r，证明：$\boldsymbol{\alpha}_1,\boldsymbol{\alpha}_2,\cdots,\boldsymbol{\alpha}_n$ 中任意 r 个线性无关的向量都构成它的一个极大线性无关组.

24. 设

$$V_1=\{\boldsymbol{x}=(x_1,x_2,\cdots,x_n)^{\mathrm{T}}\mid x_1,\cdots,x_n\in R,x_1+x_2+\cdots+x_n=0\}$$

$$V_2=\{\boldsymbol{x}=(x_1,x_2,\cdots,x_n)^{\mathrm{T}}\mid x_1,\cdots,x_n\in R,x_1+x_2+\cdots+x_n=1\}$$

问 V_1,V_2 是不是向量空间？为什么？

25. 试证：由 $\boldsymbol{a}_1=(0,1,1)^T,\boldsymbol{a}_2=(1,0,1)^T,\boldsymbol{a}_3=(1,1,0)^T$ 所生成的向量空间就是 R^3，并把 $\boldsymbol{v}_1=(5,0,7)^T,\boldsymbol{v}_2=(-9,-8,-13)^T$ 用这个基线性表示.

26. 由 $\boldsymbol{a}_1=(1,1,0,0)^T,\boldsymbol{a}_2=(1,0,1,1)^T$ 所生成的向量空间记作 L_1，由 $\boldsymbol{b}_1=(2,-1,3,3)^T,\boldsymbol{b}_2=(0,1,-1,-1)^T$ 所生成的向量空间记作 L_2，试证 $L_1=L_2$.

NOTE

5 线性方程组

5.1 线性方程组解的判定

5.1.1 线性方程组解的判定定理

在第2章矩阵中,对线性方程组进行过一些讨论,得知一个线性方程组可以用矩阵表示为 $\boldsymbol{Ax}=\boldsymbol{b}$ 的形式. 本章讨论线性方程组的解. 设 m 个方程 n 个未知数的线性方程组为

$$\begin{cases} a_{11}x_1+a_{12}x_2+\cdots+a_{1n}x_n=b_1 \\ a_{21}x_1+a_{22}x_2+\cdots+a_{2n}x_n=b_2 \\ \cdots\cdots\cdots\cdots\cdots\cdots\cdots\cdots\cdots \\ a_{m1}x_1+a_{m2}x_2+\cdots+a_{mn}x_n=b_m \end{cases} \tag{5-1}$$

我们的基本问题,是要弄清楚如式 5-1 所示的线性方程组什么时候有解? 什么时候无解? 有解时,有多少个解? 如何求出解?

如果设

$$\boldsymbol{\beta}=\begin{pmatrix} b_1 \\ b_2 \\ \vdots \\ b_m \end{pmatrix},\boldsymbol{\alpha}_1=\begin{pmatrix} a_{11} \\ a_{21} \\ \vdots \\ a_{m1} \end{pmatrix},\boldsymbol{\alpha}_2=\begin{pmatrix} a_{12} \\ a_{22} \\ \vdots \\ a_{m2} \end{pmatrix},\cdots,\boldsymbol{\alpha}_n=\begin{pmatrix} a_{1n} \\ a_{2n} \\ \vdots \\ a_{mn} \end{pmatrix} \tag{5-2}$$

在上一章中,曾经提到过,一个线性方程组是否有解的问题,等价于常数列向量 $\boldsymbol{\beta}$ 能否表示为系数矩阵列向量 $\boldsymbol{\alpha}_1,\boldsymbol{\alpha}_2,\cdots,\boldsymbol{\alpha}_n$ 的线性组合的问题. 此外,一个方程组解的多少,与这种线性表示方式是唯一还是有多种有关.

现在,可以利用矩阵秩的理论,对上述问题作出完整的令人满意的回答.

定理 1 设 m 个方程 n 个未知数的线性方程组如式 5-1 所示,记 $\boldsymbol{A}$ 是这个线性方程组的系数矩阵,$\boldsymbol{B}=(\boldsymbol{A},\boldsymbol{b})$ 是增广矩阵,则有如下结论:

(1) 若 $\boldsymbol{A}$ 与 $\boldsymbol{B}$ 的秩相等且等于 n,即

$$R(\boldsymbol{A})=R(\boldsymbol{B})=n$$

则该线性方程组有且只有唯一组解.

(2) 若 $\boldsymbol{A}$ 与 $\boldsymbol{B}$ 的秩相等但小于 n,即

$$R(\boldsymbol{A})=R(\boldsymbol{B})<n$$

则该线性方程组有解且有无穷多组解.

NOTE

(3) 若 $\boldsymbol{A}$ 与 $\boldsymbol{B}$ 的秩不相等,即

$$R(\boldsymbol{A})\neq R(\boldsymbol{B})$$

则该线性方程组无解.

证明 式 5-1 所示的线性方程组可以用式 5-2 所示的向量表示出来,即

$$x_1\boldsymbol{\alpha}_1+x_2\boldsymbol{\alpha}_2+\cdots+x_n\boldsymbol{\alpha}_n=\boldsymbol{\beta} \tag{5-3}$$

(1) 由 $R(\boldsymbol{A})=R(\boldsymbol{B})=n$,可知向量组 $\boldsymbol{\alpha}_1,\boldsymbol{\alpha}_2,\cdots,\boldsymbol{\alpha}_n$ 线性无关,而向量组 $\boldsymbol{\alpha}_1,\boldsymbol{\alpha}_2,\cdots,\boldsymbol{\alpha}_n,\boldsymbol{\beta}$ 线性相关,因此,$\boldsymbol{\beta}$ 可由 $\boldsymbol{\alpha}_1,\boldsymbol{\alpha}_2,\cdots,\boldsymbol{\alpha}_n$ 线性表出. 这就是说方程组式 5-1 有解. 设解为

$$x_1=\lambda_1,x_2=\lambda_2,\cdots,x_n=\lambda_n$$

假如另外还有一组解为

$$x_1=k_1,x_2=k_2,\cdots,x_n=k_n$$

则它们都适合方程组式 5-1,也适合式 5-3,即

$$\lambda_1\boldsymbol{\alpha}_1+\lambda_2\boldsymbol{\alpha}_2+\cdots+\lambda_n\boldsymbol{\alpha}_n=\boldsymbol{\beta}$$

$$k_1\boldsymbol{\alpha}_1+k_2\boldsymbol{\alpha}_2+\cdots+k_n\boldsymbol{\alpha}_n=\boldsymbol{\beta}$$

将两式相减,得到

$$(\lambda_1-k_1)\boldsymbol{\alpha}_1+(\lambda_2-k_2)\boldsymbol{\alpha}_2+\cdots+(\lambda_n-k_n)\boldsymbol{\alpha}_n=\mathbf{0}$$

由于 $\boldsymbol{\alpha}_1,\boldsymbol{\alpha}_2,\cdots,\boldsymbol{\alpha}_n$ 线性无关,所以可推出

$$\lambda_1=k_1,\lambda_2=k_2,\cdots,\lambda_n=k_n$$

这就证明了线性方程组式 5-1 的解是唯一的.

(2) 由 $R(\boldsymbol{A})=R(\boldsymbol{B})<n$,可知向量组 $\boldsymbol{\alpha}_1,\boldsymbol{\alpha}_2,\cdots,\boldsymbol{\alpha}_n$ 线性相关.

若令 $s=R(\boldsymbol{A})$,则 $\{\boldsymbol{\alpha}_1,\boldsymbol{\alpha}_2,\cdots,\boldsymbol{\alpha}_n\}$ 有一组含 s 个向量的极大线性无关组. 不妨设这个极大线性无关组为 $\{\boldsymbol{\alpha}_1,\boldsymbol{\alpha}_2,\cdots,\boldsymbol{\alpha}_s\}$. 这样的假定并不失一般性,因为如若不然,我们可以对 $\boldsymbol{\alpha}_i$ 的次序进行适当的调换,将极大无关组的向量调换到前面. 这样的调换不改变矩阵的秩,故不影响我们的结论. 由于 $R(\boldsymbol{A})=R(\boldsymbol{B})=s$,因此矩阵 $\boldsymbol{B}$ 的极大线性无关组也是 $\{\boldsymbol{\alpha}_1,\boldsymbol{\alpha}_2,\cdots,\boldsymbol{\alpha}_s\}$,即 $\boldsymbol{\beta}$ 可用 $\boldsymbol{\alpha}_1,\boldsymbol{\alpha}_2,\cdots,\boldsymbol{\alpha}_s$ 线性表出,即方程组 5-1 有解.

为了证明式 5-1 此时有无穷多解,先将 $\boldsymbol{\beta}$ 用 $\boldsymbol{\alpha}_1,\boldsymbol{\alpha}_2,\cdots,\boldsymbol{\alpha}_s$ 线性表出,记为

$$\boldsymbol{\beta}=\lambda_1\boldsymbol{\alpha}_1+\lambda_2\boldsymbol{\alpha}_2+\cdots+\lambda_s\boldsymbol{\alpha}_s \tag{5-4}$$

由于 $s<n$,至少还有一个向量 $\boldsymbol{\alpha}_{s+1}$,使得 $\boldsymbol{\alpha}_1,\boldsymbol{\alpha}_2,\cdots,\boldsymbol{\alpha}_s,\boldsymbol{\alpha}_{s+1}$ 线性相关,所以存在一组不全为零的数 $\mu_1,\mu_2,\cdots,\mu_{s+1}$ 使得

$$\mu_1\boldsymbol{\alpha}_1+\cdots+\mu_s\boldsymbol{\alpha}_s+\mu_{s+1}\boldsymbol{\alpha}_{s+1}=0 \tag{5-5}$$

以参数 t 乘式 5-5 的两端,再与式 5-4 两端相加,经整理得到

$$(t\mu_1+\lambda_1)\boldsymbol{\alpha}_1+(t\mu_2+\lambda_2)\boldsymbol{\alpha}_2+\cdots+(t\mu_s+\lambda_s)\boldsymbol{\alpha}_s+t\mu_{s+1}\boldsymbol{\alpha}_{s+1}=\boldsymbol{\beta}$$

再改写为

$$(t\mu_1+\lambda_1)\boldsymbol{\alpha}_1+\cdots+(t\mu_s+\lambda_s)\boldsymbol{\alpha}_s+t\mu_{s+1}\boldsymbol{\alpha}_{s+1}+0\cdot\boldsymbol{\alpha}_{s+2}+\cdots+0\cdot\boldsymbol{\alpha}_n=\boldsymbol{\beta} \tag{5-6}$$

式 5-6 说明,$x_1=t\mu_1+\lambda_1,x_2=t\mu_2+\lambda_2,\cdots,x_s=t\mu_s+\lambda_s,x_{s+1}=t\mu_{s+1},x_{s+2}=0,\cdots,x_n=0$ 是方程组 5-1 的解. 由于 t 是一个参数,可以取无穷多个数值,而 $\mu_1,\mu_2,\cdots,\mu_{s+1}$ 不全为零,因此 $x_1,x_2,\cdots,x_n$ 可以取无穷多组值,即方程组 5-1 有无穷多组解.

(3) 若 $R(\boldsymbol{A})\neq R(\boldsymbol{B})$. 由于 $\boldsymbol{A}$ 与 $\boldsymbol{B}$ 相比,除了多一个向量 $\boldsymbol{\beta}$ 外其余向量都一样,因此这时 $\boldsymbol{\beta}$ 必不能表示为 $\boldsymbol{\alpha}_1,\boldsymbol{\alpha}_2,\cdots,\boldsymbol{\alpha}_n$ 的线性组合,这就是说,方程组 5-1 无解. 得证.

NOTE

5.1.2 线性方程组解的判定方法

由定理1,容易得出线性方程组理论中两个基本的定理,就是

定理2 线性方程组 $\boldsymbol{Ax}=\boldsymbol{b}$ 有解的充分必要条件是 $R(\boldsymbol{A})=R(\boldsymbol{B})$.

定理3 n 元齐次线性方程组 $\boldsymbol{Ax}=\boldsymbol{0}$ 有非零解的充分必要条件是 $R(\boldsymbol{A})<n$.

上述定理结果可简要总结如下:

(1) $R(\boldsymbol{A})=R(\boldsymbol{B})=n$ 当且仅当 $\boldsymbol{Ax}=\boldsymbol{b}$ 有唯一解;

(2) $R(\boldsymbol{A})=R(\boldsymbol{B})<n$ 当且仅当 $\boldsymbol{Ax}=\boldsymbol{b}$ 有无穷多解;

(3) $R(\boldsymbol{A})\neq R(\boldsymbol{B})$ 当且仅当 $\boldsymbol{Ax}=\boldsymbol{b}$ 无解;

(4) $R(\boldsymbol{A})=n$ 当且仅当 $\boldsymbol{Ax}=\boldsymbol{0}$ 只有零解;

(5) $R(\boldsymbol{A})<n$ 当且仅当 $\boldsymbol{Ax}=\boldsymbol{0}$ 有非零解.

从以上的讨论中,可以看出,利用第二章矩阵的初等行变换,将线性方程组的增广矩阵 $\boldsymbol{B}$ 化成行阶梯形矩阵后,求出系数矩阵 $\boldsymbol{A}$ 和增广矩阵 $\boldsymbol{B}$ 的秩,通过上述定理判断出这个线性方程组的解的情形.

例1 判断线性方程组 $\begin{cases} x_1+2x_2+4x_3-3x_4=0 \\ 3x_1+5x_2+6x_3-4x_4=0 \\ 4x_1+5x_2-2x_3+3x_4=0 \end{cases}$ 解的情况.

解 对系数矩阵 $\boldsymbol{A}$ 作初等行变换,得到

$$\boldsymbol{A}=\begin{pmatrix} 1 & 2 & 4 & -3 \\ 3 & 5 & 6 & -4 \\ 4 & 5 & -2 & 3 \end{pmatrix} \to \begin{pmatrix} 1 & 2 & 4 & -3 \\ 0 & 1 & 6 & -5 \\ 0 & 3 & 18 & -15 \end{pmatrix} \to \begin{pmatrix} 1 & 2 & 4 & -3 \\ 0 & 1 & 6 & -5 \\ 0 & 0 & 0 & 0 \end{pmatrix}$$

由于 $R(\boldsymbol{A})=2<4=n$,齐次线性方程组 $\boldsymbol{Ax}=\boldsymbol{0}$ 有非零解.

例2 判断线性方程组 $\begin{cases} x_1-x_2+3x_3-x_4=1 \\ 2x_1-x_2-x_3+4x_4=2 \\ 3x_1-2x_2+2x_3+3x_4=3 \end{cases}$ 解的情况.

解 对增广矩阵 $\boldsymbol{B}$ 作初等行变换,得到

$$\boldsymbol{B}=\left(\begin{array}{cccc|c} 1 & -1 & 3 & -1 & 1 \\ 2 & -1 & -1 & 4 & 2 \\ 3 & -2 & 2 & 3 & 3 \end{array}\right) \to \left(\begin{array}{cccc|c} 1 & -1 & 3 & -1 & 1 \\ 0 & 1 & -7 & 6 & 0 \\ 0 & 1 & -7 & 6 & 0 \end{array}\right) \to \left(\begin{array}{cccc|c} 1 & -1 & 3 & -1 & 1 \\ 0 & 1 & -7 & 6 & 0 \\ 0 & 0 & 0 & 0 & 0 \end{array}\right)$$

由于 $R(\boldsymbol{A})=R(\boldsymbol{B})=2<4=n$,线性方程组有解且有无穷多组解.

例3 λ 取何值时,线性方程组 $\begin{cases} x_1+x_2+x_3=\lambda \\ \lambda x_1+x_2+x_3=1 \\ x_1+\lambda x_2+2x_3=\lambda^2 \end{cases}$ 有唯一解、无解、或有无穷多解?

解 对增广矩阵 $\boldsymbol{B}$ 作初等行变换,得到

$$\boldsymbol{B}=\left(\begin{array}{ccc|c} 1 & 1 & 1 & \lambda \\ \lambda & 1 & 1 & 1 \\ 1 & \lambda & 2 & \lambda^2 \end{array}\right) \to \left(\begin{array}{ccc|c} 1 & 1 & 1 & \lambda \\ 0 & 1-\lambda & 1-\lambda & 1-\lambda^2 \\ 0 & \lambda-1 & 1 & \lambda^2-\lambda \end{array}\right) \to \left(\begin{array}{ccc|c} 1 & 1 & 1 & \lambda \\ 0 & 1-\lambda & 1-\lambda & -(\lambda+1)(\lambda-1) \\ 0 & 0 & 2-\lambda & -(\lambda-1) \end{array}\right)$$

$\lambda=2$ 时,$R(\boldsymbol{A})=2$,$R(\boldsymbol{B})=3$,线性方程组无解;

$\lambda=1$ 时,$R(\boldsymbol{A})=R(\boldsymbol{B})=2<3=n$,线性方程组有无穷多解;

$\lambda\neq1,2$ 时,$R(\boldsymbol{A})=R(\boldsymbol{B})=3=n$,线性方程组有唯一解.

5.2 线性方程组解的结构

上一节,讨论了线性方程组解的判定情形.在这一节,将要求解线性方程组.特别是若一个线性方程组有无穷多组解,则要求通过适当的方式将解表示出来,并且还要讨论解空间的问题.

读者将会看到,对有无穷多组解的线性方程组,仍可用有限个向量的线性组合把这些解表示出来,这就是所谓的线性方程组解的结构问题.线性方程组解的结构,在许多实际问题与理论问题中都有重要应用.

5.2.1 齐次线性方程组解的结构

先来研究齐次线性方程组解的结构.虽然它是一般线性方程组的一种特殊情形,但是读者很快就会发现,它对研究一般线性方程组解的结构起着根本的作用.

设 m 个方程 n 个未知数的齐次线性方程组,其矩阵方程形式为 $\boldsymbol{Ax}=\boldsymbol{0}$,其中,$\boldsymbol{0}$ 表示 m 维零向量.如果有一个 n 维列向量 $\boldsymbol{\alpha}$ 使得 $\boldsymbol{A\alpha}=\boldsymbol{0}$,则称 $\boldsymbol{\alpha}$ 是齐次线性方程组的一个解向量.

根据齐次线性方程组的矩阵方程 $\boldsymbol{Ax}=\boldsymbol{0}$,我们来讨论解向量的性质.

性质 1 设 $\boldsymbol{\alpha}_1,\boldsymbol{\alpha}_2$ 是 $\boldsymbol{Ax}=\boldsymbol{0}$ 的解,则 $\boldsymbol{\alpha}_1+\boldsymbol{\alpha}_2$ 也是 $\boldsymbol{Ax}=\boldsymbol{0}$ 的解.

证明 因为 $\boldsymbol{\alpha}_1,\boldsymbol{\alpha}_2$ 是解向量,故 $\boldsymbol{A\alpha}_1=\boldsymbol{0}$,$\boldsymbol{A\alpha}_2=\boldsymbol{0}$.从而,$\boldsymbol{A}(\boldsymbol{\alpha}_1+\boldsymbol{\alpha}_2)=\boldsymbol{0}$.这表明 $\boldsymbol{\alpha}_1+\boldsymbol{\alpha}_2$ 也是 $\boldsymbol{Ax}=\boldsymbol{0}$ 的解,得证.

性质 2 设 $\boldsymbol{\alpha}$ 是 $\boldsymbol{Ax}=\boldsymbol{0}$的解,$k$ 为任意一个常数,则 $k\boldsymbol{\alpha}$ 也是 $\boldsymbol{Ax}=\boldsymbol{0}$的解.

证明 由 $\boldsymbol{A\alpha}=\boldsymbol{0}$ 容易推出 $\boldsymbol{A}(k\boldsymbol{\alpha})=k(\boldsymbol{A\alpha})=k\cdot\boldsymbol{0}=\boldsymbol{0}$,即 $k\boldsymbol{\alpha}$ 也是 $\boldsymbol{Ax}=\boldsymbol{0}$ 的解.

若用 S 表示齐次线性方程组的全体解向量所组成的集合,则性质 1 和 2 即为

(1)若 $\boldsymbol{\alpha}_1\in S,\boldsymbol{\alpha}_2\in S$,则 $\boldsymbol{\alpha}_1+\boldsymbol{\alpha}_2\in S$;

(2)若 $\boldsymbol{\alpha}\in S,k\in R$,则 $k\boldsymbol{\alpha}\in S$.

这说明,集合 S 对向量的线性运算是封闭的,所以集合 S 是一个向量空间,称为齐次线性方程组的解空间.解空间 S 的基,称为齐次线性方程组的**基础解系**.

下面,来求齐次线性方程组解空间 S 的一个基.

设齐次线性方程组 $\boldsymbol{Ax}=\boldsymbol{0}$ 系数矩阵 $\boldsymbol{A}$ 的秩为 r,并不妨设 $\boldsymbol{A}$ 的前 r 个列向量线性无关,于是 $\boldsymbol{A}$ 的行最简形为

$$\boldsymbol{I}=\begin{pmatrix}1&\cdots&0&b_{11}&\cdots&b_{1,n-r}\\ \cdots&\cdots&\cdots&\cdots&\cdots&\cdots\\ 0&\cdots&1&b_{r1}&\cdots&b_{r,n-r}\\ 0&\cdots&\cdots&\cdots&\cdots&0\\ \cdots&\cdots&\cdots&\cdots&\cdots&\cdots\\ 0&\cdots&\cdots&\cdots&\cdots&0\end{pmatrix}$$

NOTE

与 I 对应的方程组为

$$\begin{cases} x_1=-b_{11}x_{r+1}-\cdots-b_{1,n-r}x_n \\ \cdots\cdots\cdots\cdots\cdots\cdots\cdots\cdots\cdots \\ x_r=-b_{r1}x_{r+1}-\cdots-b_{r,n-r}x_n \end{cases} \tag{5-7}$$

由于 $\boldsymbol{A}$ 与 I 的行向量组等价，故齐次线性方程组与方程组式 5-7 同解.

在方程组式 5-7 中，$x_{r+1},\cdots,x_n$ 称为自由未知量，任给 $x_{r+1},\cdots,x_n$ 一组值，则可唯一确定 $x_1,\cdots,x_r$ 的值，就得到方程组式 5-7 的一个解，也就是 $\boldsymbol{Ax}=\boldsymbol{0}$ 的解.

不妨令 $x_{r+1},\cdots,x_n$ 取下列 $n-r$ 组数：

$$\begin{pmatrix} x_{r+1} \\ x_{r+2} \\ \vdots \\ x_n \end{pmatrix}=\begin{pmatrix} 1 \\ 0 \\ \vdots \\ 0 \end{pmatrix},\begin{pmatrix} 0 \\ 1 \\ \vdots \\ 0 \end{pmatrix},\cdots,\begin{pmatrix} 0 \\ 0 \\ \vdots \\ 1 \end{pmatrix}$$

由方程组式 5-7，依次可得

$$\begin{pmatrix} x_1 \\ x_2 \\ \vdots \\ x_r \end{pmatrix}=\begin{pmatrix} -b_{11} \\ -b_{21} \\ \vdots \\ -b_{r1} \end{pmatrix},\begin{pmatrix} -b_{12} \\ -b_{22} \\ \vdots \\ -b_{r2} \end{pmatrix},\cdots,\begin{pmatrix} -b_{1,n-r} \\ -b_{2,n-r} \\ \vdots \\ -b_{r,n-r} \end{pmatrix}$$

从而求得方程组式 5-7 的 $n-r$ 个解向量，也是齐次线性方程组的解向量，即

$$\boldsymbol{\xi}_1=\begin{pmatrix} -b_{11} \\ \vdots \\ -b_{r1} \\ 1 \\ 0 \\ \vdots \\ 0 \end{pmatrix},\boldsymbol{\xi}_2=\begin{pmatrix} -b_{12} \\ \vdots \\ -b_{r2} \\ 0 \\ 1 \\ \vdots \\ 0 \end{pmatrix},\cdots,\boldsymbol{\xi}_{n-r}=\begin{pmatrix} -b_{1,n-r} \\ \vdots \\ -b_{r,n-r} \\ 0 \\ 0 \\ \vdots \\ 1 \end{pmatrix} \tag{5-8}$$

由于式 5-8 的 $n-r$ 个 $n-r$ 维向量线性无关，因此它们的接长向量 $\boldsymbol{\xi}_1,\boldsymbol{\xi}_2,\cdots,\boldsymbol{\xi}_{n-r}$ 也一定线性无关.

要证明 $\boldsymbol{\xi}_1,\boldsymbol{\xi}_2,\cdots,\boldsymbol{\xi}_{n-r}$ 是齐次线性方程组的基础解系，只需证明齐次线性方程组的每一个解都可以表示为 $\boldsymbol{\xi}_1,\boldsymbol{\xi}_2,\cdots,\boldsymbol{\xi}_{n-r}$ 的线性组合就可以了. 现假定任意一个解向量为

$$\boldsymbol{\alpha}=\begin{pmatrix} \lambda_1 \\ \lambda_2 \\ \vdots \\ \lambda_n \end{pmatrix}$$

则由于齐次线性方程组与方程组 5-7 同解，所以有

$$\begin{cases} \lambda_1=-b_{11}\lambda_{r+1}-b_{12}\lambda_{r+2}-\cdots-b_{1,n-r}\lambda_n \\ \lambda_2=-b_{21}\lambda_{r+1}-b_{22}\lambda_{r+2}-\cdots-b_{2,n-r}\lambda_n \\ \cdots\cdots\cdots\cdots\cdots\cdots\cdots\cdots\cdots\cdots\cdots \\ \lambda_r=-b_{r1}\lambda_{r+1}-b_{r2}\lambda_{r+2}-\cdots-b_{r,n-r}\lambda_n \end{cases}$$

NOTE

于是有

$$\begin{pmatrix}\lambda_1\\ \vdots\\ \lambda_r\\ \lambda_{r+1}\\ \lambda_{r+2}\\ \vdots\\ \lambda_n\end{pmatrix}=\lambda_{r+1}\begin{pmatrix}-b_{11}\\ \vdots\\ -b_{r1}\\ 1\\ 0\\ \vdots\\ 0\end{pmatrix}+\lambda_{r+2}\begin{pmatrix}-b_{12}\\ \vdots\\ -b_{r2}\\ 0\\ 1\\ \vdots\\ 0\end{pmatrix}+\cdots+\lambda_n\begin{pmatrix}-b_{1,n-r}\\ \vdots\\ -b_{r,n-r}\\ 0\\ 0\\ \vdots\\ 1\end{pmatrix}$$

这就是说

$$\boldsymbol{\alpha}=\lambda_{r+1}\boldsymbol{\xi}_1+\lambda_{r+2}\boldsymbol{\xi}_2+\cdots+\lambda_n\boldsymbol{\xi}_{n-r}$$

于是,就证明了 $\boldsymbol{\xi}_1,\boldsymbol{\xi}_2,\cdots,\boldsymbol{\xi}_{n-r}$ 是解空间 S 的一个基,即是齐次线性方程组的一个基础解系.它所含的向量个数为 $n-r$,从而解空间的维数是 $n-r$,得证.

上面的证明过程,提供了一种求解空间的基的方法.从中也可以看出,基不是唯一的,即一个齐次线性方程组可以有不同的基础解系.

事实上,任取 $n-r$ 个线性无关的 $n-r$ 维向量并使

$$\begin{pmatrix}x_{r+1}\\ \vdots\\ x_n\end{pmatrix}$$

分别等于这些向量,再通过方程组 5-7 求出 $x_1,\cdots,x_r$,便可得到一个基础解系.

当 $R(\boldsymbol{A})=n$ 时,齐次线性方程组只有零解,因而没有基础解系.此时,解空间 S 只有一个零向量,为 0 维向量空间.

当 $R(\boldsymbol{A})=r<n$ 时,齐次线性方程组必有含 $n-r$ 个向量的基础解系.设 $\boldsymbol{\xi}_1,\boldsymbol{\xi}_2,\cdots,\boldsymbol{\xi}_{n-r}$ 为齐次线性方程组的一个基础解系,则齐次线性方程组的解可表示为

$$\boldsymbol{x}=k_1\boldsymbol{\xi}_1+\cdots+k_{n-r}\boldsymbol{\xi}_{n-r} \tag{5-9}$$

其中,$k_1,\cdots,k_{n-r}$ 为任意实数.

式 5-9 称为齐次线性方程组的通解.此时,齐次线性方程组的解空间可表示为

$$S=\{\boldsymbol{x}\,|\,\boldsymbol{x}=k_1\boldsymbol{\xi}_1+\cdots+k_{n-r}\boldsymbol{\xi}_{n-r},k_1,k_2,\cdots,k_{n-r}\in R\}$$

由此可见,齐次线性方程组有非零解的充分必要条件为 $R(\boldsymbol{A})<n$.

例 1 求解齐次线性方程组,并求出它的一个基础解系.

$$\begin{cases}2x_1+x_2-2x_3+3x_4=0\\ 3x_1+2x_2-x_3+2x_4=0\\ x_1+x_2+x_3-x_4=0\end{cases}$$

解 对系数矩阵作初等行变换,得到

$$\boldsymbol{A}=\begin{pmatrix}2&1&-2&3\\ 3&2&-1&2\\ 1&1&1&-1\end{pmatrix}\xrightarrow[\substack{(2)-3(1)\\(3)-2(1)}]{(3),(1)}\begin{pmatrix}1&1&1&-1\\ 0&-1&-4&5\\ 0&-1&-4&5\end{pmatrix}\to\begin{pmatrix}1&1&1&-1\\ 0&-1&-4&5\\ 0&0&0&0\end{pmatrix}\to\begin{pmatrix}1&0&-3&4\\ 0&1&4&-5\\ 0&0&0&0\end{pmatrix}$$

于是,原方程组可同解地变为

NOTE

$$\begin{cases}x_1 = 3x_3-4x_4 \\ x_2=-4x_3+5x_4\end{cases}，其中 x_3,x_4 为自由未知量$$

令 $x_3=k_1,x_4=k_2$，那么可得方程组的解为

$$\begin{cases}x_1 = 3k_1-4k_2 \\ x_2=-4k_1+5k_2 \\ x_3 = k_1 \\ x_4 = k_2\end{cases}$$

称为参数形式的解.写成向量形式，得到

$$\begin{pmatrix}x_1\\x_2\\x_3\\x_4\end{pmatrix}=k_1\begin{pmatrix}3\\-4\\1\\0\end{pmatrix}+k_2\begin{pmatrix}-4\\5\\0\\1\end{pmatrix}，其中 k_1,k_2 为任意实数$$

因此，齐次线性方程组的一个基础解系为

$$\boldsymbol{\xi}_1=\begin{pmatrix}3\\-4\\1\\0\end{pmatrix},\boldsymbol{\xi}_2=\begin{pmatrix}-4\\5\\0\\1\end{pmatrix}$$

例 2 求齐次线性方程组的基础解系与通解.

$$\begin{cases}x_1+x_2+x_3+4x_4-3x_5=0\\x_1-x_2+3x_3-2x_4-x_5=0\\2x_1+x_2+3x_3+5x_4-5x_5=0\\3x_1+x_2+5x_3+6x_4-7x_5=0\end{cases}$$

解 $m=4,n=5,m<n$，故线性方程组有无穷多解.

$$\boldsymbol{A}=\begin{pmatrix}1&1&1&4&-3\\1&-1&3&-2&-1\\2&1&3&5&-5\\3&1&5&6&-7\end{pmatrix}\to\begin{pmatrix}1&1&1&4&-3\\0&-2&2&-6&2\\0&-1&1&-3&1\\0&-2&2&-6&2\end{pmatrix}\to\begin{pmatrix}1&1&1&4&-3\\0&1&-1&3&-1\\0&0&0&0&0\\0&0&0&0&0\end{pmatrix}\to\begin{pmatrix}1&0&2&1&-2\\0&1&-1&3&-1\\0&0&0&0&0\\0&0&0&0&0\end{pmatrix}$$

于是，原方程组可同解地变为

$$\begin{cases}x_1=-2x_3-x_4+2x_5\\x_2=x_3-3x_4+x_5\end{cases}，其中 x_3,x_4,x_5 为自由未知量.$$

令自由未知量 $\begin{pmatrix}x_3\\x_4\\x_5\end{pmatrix}=\begin{pmatrix}1\\0\\0\end{pmatrix},\begin{pmatrix}0\\1\\0\end{pmatrix}$ 及 $\begin{pmatrix}0\\0\\1\end{pmatrix}$，得到 $\begin{pmatrix}x_1\\x_2\end{pmatrix}=\begin{pmatrix}-2\\1\end{pmatrix},\begin{pmatrix}-1\\-3\end{pmatrix}$ 及 $\begin{pmatrix}2\\1\end{pmatrix}$

得基础解系

NOTE

$$\boldsymbol{\xi}_1=\begin{pmatrix}-2\\1\\1\\0\\0\end{pmatrix},\quad \boldsymbol{\xi}_2=\begin{pmatrix}-1\\-3\\0\\1\\0\end{pmatrix},\quad \boldsymbol{\xi}_3=\begin{pmatrix}2\\1\\0\\0\\1\end{pmatrix}$$

因此,方程组的通解为 $\boldsymbol{x}=k_1\boldsymbol{\xi}_1+k_2\boldsymbol{\xi}_2+k_3\boldsymbol{\xi}_3$,其中,$k_1,k_2,k_3$ 为任意实数.

以上两个例题,一个是通过等价的线性方程组直接写出通解,再得到基础解系,另一个是先取基础解系,再写出通解,两种方法等价.

5.2.2 非齐次线性方程组解的结构

现在,来讨论非齐次线性方程组解的结构.其目的是把非齐次方程组解的问题归结为齐次方程组的解,这样就可利用前面的结论了.

设有 m 个方程 n 个未知数的线性方程组,矩阵方程形式为 $\boldsymbol{Ax}=\boldsymbol{b}$. 这里,$\boldsymbol{b}$ 一般不为零,当 $\boldsymbol{b}=0$ 时,就成了齐次方程组 $\boldsymbol{Ax}=\boldsymbol{0}$,称为与 $\boldsymbol{Ax}=\boldsymbol{b}$ **相伴的齐次线性方程组.**

若方程组 $\boldsymbol{Ax}=\boldsymbol{b}$ 有解,即称方程组是**相容**的,若无解即称**不相容.**

性质 3 设 $\boldsymbol{x}=\boldsymbol{\eta}_1$ 及 $\boldsymbol{x}=\boldsymbol{\eta}_2$ 都是 $\boldsymbol{Ax}=\boldsymbol{b}$ 的解,则 $\boldsymbol{x}=\boldsymbol{\eta}_1-\boldsymbol{\eta}_2$ 是相伴方程组 $\boldsymbol{Ax}=\boldsymbol{0}$ 的解.

证明 $\boldsymbol{A}(\boldsymbol{\eta}_1-\boldsymbol{\eta}_2)=\boldsymbol{A\eta}_1-\boldsymbol{A\eta}_2=\boldsymbol{b}-\boldsymbol{b}=\boldsymbol{0}$,

即 $\boldsymbol{x}=\boldsymbol{\eta}_1-\boldsymbol{\eta}_2$ 是 $\boldsymbol{Ax}=\boldsymbol{0}$ 的解,得证.

性质 4 设 $\boldsymbol{x}=\boldsymbol{\eta}$ 是方程组 $\boldsymbol{Ax}=\boldsymbol{b}$ 的解,$\boldsymbol{x}=\boldsymbol{\xi}$ 是相伴方程组 $\boldsymbol{Ax}=\boldsymbol{0}$ 的解,则 $\boldsymbol{x}=\boldsymbol{\xi}+\boldsymbol{\eta}$ 是方程组 $\boldsymbol{Ax}=\boldsymbol{b}$ 的解.

证明 $\boldsymbol{A}(\boldsymbol{\xi}+\boldsymbol{\eta})=\boldsymbol{A\xi}+\boldsymbol{A\eta}=\boldsymbol{0}+\boldsymbol{b}=\boldsymbol{b}$,

即 $\boldsymbol{x}=\boldsymbol{\xi}+\boldsymbol{\eta}$ 是方程组 $\boldsymbol{Ax}=\boldsymbol{b}$ 的解,得证.

若 $\boldsymbol{\eta}^*$ 为方程组 $\boldsymbol{Ax}=\boldsymbol{b}$ 的一个解,$\boldsymbol{\xi}=k_1\boldsymbol{\xi}_1+\cdots+k_{n-r}\boldsymbol{\xi}_{n-r}$ 为相伴方程组 $\boldsymbol{Ax}=\boldsymbol{0}$ 的通解,由性质4 可知,$\boldsymbol{x}=\boldsymbol{\xi}+\boldsymbol{\eta}^*$ 为 $\boldsymbol{Ax}=\boldsymbol{b}$ 的解.

若 $\boldsymbol{\eta}$ 为方程组 $\boldsymbol{Ax}=\boldsymbol{b}$ 的任一解,记 $\boldsymbol{\xi}=\boldsymbol{\eta}-\boldsymbol{\eta}^*$,由性质3 可知,$\boldsymbol{\xi}$ 为 $\boldsymbol{Ax}=\boldsymbol{0}$ 的解. 故 $\boldsymbol{\eta}=\boldsymbol{\eta}^*+\boldsymbol{\xi}$,即非齐次线性方程组的任一解都能表示为该方程组的一个解 $\boldsymbol{\eta}^*$ 与其相伴方程某一个解的和,所以非齐次线性方程组 $\boldsymbol{Ax}=\boldsymbol{b}$ 的通解可表示为

$$\boldsymbol{x}=\boldsymbol{\eta}^*+k_1\boldsymbol{\xi}_1+\cdots+k_{n-r}\boldsymbol{\xi}_{n-r}$$

其中,$\boldsymbol{\xi}_1,\boldsymbol{\xi}_2,\cdots,\boldsymbol{\xi}_{n-r}$ 是相伴方程组 $\boldsymbol{Ax}=\boldsymbol{0}$ 的基础解系,$k_1,\cdots,k_{n-r}$ 为任意实数.

由上述讨论知道,要求一个非齐次线性方程组的解,只要求出它的某个特解,再求出相伴的齐次线性方程组的通解即可.

在实际求解时,可以用初等变换的方法把特解与相伴齐次线性方程组的基础解系都求出来.下面将通过例子来说明这一点.

例 3 求解线性方程组.

$$\begin{cases}x_1-x_2-x_3+x_4=0\\x_1-x_2+x_3-3x_4=1\\2x_1-2x_2-4x_3+6x_4=-1\end{cases}$$

NOTE

解 对方程组的增广矩阵 $\boldsymbol{B}$ 进行行变换,得到

$$\boldsymbol{B}=\begin{pmatrix}1&-1&-1&1&0\\1&-1&1&-3&1\\2&-2&-4&6&-1\end{pmatrix}\to\begin{pmatrix}1&-1&-1&1&0\\0&0&2&-4&1\\0&0&-2&4&-1\end{pmatrix}\to\begin{pmatrix}1&-1&0&-1&1/2\\0&0&1&-2&1/2\\0&0&0&0&0\end{pmatrix}$$

可见 $R(\boldsymbol{A})=R(\boldsymbol{B})=2$,故方程组有解,并有

$$\begin{cases}x_1=x_2+x_4+1/2\\x_3=\quad 2x_4+1/2\end{cases}$$

令 $x_2=x_4=0$,则 $x_1=x_3=1/2$,得方程组的一个特解 $\boldsymbol{\eta}^*$,即

$$\boldsymbol{\eta}^*=\begin{pmatrix}1/2\\0\\1/2\\0\end{pmatrix}$$

令 $\begin{pmatrix}x_2\\x_4\end{pmatrix}=\begin{pmatrix}1\\0\end{pmatrix}$ 及 $\begin{pmatrix}0\\1\end{pmatrix}$,则对应齐次方程有 $\begin{pmatrix}x_1\\x_3\end{pmatrix}=\begin{pmatrix}1\\0\end{pmatrix}$ 及 $\begin{pmatrix}1\\2\end{pmatrix}$,得相伴齐次线性方程组的基础解系 $\boldsymbol{\xi}_1,\boldsymbol{\xi}_2$,即

$$\xi_1=\begin{pmatrix}1\\1\\0\\0\end{pmatrix},\xi_2=\begin{pmatrix}1\\0\\2\\1\end{pmatrix}$$

所以这个方程组的通解为 $\boldsymbol{x}=k_1\boldsymbol{\xi}_1+k_2\boldsymbol{\xi}_2+\boldsymbol{\eta}^*$,其中 k_1,k_2 为任意实数.

例 4 当 a 取何值时,线性方程组

$$\begin{cases}3x_1+x_2-x_3-2x_4=2\\x_1-5x_2+2x_3+x_4=1\\2x_1+6x_2-3x_3-3x_4=a+1\\-x_1-11x_2+5x_3+4x_4=0\end{cases}$$

有解?在有解时,求解方程组.

解 对方程组的增广矩阵 $\boldsymbol{B}$ 进行行变换,得到

$$\boldsymbol{B}=\begin{pmatrix}3&1&-1&-2&2\\1&-5&2&1&1\\2&6&-3&-3&a+1\\-1&-11&5&4&0\end{pmatrix}\to\begin{pmatrix}1&-5&2&1&1\\0&16&-7&-5&-1\\0&16&-7&-5&a-1\\0&-16&7&5&1\end{pmatrix}\to\begin{pmatrix}1&-5&2&1&1\\0&16&-7&-5&-1\\0&0&0&0&a\\0&0&0&0&0\end{pmatrix}$$

为使线性方程组有解,即 $R(\boldsymbol{A})=R(\boldsymbol{B})$,则 $a=0$. 此时,

$$\boldsymbol{B}\to\begin{pmatrix}1&-5&2&1&1\\0&1&-7/16&-5/16&-1/16\\0&0&0&0&0\\0&0&0&0&0\end{pmatrix}\to\begin{pmatrix}1&0&-3/16&-9/16&11/16\\0&1&-7/16&-5/16&-1/16\\0&0&0&0&0\\0&0&0&0&0\end{pmatrix}$$

NOTE

$$\begin{cases} x_1=\dfrac{1}{16}(3x_3+9x_4+11) \\ x_2=\dfrac{1}{16}(7x_3+5x_4-1) \end{cases}$$

令 $x_3=x_4=0$，则 $x_1=11/16$、$x_2=-1/16$，得方程组的一个特解 $\boldsymbol{\eta}^*$

$$\boldsymbol{\eta}^*=\begin{pmatrix} 11/16 \\ -1/16 \\ 0 \\ 0 \end{pmatrix}$$

令 $\begin{pmatrix} x_3 \\ x_4 \end{pmatrix}=\begin{pmatrix} 16 \\ 0 \end{pmatrix}$ 及 $\begin{pmatrix} 0 \\ 16 \end{pmatrix}$，则对应齐次方程有 $\begin{pmatrix} x_1 \\ x_2 \end{pmatrix}=\begin{pmatrix} 3 \\ 7 \end{pmatrix}$ 及 $\begin{pmatrix} 9 \\ 5 \end{pmatrix}$，得相伴齐次线性方程组的基础解系 $\boldsymbol{\xi}_1$，$\boldsymbol{\xi}_2$，即

$$\xi_1=\begin{pmatrix} 3 \\ 7 \\ 16 \\ 0 \end{pmatrix},\xi_2=\begin{pmatrix} 9 \\ 5 \\ 0 \\ 16 \end{pmatrix}$$

所以这个方程组的通解为 $\boldsymbol{x}=k_1\boldsymbol{\xi}_1+k_2\boldsymbol{\xi}_2+\boldsymbol{\eta}^*$，其中 k_1，k_2 为任意实数.

习 题 5

1. 讨论下列线性方程组的解，如有解是唯一组解还是无穷多组解？

① $\begin{cases} x_1+2x_2+3x_3=0 \\ 2x_1+5x_2+3x_3=0 \\ x_1 \qquad +8x_3=0 \end{cases}$　② $\begin{cases} x_1-x_2+5x_3-x_4=0 \\ x_1+x_2-2x_3+3x_4=0 \\ x_1+3x_2-9x_3+7x_4=0 \end{cases}$

③ $\begin{cases} x_1+3x_2+5x_3-4x_4 \qquad =1 \\ x_1+3x_2+2x_3-2x_4+x_5=-1 \\ x_1-2x_2+x_3-x_4-x_5=3 \\ x_1-4x_2+x_3+x_4-x_5=3 \end{cases}$　④ $\begin{cases} x_1+2x_2-3x_3+4x_4=0 \\ 2x_1-3x_2+x_3 \qquad =0 \\ x_1+9x_2-10x_3+12x_4=11 \end{cases}$

⑤ $\begin{cases} x_1-4x_2+2x_3-2x_4=3 \\ 2x_1-2x_2+x_3-x_4=2 \\ 3x_1-6x_2+x_3-3x_4=5 \\ x_1+2x_2+x_3-x_4=-1 \end{cases}$　⑥ $\begin{cases} x_1-x_2+x_3=1 \\ x_1-2x_2-x_3=2 \\ 3x_1-x_2+5x_3=3 \end{cases}$

2. λ 取何值时，下面的非齐次线性方程组，有唯一解、无解、有无穷多个解？

$$\begin{cases} \lambda x_1+x_2+x_3=1 \\ x_1+\lambda x_2+x_3=\lambda \\ x_1+x_2+\lambda x_3=\lambda^2 \end{cases}$$

NOTE

3. 求下列齐次线性方程组的基础解系.

① $\begin{cases} x_1+2x_2+x_3-3x_4+2x_5=0 \\ 2x_1+x_2+x_3+x_4-3x_5=0 \\ x_1+x_2+2x_3+2x_4-2x_5=0 \\ 2x_1+3x_2-5x_3-17x_4+10x_5=0 \end{cases}$ ② $\begin{cases} x_1+2x_2+3x_3-x_4=0 \\ 2x_1+4x_2+5x_3-3x_4-x_5=0 \\ -x_1-2x_2-3x_3+3x_4+4x_5=0 \end{cases}$

③ $\begin{cases} x_1+6x_2-x_3-4x_4=0 \\ -2x_1-12x_2+5x_3+17x_4=0 \\ 3x_1+18x_2-x_3-6x_4=0 \end{cases}$ ④ $\begin{cases} x_1+2x_2-x_3-x_4=0 \\ x_1+2x_2+x_4=0 \\ -x_1-2x_2+2x_3+4x_4=0 \end{cases}$

4. 求解下列线性方程组.

① $\begin{cases} x_1+2x_2-x_3-x_4=0 \\ x_1+2x_2+x_4=4 \\ -x_1-2x_2+2x_3+4x_4=5 \end{cases}$ ② $\begin{cases} x_1-x_2+x_3=3 \\ -2x_1+3x_2+x_3=-8 \\ 4x_1-2x_2+10x_3=10 \end{cases}$

③ $\begin{cases} x_2+2x_3=7 \\ x_1-2x_2-6x_3=-18 \\ x_1-x_2-2x_3=-5 \\ 2x_1-5x_2-15x_3=-46 \end{cases}$

5. 设行列式

$$\begin{vmatrix} a_{11} & a_{12} & \cdots & a_{1n} \\ a_{21} & a_{22} & \cdots & a_{2n} \\ \vdots & \vdots & & \vdots \\ a_{n1} & a_{n2} & \cdots & a_{nn} \end{vmatrix} \neq 0$$

问下列线性方程组是否有解?

$$\begin{cases} a_{11}x_1+a_{12}x_2+\cdots+a_{1,n-1}x_{n-1}=a_{1n} \\ a_{21}x_1+a_{22}x_2+\cdots+a_{2,n-1}x_{n-1}=a_{2n} \\ \cdots\cdots\cdots\cdots\cdots\cdots\cdots\cdots \\ a_{n1}x_1+a_{n2}x_2+\cdots+a_{n,n-1}x_{n-1}=a_{nn} \end{cases}$$

6. 试问 b 满足什么条件时,下列方程有解?

① $\begin{cases} x-3y=b_1 \\ 3x+y=b_2 \\ x+7y=b_3 \\ 2x+4y=b_4 \end{cases}$ ② $\begin{cases} x_1+2x_2+3x_3=b_1 \\ 2x_1+6x_2+11x_3=b_2 \\ x_1+4x_2+8x_3=b_3 \end{cases}$

7. 试给每一个化学分子合适的系数(最小正整数)来平衡化学反应方程式,使得方程式两边同一种原子数目相等:

$$NaHCO_3+H_3C_6H_5O_7 \rightarrow Na_3C_6H_5O_7+H_2O+CO_2$$

8. 问 λ 为何值时下面方程组有唯一解、无解或无穷多解?在有无穷多解时求出通解.

NOTE

$$\begin{cases}(2-\lambda)x_1+2x_2-2x_3=1\\2x_1+(5-\lambda)x_2-4x_3=2\\-2x_1-4x_2+(5-\lambda)x_3=-\lambda-1\end{cases}$$

9. 设$\boldsymbol{\alpha}_1,\boldsymbol{\alpha}_2$是某个齐次线性方程组的基础解系，问$\boldsymbol{\alpha}_1+\boldsymbol{\alpha}_2,2\boldsymbol{\alpha}_1-\boldsymbol{\alpha}_2$是否也可以构成这个线性方程组的基础解系？为什么？

10. 设$\boldsymbol{Ax}=\boldsymbol{0}$是$n$个未知数$n$个方程式组成的线性方程组的向量形式，假定该方程组只有零解. 求证：对任意的正整数k，方程组$\boldsymbol{A}^k\boldsymbol{x}=\boldsymbol{0}$也只有零解.

11. 试问a,b,c取什么数时，曲线$f(x)=ax^2+bx+c$通过点$(1,2)$，$(-1,6)$和$(2,3)$.

NOTE

6 矩阵的特征值

本章介绍正交矩阵、相似矩阵概念，矩阵的特征值、特征向量概念与计算. 本章讨论的矩阵都为方阵，矩阵中元素是实数.

6.1 正交矩阵

6.1.1 向量的内积

定义 1 设有两个 n 维向量

$$\boldsymbol{\alpha}=\begin{pmatrix}a_1\\a_2\\\vdots\\a_n\end{pmatrix},\quad \boldsymbol{\beta}=\begin{pmatrix}b_1\\b_2\\\vdots\\b_n\end{pmatrix}$$

则规定向量 $\boldsymbol{\alpha},\boldsymbol{\beta}$ 的内积 $(\boldsymbol{\alpha},\boldsymbol{\beta})$ 为

$$(\boldsymbol{\alpha},\boldsymbol{\beta})=\boldsymbol{\alpha}^T\boldsymbol{\beta}=(a_1\quad a_2\quad\cdots\quad a_n)\begin{pmatrix}b_1\\b_2\\\vdots\\b_n\end{pmatrix}=a_1b_1+a_2b_2+\cdots a_nb_n \tag{6-1}$$

设 $\boldsymbol{\alpha},\boldsymbol{\beta},\boldsymbol{\gamma}$ 为 n 维向量，λ 为实数，则向量的内积满足交换律、结合律、分配律，即

$$(\boldsymbol{\alpha},\boldsymbol{\beta})=(\boldsymbol{\beta},\boldsymbol{\alpha})\text{（交换律）} \tag{6-2}$$

$$\lambda(\boldsymbol{\alpha},\boldsymbol{\beta})=(\lambda\boldsymbol{\alpha},\boldsymbol{\beta})\text{（结合律）} \tag{6-3}$$

$$(\boldsymbol{\alpha}+\boldsymbol{\beta},\boldsymbol{\gamma})=(\boldsymbol{\alpha},\boldsymbol{\gamma})+(\boldsymbol{\beta},\boldsymbol{\gamma})\text{（分配律）} \tag{6-4}$$

定义 2 对 n 维向量 $\boldsymbol{\alpha}$，规定其**长度**或**范数**为

$$\|\boldsymbol{\alpha}\|=\sqrt{(\boldsymbol{\alpha},\boldsymbol{\alpha})}=\sqrt{a_1^2+a_2^2+\cdots a_n^2} \tag{6-5}$$

当 $\|\boldsymbol{\alpha}\|=1$ 时，称 $\boldsymbol{\alpha}$ 是**单位向量**. 非零向量 $\boldsymbol{\alpha}$，可以通过长度进行单位化，即

$$\frac{\boldsymbol{\alpha}}{\|\boldsymbol{\alpha}\|} \tag{6-6}$$

向量的长度，具有非负性、齐次性、三角不等式等性质，即

$$\text{当 }\boldsymbol{\alpha}\neq\mathbf{0}\text{ 时，}\|\boldsymbol{\alpha}\|>0\text{；当 }\boldsymbol{\alpha}=\mathbf{0}\text{ 时，}\|\boldsymbol{\alpha}\|=0 \tag{6-7}$$

$$\|\lambda\boldsymbol{\alpha}\|=|\lambda|\cdot\|\boldsymbol{\alpha}\| \tag{6-8}$$

$$\|\boldsymbol{\alpha}+\boldsymbol{\beta}\| \leqslant \|\boldsymbol{\alpha}\|+\|\boldsymbol{\beta}\| \tag{6-9}$$

例 1　已知 $\boldsymbol{\alpha}=(1,2,-1,0)$，$\boldsymbol{\beta}=(2,-3,1,0)$，计算两个向量单位化后的内积.

解　由 $\|\boldsymbol{\alpha}\|=\sqrt{1^2+2^2+(-1)^2+0^2}=\sqrt{6}$，$\|\boldsymbol{\beta}\|=\sqrt{14}$，计算单位化后的内积，得到

$$\frac{1}{\|\boldsymbol{\alpha}\|\cdot\|\boldsymbol{\beta}\|}(\boldsymbol{\alpha},\boldsymbol{\beta})=\frac{1}{\sqrt{6}\times\sqrt{14}}\times(1\times2-2\times3-1\times1+0\times0)=\frac{-5}{2\sqrt{21}}$$

6.1.2　正交向量组

定义 3　当 $(\boldsymbol{\alpha},\boldsymbol{\beta})=0$ 时，称向量 $\boldsymbol{\alpha}$，$\boldsymbol{\beta}$ 正交.

例如，向量 $\boldsymbol{\alpha}$，$\boldsymbol{\beta}$ 分别为

$$\boldsymbol{\alpha}=\begin{pmatrix}1\\2\\3\\1\end{pmatrix},\quad \boldsymbol{\beta}=\begin{pmatrix}2\\-4\\3\\-3\end{pmatrix}$$

因为 $(\boldsymbol{\alpha},\boldsymbol{\beta})=0$，向量 $\boldsymbol{\alpha}$，$\boldsymbol{\beta}$ 是正交的.

定义 4　若非零向量组 $\boldsymbol{\alpha}_1,\boldsymbol{\alpha}_2,\cdots,\boldsymbol{\alpha}_s$ 中任意两向量都正交，则称该向量组为正交向量组.

例如，n 维单位向量组 $\boldsymbol{e}_1,\boldsymbol{e}_2,\cdots,\boldsymbol{e}_n$ 是正交向量组，因为

$$(\boldsymbol{e}_i,\boldsymbol{e}_j)=\begin{cases}0 & i\neq j\\ 1 & i=j\end{cases}\quad (i,j=1,2,\cdots,n)$$

定理 1　若 n 维向量组 $\boldsymbol{\alpha}_1,\boldsymbol{\alpha}_2,\cdots,\boldsymbol{\alpha}_s$ 是正交向量组，则 $\boldsymbol{\alpha}_1,\boldsymbol{\alpha}_2,\cdots,\boldsymbol{\alpha}_s$ 线性无关.

证明　用反证法，假设有不全为零的数 $\lambda_1,\lambda_2,\cdots,\lambda_s$，使得

$$\lambda_1\boldsymbol{\alpha}_1+\lambda_2\boldsymbol{\alpha}_2+\cdots+\lambda_s\boldsymbol{\alpha}_s=0$$

用 $\boldsymbol{\alpha}_i^T$ 左乘上式两端得到 $\lambda_i\boldsymbol{\alpha}_i^T\boldsymbol{\alpha}_i=0$

因为 $\boldsymbol{a}_i\neq0$，所以 $\boldsymbol{\alpha}_i^T\boldsymbol{\alpha}_i=\|\boldsymbol{\alpha}_i\|^2\neq0$，从而 $\lambda_i=0(i=1,2,\cdots,s)$，与假设矛盾.

故，$\boldsymbol{\alpha}_1,\boldsymbol{\alpha}_2,\cdots,\boldsymbol{\alpha}_s$ 线性无关，得证.

6.1.3　向量组的正交规范化

线性无关的向量组 $\boldsymbol{\alpha}_1,\boldsymbol{\alpha}_2,\cdots,\boldsymbol{\alpha}_s$ 不一定是正交向量组，但总可寻求一组两两正交的单位向量 $\boldsymbol{\gamma}_1,\boldsymbol{\gamma}_2,\cdots,\boldsymbol{\gamma}_s$ 与之等价，称为将 $\boldsymbol{\alpha}_1,\boldsymbol{\alpha}_2,\cdots,\boldsymbol{\alpha}_s$ 正交规范化. 下面介绍使用 Schmidt 法，对线性无关的向量组 $\boldsymbol{\alpha}_1,\boldsymbol{\alpha}_2,\cdots,\boldsymbol{\alpha}_s$ 进行正交规范化.

首先取

$$\boldsymbol{\beta}_1=\boldsymbol{\alpha}_1 \tag{6-10}$$

若取 $\boldsymbol{\beta}_2=\boldsymbol{\alpha}_2+\lambda\boldsymbol{\beta}_1$（其中 λ 待定），由

$$(\boldsymbol{\beta}_2,\boldsymbol{\beta}_1)=(\boldsymbol{\alpha}_2+\lambda\boldsymbol{\beta}_1,\boldsymbol{\beta}_1)=(\boldsymbol{\alpha}_2,\boldsymbol{\beta}_1)+\lambda(\boldsymbol{\beta}_1,\boldsymbol{\beta}_1)=0$$

解得

$$\lambda=-\frac{(\boldsymbol{\alpha}_2,\boldsymbol{\beta}_1)}{(\boldsymbol{\beta}_1,\boldsymbol{\beta}_1)}$$

则应取

NOTE

$$\boldsymbol{\beta}_2=\boldsymbol{\alpha}_2-\frac{(\boldsymbol{\alpha}_2,\boldsymbol{\beta}_1)}{(\boldsymbol{\beta}_1,\boldsymbol{\beta}_1)}\boldsymbol{\beta}_1 \tag{6-11}$$

若再取$\boldsymbol{\beta}_3=\boldsymbol{\alpha}_3+\lambda_1\boldsymbol{\beta}_1+\lambda_2\boldsymbol{\beta}_2$(其中 λ_1,λ_2待定),由

$$(\boldsymbol{\beta}_3,\boldsymbol{\beta}_1)=(\boldsymbol{\alpha}_3,\boldsymbol{\beta}_1)+\lambda_1(\boldsymbol{\beta}_1,\boldsymbol{\beta}_1)+\lambda_2(\boldsymbol{\beta}_2,\boldsymbol{\beta}_1)=0$$
$$(\boldsymbol{\beta}_3,\boldsymbol{\beta}_2)=(\boldsymbol{\alpha}_3,\boldsymbol{\beta}_2)+\lambda_1(\boldsymbol{\beta}_1,\boldsymbol{\beta}_2)+\lambda_2(\boldsymbol{\beta}_2,\boldsymbol{\beta}_2)=0$$

解得

$$\lambda_1=-\frac{(\boldsymbol{\alpha}_3,\boldsymbol{\beta}_1)}{(\boldsymbol{\beta}_1,\boldsymbol{\beta}_1)},\lambda_2=-\frac{(\boldsymbol{\alpha}_3,\boldsymbol{\beta}_2)}{(\boldsymbol{\beta}_2,\boldsymbol{\beta}_2)}$$

则应取

$$\boldsymbol{\beta}_3=\boldsymbol{\alpha}_3-\frac{(\boldsymbol{\alpha}_3,\boldsymbol{\beta}_1)}{(\boldsymbol{\beta}_1,\boldsymbol{\beta}_1)}\boldsymbol{\beta}_1-\frac{(\boldsymbol{\alpha}_3,\boldsymbol{\beta}_2)}{(\boldsymbol{\beta}_2,\boldsymbol{\beta}_2)}\boldsymbol{\beta}_2 \tag{6-12}$$

如此继续下去,得到

$$\boldsymbol{\beta}_s=\boldsymbol{\alpha}_s-\frac{(\boldsymbol{\alpha}_s,\boldsymbol{\beta}_1)}{(\boldsymbol{\beta}_1,\boldsymbol{\beta}_1)}\boldsymbol{\beta}_1-\cdots-\frac{(\boldsymbol{\alpha}_s,\boldsymbol{\beta}_{s-1})}{(\boldsymbol{\beta}_{s-1},\boldsymbol{\beta}_{s-1})}\boldsymbol{\beta}_{s-1} \tag{6-13}$$

再把正交向量组单位化,得到

$$\boldsymbol{\gamma}_1=\frac{\boldsymbol{\beta}_1}{\|\boldsymbol{\beta}_1\|},\boldsymbol{\gamma}_2=\frac{\boldsymbol{\beta}_2}{\|\boldsymbol{\beta}_2\|},\cdots,\boldsymbol{\gamma}_s=\frac{\boldsymbol{\beta}_s}{\|\boldsymbol{\beta}_s\|} \tag{6-14}$$

于是,$\boldsymbol{\gamma}_1,\boldsymbol{\gamma}_2,\cdots,\boldsymbol{\gamma}_s$就是与$\boldsymbol{\alpha}_1,\boldsymbol{\alpha}_2,\cdots,\boldsymbol{\alpha}_s$等价的正交规范向量组.

例 2 把向量组$\boldsymbol{\alpha}_1,\boldsymbol{\alpha}_2,\boldsymbol{\alpha}_3$正交规范化.

$$\boldsymbol{\alpha}_1=\begin{pmatrix}2\\1\\-1\end{pmatrix},\boldsymbol{\alpha}_2=\begin{pmatrix}3\\-1\\1\end{pmatrix},\boldsymbol{\alpha}_3=\begin{pmatrix}-1\\4\\0\end{pmatrix}$$

解 取

$$\boldsymbol{\beta}_1=\boldsymbol{\alpha}_1=\begin{pmatrix}2\\1\\-1\end{pmatrix}$$

$$\boldsymbol{\beta}_2=\boldsymbol{\alpha}_2-\frac{(\boldsymbol{\alpha}_2,\boldsymbol{\beta}_1)}{(\boldsymbol{\beta}_1,\boldsymbol{\beta}_1)}\boldsymbol{\beta}_1=\begin{pmatrix}3\\-1\\1\end{pmatrix}-\frac{4}{6}\begin{pmatrix}2\\1\\-1\end{pmatrix}=\begin{pmatrix}5/3\\-5/3\\5/3\end{pmatrix}$$

$$\boldsymbol{\beta}_3=\boldsymbol{\alpha}_3-\frac{(\boldsymbol{\alpha}_3,\boldsymbol{\beta}_1)}{(\boldsymbol{\beta}_1,\boldsymbol{\beta}_1)}\boldsymbol{\beta}_1-\frac{(\boldsymbol{\alpha}_3,\boldsymbol{\beta}_2)}{(\boldsymbol{\beta}_2,\boldsymbol{\beta}_2)}\boldsymbol{\beta}_2=\begin{pmatrix}-1\\4\\0\end{pmatrix}-\frac{2}{6}\times\begin{pmatrix}2\\1\\-1\end{pmatrix}-\frac{-\frac{25}{3}}{\frac{25}{3}}\times\begin{pmatrix}5/3\\-5/3\\5/3\end{pmatrix}=\begin{pmatrix}0\\2\\2\end{pmatrix}$$

将其单位化,取

$$\boldsymbol{\gamma}_1=\frac{\boldsymbol{\beta}_1}{\|\boldsymbol{\beta}_1\|}=\begin{pmatrix}2/\sqrt{6}\\1/\sqrt{6}\\-1/\sqrt{6}\end{pmatrix},\boldsymbol{\gamma}_2=\frac{\boldsymbol{\beta}_2}{\|\boldsymbol{\beta}_2\|}=\begin{pmatrix}1/\sqrt{3}\\-1/\sqrt{3}\\1/\sqrt{3}\end{pmatrix},\boldsymbol{\gamma}_3=\frac{\boldsymbol{\beta}_3}{\|\boldsymbol{\beta}_3\|}=\begin{pmatrix}0\\1/\sqrt{2}\\1/\sqrt{2}\end{pmatrix}$$

则$\boldsymbol{\gamma}_1,\boldsymbol{\gamma}_2,\boldsymbol{\gamma}_3$即为所求.

NOTE

例 3 已知$\boldsymbol{\beta}_1$,求非零向量$\boldsymbol{\beta}_2,\boldsymbol{\beta}_3$,使得$\boldsymbol{\beta}_1,\boldsymbol{\beta}_2,\boldsymbol{\beta}_3$成为正交向量组,设

$$\boldsymbol{\beta}_1=\begin{pmatrix}1\\1\\1\end{pmatrix}$$

解 所求的$\boldsymbol{\beta}_2,\boldsymbol{\beta}_3$应该满足$\boldsymbol{\beta}_1^T\boldsymbol{X}=0$，即$x_1+x_2+x_3=0$，基础解系为

$$\boldsymbol{\alpha}_1=\begin{pmatrix}1\\0\\-1\end{pmatrix},\quad \boldsymbol{\alpha}_2=\begin{pmatrix}0\\1\\-1\end{pmatrix}$$

将$\boldsymbol{\alpha}_1,\boldsymbol{\alpha}_2$正交化，得到

$$\boldsymbol{\beta}_2=\boldsymbol{\alpha}_1=\begin{pmatrix}1\\0\\-1\end{pmatrix},\boldsymbol{\beta}_3=\boldsymbol{\alpha}_2-\frac{(\boldsymbol{\alpha}_2,\boldsymbol{\beta}_2)}{(\boldsymbol{\beta}_2,\boldsymbol{\beta}_2)}\boldsymbol{\beta}_2=\begin{pmatrix}0\\1\\-1\end{pmatrix}-\frac{1}{2}\begin{pmatrix}1\\0\\-1\end{pmatrix}=\begin{pmatrix}-1/2\\1\\-1/2\end{pmatrix}$$

则$\boldsymbol{\beta}_2,\boldsymbol{\beta}_3$即为所求.

6.1.4 正交矩阵的概念及性质

定义5 如果n阶方阵$\boldsymbol{A}$满足$\boldsymbol{A}\boldsymbol{A}^T=\boldsymbol{A}^T\boldsymbol{A}=\boldsymbol{E}$，则称$\boldsymbol{A}$为**正交矩阵**.

例4 证明$\boldsymbol{A}$为正交矩阵的充分必要条件是

$$\boldsymbol{A}^T=\boldsymbol{A}^{-1} \tag{6-15}$$

证明 充分性 由$\boldsymbol{A}^T=\boldsymbol{A}^{-1}$，有$\boldsymbol{A}\boldsymbol{A}^T=\boldsymbol{A}\boldsymbol{A}^{-1}=\boldsymbol{E}$.

同理，$\boldsymbol{A}^T\boldsymbol{A}=\boldsymbol{E}$，故$\boldsymbol{A}$为正交矩阵.

必要性 由$\boldsymbol{A}$为正交矩阵，有$\boldsymbol{A}\boldsymbol{A}^T=\boldsymbol{A}^T\boldsymbol{A}=\boldsymbol{E}$.

故$\boldsymbol{A}^T$是$\boldsymbol{A}$的逆矩阵，$\boldsymbol{A}^T=\boldsymbol{A}^{-1}$，得证.

从这里可知：正交矩阵一定是可逆阵，反之不一定成立.

例5 判断下列矩阵是否是正交矩阵，其中θ为实数.

$$\boldsymbol{A}=\begin{pmatrix}\cos\theta & -\sin\theta\\ \sin\theta & \cos\theta\end{pmatrix}$$

解 因为

$$\boldsymbol{A}^T=\boldsymbol{A}^{-1}=\begin{pmatrix}\cos\theta & \sin\theta\\ -\sin\theta & \cos\theta\end{pmatrix}$$

故$\boldsymbol{A}$为正交矩阵.

正交矩阵具有下列性质：

性质1 $\boldsymbol{E}$是正交矩阵.

性质2 若$\boldsymbol{A}$与$\boldsymbol{B}$都是n阶正交矩阵，则$\boldsymbol{AB}$也是.

性质3 若$\boldsymbol{A}$是正交矩阵，则$\boldsymbol{A}^{-1}$也是.

性质4 若$\boldsymbol{A}$是正交矩阵，则$\det\boldsymbol{A}=1$或-1.

证明 （1）由已知得$\boldsymbol{A}\boldsymbol{A}^T=\boldsymbol{A}^T\boldsymbol{A}=E$，$\boldsymbol{B}\boldsymbol{B}^T=\boldsymbol{B}^T\boldsymbol{B}=E$. 而$(AB)(AB)^T=ABB^TA^T=E$，同理，$(AB)^T(AB)=E$，所以，$AB$也是正交阵. 性质2得证.

（2）因为$(\boldsymbol{A}^{-1})(\boldsymbol{A}^{-1})^T=(\boldsymbol{A}^{-1})(\boldsymbol{A}^T)^{-1}=(\boldsymbol{A}^T\boldsymbol{A})^{-1}=E^{-1}=E$，同理，$(\boldsymbol{A}^{-1})^T(\boldsymbol{A}^{-1})=E$. 所以，$\boldsymbol{A}^{-1}$是正交阵. 性质3得证.

NOTE

(3) 由$\boldsymbol{AA}^T=\boldsymbol{E}$,有$|\boldsymbol{A}||\boldsymbol{A}^T|=|\boldsymbol{E}|=1$,∴ $|\boldsymbol{A}|^2=1$,$|\boldsymbol{A}|=\pm1$. 性质4得证.

定理2 $\boldsymbol{A}$是n阶正交矩阵的充要条件是$\boldsymbol{A}$的任意一列(行)元素的平方和为1,而任意不同列(行)的对应元素的乘积之和为0,即

$$a_{i1}a_{j1}+a_{i2}a_{j2}+\cdots a_{in}a_{jn}=\begin{cases}1 & i=j\\0 & i\neq j\end{cases}\quad(i,j=1,2,\cdots,n)\tag{6-16}$$

证明 必要性 设$\boldsymbol{A}=(\alpha_1,\alpha_2,\cdots,\alpha_n)$,因为$\boldsymbol{A}$是正交阵,即有$A^TA=E$,所以得

$$\boldsymbol{A}^T\boldsymbol{A}=\begin{pmatrix}\alpha_1^T\\\alpha_2^T\\\vdots\\\alpha_n^T\end{pmatrix}(\alpha_1,\alpha_2,\cdots,\alpha_n)=\begin{pmatrix}\alpha_1^T\alpha_1 & \alpha_1^T\alpha_2 & \cdots & \alpha_1^T\alpha_n\\\alpha_2^T\alpha_1 & \alpha_2^T\alpha_2 & \cdots & \alpha_2^T\alpha_n\\\vdots & \vdots & & \vdots\\\alpha_n^T\alpha_1 & \alpha_n^T\alpha_2 & \cdots & \alpha_n^T\alpha_n\end{pmatrix}=\begin{pmatrix}1 & 0 & \cdots & 0\\0 & 1 & \cdots & 0\\\vdots & \vdots & & \vdots\\0 & 0 & \cdots & 1\end{pmatrix}$$

即$\alpha^T\alpha=\begin{cases}1(i=j)\\0(i\neq j)\end{cases}$,故,$a_{i1}a_{j1}+a_{i2}a_{j2}+\cdots a_{in}a_{jn}=\begin{cases}1 & i=j\\0 & i\neq j\end{cases}$.

充分性 由$\alpha^T\alpha=\begin{cases}1(i=j)\\0(i\neq j)\end{cases}$,设$\boldsymbol{A}=(\alpha_1,\alpha_2,\cdots,\alpha_n)$,显然有$\boldsymbol{A}^T\boldsymbol{A}=E$,所以$\boldsymbol{A}$是正交矩阵.

这说明,方阵$\boldsymbol{A}$为正交矩阵的充分必要条件是$\boldsymbol{A}$的行(列)向量是单位向量且两两正交. 据此可以判断矩阵$\boldsymbol{A}$是否为正交矩阵.

例6 利用定理2证明矩阵$\boldsymbol{A}=\begin{pmatrix}-1/3 & 2/3 & 2/3\\2/3 & -1/3 & 2/3\\2/3 & 2/3 & -1/3\end{pmatrix}$为正交矩阵.

证明 设$\alpha_1=\left(-\frac{1}{3},\frac{2}{3},\frac{2}{3}\right)^T$,$\alpha_2=(\frac{2}{3},-\frac{1}{3},\frac{2}{3})^T$,$\alpha_3=(\frac{2}{3},\frac{2}{3},-\frac{1}{3})^T$

由于$(\alpha_1,\alpha_2)=(\alpha_1,\alpha_3)=(\alpha_2,\alpha_3)=0$,$(\alpha_1,\alpha_1)=(\alpha_2,\alpha_2)=(\alpha_3,\alpha_3)=1$,所以$\boldsymbol{A}$是正交矩阵.

6.2 矩阵的特征值与特征向量

本节讨论方阵的特征值和特征向量的有关问题,它们在概念、理论和实用上都很重要.

6.2.1 特征值与特征向量

定义1 设$\boldsymbol{A}$为n阶方阵,若存在数λ和n维非零列向量$\boldsymbol{x}$,使得

$$\boldsymbol{Ax}=\lambda\boldsymbol{x}\tag{6-17}$$

则称数λ为矩阵$\boldsymbol{A}$的特征值,称非零列向量$\boldsymbol{x}$为矩阵$\boldsymbol{A}$对应于特征值λ的特征向量.

式6-17可以改写为齐次线性方程组的形式,即

$$(\lambda\boldsymbol{E}-\boldsymbol{A})\boldsymbol{x}=\boldsymbol{0}\tag{6-18}$$

由定义1,n元齐次线性方程组式6-18存在非零解的充分必要条件为

$$\det(\lambda\boldsymbol{E}-\boldsymbol{A})=0\tag{6-19}$$

式6-19左端$\det(\lambda\boldsymbol{E}-\boldsymbol{A})$是$\lambda$的$n$次多项式,因此$\boldsymbol{A}$的特征值就是该方程的根.

NOTE

定义 2 设矩阵

$$A=\begin{pmatrix} a_{11} & a_{12} & \cdots & a_{1n} \\ a_{21} & a_{22} & \cdots & a_{2n} \\ \vdots & \vdots & & \vdots \\ a_{n1} & a_{n2} & \cdots & a_{nn} \end{pmatrix}$$

称矩阵

$$\lambda E-A=\begin{pmatrix} \lambda-a_{11} & -a_{12} & \cdots & -a_{1n} \\ -a_{21} & \lambda-a_{22} & \cdots & -a_{2n} \\ \vdots & \vdots & & \vdots \\ -a_{n1} & -a_{n2} & \cdots & \lambda-a_{nn} \end{pmatrix} \tag{6-20}$$

为 A 的**特征矩阵**,其行列式 $\det(\lambda E-A)$ 为 A 的**特征多项式**,$\det(\lambda E-A)=0$ 为 A 的特征方程.

矩阵 A 的特征值,就是 A 的特征方程的根,若 λ 是 $\det(\lambda E-A)=0$ 的 n_i 重根,则 λ 称为 A 的 n_i 重特征值(根).

求矩阵 A 关于特征值 λ_0 的特征向量,只需把 λ_0 代入式 6-18,求出齐次线性方程组的全部非零解,即为对应于 λ_0 的特征向量.

例 1 设有矩阵 A,求 A 的特征值与特征向量.

$$A=\begin{pmatrix} 4 & 6 & 0 \\ -3 & -5 & 0 \\ -3 & -6 & 1 \end{pmatrix}$$

解 A 的特征多项式为

$$\det(\lambda E-A)=\begin{vmatrix} \lambda-4 & -6 & 0 \\ 3 & \lambda+5 & 0 \\ 3 & 6 & \lambda-1 \end{vmatrix}=(\lambda-1)^2(\lambda+2)$$

令 $(\lambda-1)^2(\lambda+2)=0$,解得 A 的 3 个特征值为 $\lambda_1=\lambda_2=1$,$\lambda_3=-2$,其中"1"是矩阵 A 的二重特征值.

求矩阵 A 对应于 $\lambda_1=\lambda_2=1$ 的特征向量,就是求齐次线性方程组 $(E-A)x=0$ 的全部非零解.对其系数矩阵作初等行变换,化为阶梯形矩阵,即

$$E-A=\begin{pmatrix} 1-4 & -6 & 0 \\ 3 & 1+5 & 0 \\ 3 & 6 & 1-1 \end{pmatrix}=\begin{pmatrix} -3 & -6 & 0 \\ 3 & 6 & 0 \\ 3 & 6 & 0 \end{pmatrix}\rightarrow\begin{pmatrix} 1 & 2 & 0 \\ 0 & 0 & 0 \\ 0 & 0 & 0 \end{pmatrix}$$

取 x_2 和 x_3 为自由变量,得到一个基础解系为

$$\alpha_1=\begin{pmatrix} -2 \\ 1 \\ 0 \end{pmatrix},\quad \alpha_2=\begin{pmatrix} 0 \\ 0 \\ 1 \end{pmatrix}$$

于是,矩阵 A 对应于特征值 $\lambda_1=\lambda_2=1$ 的全部特征向量为 $k_1\alpha_1+k_2\alpha_2$(k_1,k_2 不全为零).

当 $\lambda_3=-2$ 时,对齐次线性方程组 $(-2E-A)x=0$ 系数矩阵作初等行变换,化为阶梯形矩阵,即

NOTE

$$-2E-A=\begin{pmatrix}-2-4 & -6 & 0\\ 3 & -2+5 & 0\\ 3 & 6 & -2-1\end{pmatrix}=\begin{pmatrix}-6 & -6 & 0\\ 3 & 3 & 0\\ 3 & 6 & -3\end{pmatrix}\to\begin{pmatrix}1 & 0 & 1\\ 0 & 1 & -1\\ 0 & 0 & 0\end{pmatrix}$$

取 x_3 为自由变量，得到基础解系

$$\boldsymbol{\alpha}_3=\begin{pmatrix}-1\\ 1\\ 1\end{pmatrix}$$

于是得到矩阵 $\boldsymbol{A}$ 对应于 $\lambda_3=-2$ 的特征向量为 $k_3\boldsymbol{\alpha}_3(k_3\neq 0)$.

例 2 求矩阵 $\boldsymbol{B}$ 的特征多项式与特征向量.

$$\boldsymbol{B}=\begin{pmatrix}3 & -2 & 0\\ -1 & 3 & -1\\ -5 & 7 & -1\end{pmatrix}$$

解 特征多项式为

$$\det(\lambda\boldsymbol{E}-\boldsymbol{B})=\begin{vmatrix}\lambda-3 & 2 & 0\\ 1 & \lambda-3 & 1\\ 5 & -7 & \lambda+1\end{vmatrix}=(\lambda-1)(\lambda-2)^2$$

由 $(\lambda-1)(\lambda-2)^2=0$，得到特征值 $\lambda_1=1,\lambda_2=\lambda_3=2$，其中“2”是矩阵 $\boldsymbol{A}$ 的二重特征值.

当 $\lambda_1=1$ 时，对齐次线性方程组 $(1\boldsymbol{E}-\boldsymbol{A})\boldsymbol{x}=\boldsymbol{0}$ 系数矩阵进行初等行变换，得到

$$\boldsymbol{E}-\boldsymbol{B}=\begin{pmatrix}-2 & 2 & 0\\ 1 & -2 & 1\\ 5 & -7 & 2\end{pmatrix}\to\begin{pmatrix}1 & 0 & -1\\ 0 & 1 & -1\\ 0 & 0 & 0\end{pmatrix}$$

取 x_3 为自由元，得到 $\boldsymbol{B}$ 的对应于特征值 $\lambda_1=1$ 的全部特征向量为

$$k_1\begin{pmatrix}1\\ 1\\ 1\end{pmatrix}，其中\ k_1\ 为任意非零常数.$$

类似，可以求得 $\boldsymbol{B}$ 的对应于特征值 $\lambda_2=\lambda_3=2$ 的全部特征向量为

$$k_2\begin{pmatrix}-2\\ -1\\ 1\end{pmatrix}，其中\ k_2\ 为任意非零常数.$$

例 3 n 阶矩阵 $\boldsymbol{A}$ 可逆的充分必要条件是它的任意特征值都不为零.

证明 必要性 如果矩阵 $\boldsymbol{A}$ 可逆，则 $|\boldsymbol{A}|\neq\boldsymbol{0}$，故 $|\boldsymbol{0E}-\boldsymbol{A}|=|-\boldsymbol{A}|=(-\boldsymbol{1})^n|\boldsymbol{A}|\neq\boldsymbol{0}$

即 0 不是矩阵 $\boldsymbol{A}$ 的特征值.

充分性(反证) 假设 $\boldsymbol{A}$ 有一个特征值为 $\boldsymbol{0}$，由定义知

$$\boldsymbol{Ax}=\boldsymbol{0x}=\boldsymbol{0}，且\ \boldsymbol{x}\ 不为零$$

所以齐次线性方程组有非零解，$|\boldsymbol{A}|=0$，矩阵 $\boldsymbol{A}$ 必不可逆，与已知 $\boldsymbol{A}$ 可逆矛盾. 即矩阵 $\boldsymbol{A}$ 的任意特征值都不为零，则 $\boldsymbol{A}$ 必可逆.

NOTE

此例题等价说法：n 阶矩阵 $\boldsymbol{A}$ 是奇异的充分必要条件是它至少有一个特征值为零.

6.2.2 特征值与特征向量的性质

由例 1 与例 2,可以看出两个重要结论,即

(1) 矩阵 $\boldsymbol{A}$ 对应于特征值 λ_0 的特征向量乘以非零常数 k 仍然是关于 λ_0 的特征向量.

(2) 矩阵 $\boldsymbol{A}$ 对应于特征值 λ_0 的两个特征向量之和仍然是关于 λ_0 的特征向量.

定理 1 $\boldsymbol{A}$ 为 n 阶方阵,则数 λ_0 是 $\boldsymbol{A}$ 的特征值 $\Leftrightarrow \lambda_0$ 是 $\boldsymbol{A}$ 的特征多项式 $\det(\lambda\boldsymbol{E}-\boldsymbol{A})$ 的根,n 维向量 $\boldsymbol{\alpha}$ 是 $\boldsymbol{A}$ 的对应于 λ_0 的特征向量 $\Leftrightarrow \boldsymbol{\alpha}$ 是齐次线性方程组 $(\lambda_0\boldsymbol{E}-\boldsymbol{A})\boldsymbol{x}=\boldsymbol{0}$ 的非零解.

下面,我们研究特征多项式某些系数的特征. n 阶方阵 $\boldsymbol{A}$ 的特征多项式为

$$\det(\lambda\boldsymbol{E}-\boldsymbol{A})=\begin{vmatrix} \lambda-a_{11} & -a_{12} & \cdots & -a_{1n} \\ -a_{21} & \lambda-a_{22} & \cdots & -a_{2n} \\ \vdots & \vdots & & \vdots \\ -a_{n1} & -a_{n2} & \cdots & \lambda-a_{nn} \end{vmatrix} \tag{6-21}$$

是一个 n 次多项式. 当 $\det(\lambda\boldsymbol{E}-\boldsymbol{A})$ 按第一行展开时,$(\lambda-a_{11})$ 与其代数余子式的乘积中一定含有一项为

$$(\lambda-a_{11})(\lambda-a_{22})\cdots(\lambda-a_{nn})=\lambda^n-(a_{11}+a_{22}+\cdots a_{nn})\lambda^{n-1}+\cdots \tag{6-22}$$

而第一行的其他元素 $(-a_{1j})(j=2,3,\cdots,n)$ 与对应的代数余子式的乘积中,一定不含 $(\lambda-a_{11})$ 和 $(\lambda-a_{jj})$. 因此 $\det(\lambda\boldsymbol{E}-\boldsymbol{A})$ 展开式中与式 6-22 不同的任意一项中均不含 λ^n 和 λ^{n-1}. 由此可知,$\det(\lambda\boldsymbol{E}-\boldsymbol{A})$ 必定可以写成如下形式

$$\det(\lambda\boldsymbol{E}-\boldsymbol{A})=\lambda^n-(a_{11}+a_{22}+\cdots a_{nn})\lambda^{n-1}+\cdots+\cdots c_1\lambda+c_0 \tag{6-23}$$

如果在特征多项式中令 $\lambda=0$,得到常数项

$$c_0=\det(-\boldsymbol{A})=(-1)^n\det\boldsymbol{A} \tag{6-24}$$

因此,利用根与系数的关系有

定理 2 如果矩阵 $\boldsymbol{A}$ 的全体特征值为 $\lambda_1,\lambda_2,\cdots,\lambda_n$,下面结论成立

$$\lambda_1+\lambda_2+\cdots+\lambda_n=a_{11}+a_{22}+\cdots a_{nn} \tag{6-25}$$

$$\lambda_1\lambda_2\cdots\lambda_n=\det\boldsymbol{A} \tag{6-26}$$

一般地,矩阵 $\boldsymbol{A}$ 主对角线上的元素之和 $a_{11}+a_{22}+\cdots+a_{nn}$,称为 $\boldsymbol{A}$ 的迹,记作 $\mathrm{tr}\boldsymbol{A}$.

关于 $\boldsymbol{A}$ 的特征值对应的特征向量的重要特征,我们有下面结论.

定理 3 对称矩阵 $\boldsymbol{A}$ 的不同特征值的特征向量一定是正交的.

证明 设 λ_1,λ_2 是对称矩阵 $\boldsymbol{A}$ 的两个不同特征值,$\boldsymbol{\alpha}_1$ 和 $\boldsymbol{\alpha}_2$ 是 $\boldsymbol{A}$ 的对应于 λ_1,λ_2 的特征向量,于是

$$\boldsymbol{A\alpha}_1=\lambda_1\boldsymbol{\alpha}_1,\boldsymbol{A\alpha}_2=\lambda_2\boldsymbol{\alpha}_2(\boldsymbol{\alpha}_1\neq\boldsymbol{0},\boldsymbol{\alpha}_2\neq\boldsymbol{0})$$

因为 $\lambda_1(\boldsymbol{\alpha}_1,\boldsymbol{\alpha}_2)=(\lambda_1\boldsymbol{\alpha}_1,\boldsymbol{\alpha}_2)=(\boldsymbol{A\alpha}_1,\boldsymbol{\alpha}_2)=(\boldsymbol{A\alpha}_1)^{\mathrm{T}}\boldsymbol{\alpha}_2=\boldsymbol{\alpha}_1{}^{\mathrm{T}}\boldsymbol{A}^{\mathrm{T}}\boldsymbol{\alpha}_2=\boldsymbol{\alpha}_1{}^{\mathrm{T}}\boldsymbol{A\alpha}_2$

$$\lambda_2(\boldsymbol{\alpha}_1,\boldsymbol{\alpha}_2)=(\boldsymbol{\alpha}_1,\lambda_2\boldsymbol{\alpha}_2)=(\boldsymbol{\alpha}_1,\boldsymbol{A\alpha}_2)=\boldsymbol{\alpha}_1{}^{\mathrm{T}}\boldsymbol{A\alpha}_2$$

所以 $\lambda_1(\boldsymbol{\alpha}_1,\boldsymbol{\alpha}_2)=\lambda_2(\boldsymbol{\alpha}_1,\boldsymbol{\alpha}_2),(\lambda_1-\lambda_2)(\boldsymbol{\alpha}_1,\boldsymbol{\alpha}_2)=0$

又因为 $\lambda_1\neq\lambda_2$,所以 $(\boldsymbol{\alpha}_1,\boldsymbol{\alpha}_2)=0$,即 $\boldsymbol{\alpha}_1,\boldsymbol{\alpha}_2$ 是正交的,得证.

利用 6.1 定理 1 和本节定理 3,我们得到如下结论.

定理 4 对称矩阵 $\boldsymbol{A}$ 的不同特征值的特征向量是线性无关的.

NOTE

证明　由定理3,$\boldsymbol{A}$的不同特征值的特征向量是正交的.

再由6.1定理1知道,正交向量组是线性无关的,得证.

定理5　λ是方阵$\boldsymbol{A}$的特征值,则有下面结论.

(1) n阶方阵$\boldsymbol{A}$与其转置阵$\boldsymbol{A}^T$有相同的特征值.

(2) 若λ是可逆方阵$\boldsymbol{A}$的特征值,则$1/\lambda$必是$\boldsymbol{A}^{-1}$的特征值.

(3) λ是方阵$\boldsymbol{A}$的特征值,则λ^k(k为正整数)必是$\boldsymbol{A}^k$的特征值.

(4) 若$f(\boldsymbol{A})$为关于$\boldsymbol{A}$的多项式,即

$$f(\boldsymbol{A})=\boldsymbol{a}^n\boldsymbol{A}^n+\boldsymbol{a}^{n-1}\boldsymbol{A}^{n-1}+\cdots+\boldsymbol{a}_1\boldsymbol{A}+\boldsymbol{a}_0(\boldsymbol{n}\in\boldsymbol{N})$$

则$f(\boldsymbol{\lambda})$为$f(\boldsymbol{A})$的特征值.

证明　(1) 矩阵的特征值由其特征多项式唯一决定,即

$$|\lambda\boldsymbol{E}-\boldsymbol{A}^T|=|(\lambda\boldsymbol{E}-\boldsymbol{A})^T|=|\lambda\boldsymbol{E}-\boldsymbol{A}|$$

故,方阵$\boldsymbol{A}$与其转置阵$\boldsymbol{A}^{\mathrm{T}}$有相同的特征多项式,从而有相同的特征值,得证.

(2) 因为$\boldsymbol{A}$可逆,由$\boldsymbol{AX}=\lambda\boldsymbol{X}$,有$\boldsymbol{X}=\lambda\boldsymbol{A}^{-1}\boldsymbol{X}$. 因$A$可逆,由例3知$\lambda\neq0$,从而有

$$\boldsymbol{A}^{-1}\boldsymbol{X}=\lambda^{-1}\boldsymbol{X}$$

所以$1/\lambda$必是$\boldsymbol{A}^{-1}$的特征值.

(3) 由$\boldsymbol{Ax}=\lambda\boldsymbol{x}$,得到

$$\boldsymbol{A}^k\boldsymbol{x}=\boldsymbol{A}^{k-1}(\boldsymbol{Ax})=\lambda(\boldsymbol{A}^{k-1}\boldsymbol{x})=\cdots=\lambda^{k-1}(\boldsymbol{Ax})=\lambda^k\boldsymbol{x}$$

所以λ^k是$\boldsymbol{A}^k$的特征值.

(4) 证明略.

例4　已知矩阵$\boldsymbol{A}$有三个特征值$1,-2,3$,矩阵$\boldsymbol{B}=\boldsymbol{A}^3-2\boldsymbol{A}^2$. 求(1) $|\boldsymbol{B}|$;(2) $|\boldsymbol{A}-3\boldsymbol{E}|$.

解　(1) 由定理5的结论4,设$f(\boldsymbol{A})=\boldsymbol{A}^3-2\boldsymbol{A}^2$,则$f(\boldsymbol{A})$的特征值为$f(\boldsymbol{\lambda})$. 由$\boldsymbol{A}$的特征值为$1$,$-2,3$,知$\boldsymbol{B}$的特征值为$f(1)=-1,f(-2)=-16,f(3)=9$,再由定理2知$|\mathrm{B}|=-1\times(-16)\times9=144$.

(2) 同理,$\boldsymbol{A}-3\boldsymbol{E}$的特征值为$-2,-5,0$,所以$|\boldsymbol{A}-3\boldsymbol{E}|=0$.

例5　若n阶方阵$\boldsymbol{A}$每一行元素的模之和小于1,则$\boldsymbol{A}$的所有特征值的模都小于1.

证明　设数λ为矩阵$\boldsymbol{A}$的特征值,非零列向量$\boldsymbol{X}$为矩阵$\boldsymbol{A}$对应特征值λ的特征向量,即

$$\boldsymbol{AX}=\lambda\boldsymbol{X}$$

比较矩阵方程两边的第i行,得到

$$a_{i1}x_1+a_{i2}x_2+\cdots+a_{in}x_n=\lambda x_i$$

设非零列向量$\boldsymbol{X}$的绝对值最大元素为x_j,则$x_j\neq0$,从而

$$|\boldsymbol{\lambda}|=\left|\frac{a_{i1}x_1+a_{12}x_2+\cdots+a_{1n}x_n}{x_j}\right|\leqslant|a_{i1}|+|a_{i2}|+\cdots+|a_{in}|<1$$

即,$\boldsymbol{A}$的所有特征值的模都小于1,得证.

例6　若n阶方阵$\boldsymbol{A}$的所有元素非负,且每一列元素的模之和小于1,则方阵$\boldsymbol{E}-\boldsymbol{A}$是非奇异阵,即

$$|\boldsymbol{E}-\boldsymbol{A}|\neq0$$

证明　由定理5的结论1,方阵$\boldsymbol{A}$与$\boldsymbol{A}^T$有相同的特征值.

由例5知,由$\boldsymbol{A}^T$每一行元素的模之和小于1,可知所有特征值的模都小于1.

NOTE

若$\boldsymbol{E}-\boldsymbol{A}$是奇异阵,则$|\boldsymbol{E}-\boldsymbol{A}|=0$,1为矩阵$\boldsymbol{A}$的特征值,与特征值的模小于1矛盾.

故,方阵 $\boldsymbol{E}-\boldsymbol{A}$ 是非奇异阵,得证.

例 7 证明下面矩阵可逆.

$$\begin{pmatrix} 0.9 & -0.1 & 0 \\ -0.4 & 0.3 & -0.2 \\ -0.5 & -0.4 & 0.4 \end{pmatrix}$$

证明 设矩阵 $\boldsymbol{A}$ 为

$$\boldsymbol{A}=\begin{pmatrix} 0.1 & 0.1 & 0 \\ 0.4 & 0.7 & 0.2 \\ 0.5 & 0.4 & 0.6 \end{pmatrix},则\ \boldsymbol{E}-\boldsymbol{A}=\begin{pmatrix} 0.9 & -0.1 & 0 \\ -0.4 & 0.3 & -0.2 \\ -0.5 & -0.4 & 0.4 \end{pmatrix}$$

因 $\boldsymbol{A}$ 的所有元素非负,且每一列元素的模之和小于 1.

由例 6 知,方阵 $\boldsymbol{E}-\boldsymbol{A}$ 是非奇异阵,即 $|\boldsymbol{E}-\boldsymbol{A}|\neq 0$.

6.3 相似矩阵

6.3.1 相似矩阵的概念

定义 1 设 $\boldsymbol{A}$ 与 $\boldsymbol{B}$ 是方阵,如果存在可逆矩阵 $\boldsymbol{P}$,使得

$$\boldsymbol{P}^{-1}\boldsymbol{A}\boldsymbol{P}=\boldsymbol{B} \tag{6-27}$$

则称 $\boldsymbol{A}$ 与 $\boldsymbol{B}$ 相似,记作 $\boldsymbol{A}\sim\boldsymbol{B}$.

相似矩阵有下列性质:

性质 1 相似矩阵的行列式相同.

性质 2 相似矩阵具有相同的可逆性;若可逆,则逆矩阵也相似.

性质 3 相似矩阵具有相同的特征多项式.

性质 1、2 留给读者完成,只证明性质 3.

证明 设 $\boldsymbol{A}\sim\boldsymbol{B}$,即 $\boldsymbol{B}=\boldsymbol{P}^{-1}\boldsymbol{A}\boldsymbol{P}$,所以

$$\det(\lambda\boldsymbol{E}-\boldsymbol{B})=\det(\lambda\boldsymbol{E}-\boldsymbol{P}^{-1}\boldsymbol{A}\boldsymbol{P})=\det([\boldsymbol{P}^{-1}(\lambda\boldsymbol{E}-\boldsymbol{A})\boldsymbol{P}]=\det\boldsymbol{P}^{-1}\det\boldsymbol{P}\det(\lambda\boldsymbol{E}-\boldsymbol{A})=\det(\lambda\boldsymbol{E}-\boldsymbol{A})$$

性质 4 相似矩阵具有相同的特征值.

由性质 3 立即可以得到性质 4.

定理 1 设 $\boldsymbol{A}$ 与 $\boldsymbol{B}$ 都是 n 阶矩阵,$\mathrm{tr}(\boldsymbol{AB})$ 表示 $\boldsymbol{AB}$ 的迹,则

$$\mathrm{tr}(\boldsymbol{AB})=\mathrm{tr}(\boldsymbol{BA}) \tag{6-28}$$

证明 设 $\boldsymbol{A}=(a_{ij})$,$\boldsymbol{B}=(b_{ij})$,则 $\boldsymbol{AB}$ 第 i 行 i 列的元素是

$$a_{i1}b_{1i}+a_{i2}b_{2i}+\cdots+a_{in}b_{ni}=\sum_{k=1}^{n}a_{ik}b_{ki}$$

$$\mathrm{tr}(\boldsymbol{AB})=\sum_{i=1}^{n}(a_{i1}b_{1i}+a_{i2}b_{2i}+\cdots+a_{in}b_{ni})=\sum_{i=1}^{n}\sum_{k=1}^{n}a_{ik}b_{ki}$$

又 $\boldsymbol{BA}$ 的第 k 行 k 列的元素是

$$b_{k1}a_{1k}+b_{k2}a_{2k}+\cdots+b_{kn}a_{nk}=\sum_{i=1}^{n}b_{ki}a_{ik}$$

NOTE

$$\mathrm{tr}(\boldsymbol{BA})=\sum_{k=1}^{n}\sum_{i=1}^{n}b_{ki}a_{ik}=\sum_{i=1}^{n}\sum_{k=1}^{n}a_{ik}b_{kj}$$

于是有 $\mathrm{tr}(\boldsymbol{AB})=\mathrm{tr}(\boldsymbol{BA})$，得证.

性质 5 相似矩阵有相同的迹.

证明 设 $\boldsymbol{A}\sim\boldsymbol{B}$，即 $\boldsymbol{B}=\boldsymbol{P}^{-1}\boldsymbol{AP}$，所以

$$\mathrm{tr}\boldsymbol{B}=\mathrm{tr}(\boldsymbol{P}^{-1}\boldsymbol{AP})=\mathrm{tr}(\boldsymbol{P}^{-1}(\boldsymbol{AP}))=\mathrm{tr}((\boldsymbol{AP})\boldsymbol{P}^{-1})=\mathrm{tr}(\boldsymbol{AE})=\mathrm{tr}\boldsymbol{A}$$

以下要讨论的主要问题是：对 n 阶方阵 $\boldsymbol{A}$，寻求相似变换矩阵 $\boldsymbol{P}$，使得 $\boldsymbol{P}^{-1}\boldsymbol{AP}$ 为对角矩阵. 如果 n 阶方阵 $\boldsymbol{A}$ 能够相似于对角矩阵，则称方阵 $\boldsymbol{A}$ 可对角化.

6.3.2 矩阵对角化的条件

设 $\boldsymbol{A}$ 为 n 阶方阵，如果存在可逆矩阵 $\boldsymbol{P}$，使得 $\boldsymbol{P}^{-1}\boldsymbol{AP}=\boldsymbol{D}$，则称 $\boldsymbol{A}$ 可对角化，其中 $\boldsymbol{D}$ 为对角矩阵，即

$$\boldsymbol{D}=\begin{pmatrix}\lambda_1 & 0 & \cdots & 0\\ 0 & \lambda_2 & \cdots & 0\\ \vdots & \vdots & & \vdots\\ 0 & 0 & \cdots & \lambda_n\end{pmatrix}$$

即

$$\boldsymbol{AP}=\boldsymbol{PD}$$

将 $\boldsymbol{P}$ 进行分块，得到

$$\boldsymbol{P}=(\boldsymbol{\alpha}_1,\boldsymbol{\alpha}_2,\cdots,\boldsymbol{\alpha}_n)$$

$$\boldsymbol{A}(\boldsymbol{\alpha}_1,\boldsymbol{\alpha}_2,\cdots,\boldsymbol{\alpha}_n)=(\boldsymbol{\alpha}_1,\boldsymbol{\alpha}_2,\cdots,\boldsymbol{\alpha}_n)\boldsymbol{D}$$

$$(\boldsymbol{A\alpha}_1,\boldsymbol{A\alpha}_2,\cdots,\boldsymbol{A\alpha}_n)=(\lambda_1\boldsymbol{\alpha}_1,\lambda_2\boldsymbol{\alpha}_2,\cdots,\lambda_n\boldsymbol{\alpha}_n)$$

对比等式两端得到

$$\boldsymbol{A\alpha}_1=\lambda_1\boldsymbol{\alpha}_1,\boldsymbol{A\alpha}_2=\lambda_2\boldsymbol{\alpha}_2,\cdots,\boldsymbol{A\alpha}_n=\lambda_n\boldsymbol{\alpha}_n$$

因为 $\boldsymbol{P}$ 是可逆矩阵，所以 $\boldsymbol{\alpha}_1,\boldsymbol{\alpha}_2,\cdots,\boldsymbol{\alpha}_n$ 线性无关. 由于上述过程可反推，满足上述等式是 $\boldsymbol{A}$ 的 n 个特征值 $\lambda_1,\lambda_2,\cdots,\lambda_n$ 分别对应的线性无关的特征向量 $\boldsymbol{\alpha}_1,\boldsymbol{\alpha}_2,\cdots,\boldsymbol{\alpha}_n$，所以，关于矩阵 $\boldsymbol{A}$ 的对角化得到下面的结论：

定理 2 n 阶方阵 $\boldsymbol{A}$ 可对角化的充要条件是 $\boldsymbol{A}$ 有 n 个线性无关的特征向量 $\boldsymbol{\alpha}_1,\boldsymbol{\alpha}_2,\cdots,\boldsymbol{\alpha}_n$. 以这 n 个特征向量为列向量构成矩阵 $\boldsymbol{P}$，则 $\boldsymbol{P}^{-1}\boldsymbol{AP}$ 为对角矩阵，且主对角元依次是 $\boldsymbol{\alpha}_1,\boldsymbol{\alpha}_2,\cdots,\boldsymbol{\alpha}_n$ 对应的特征值 $\lambda_1,\lambda_2,\cdots,\lambda_n$.

设 n 阶方阵 $\boldsymbol{A}$ 的全部不同的特征值是 $\lambda_1,\lambda_2,\cdots,\lambda_s$，因为 $\boldsymbol{A}$ 的特征值 λ_i 对应的全部特征向量是齐次线性方程组 $(\lambda_i\boldsymbol{E}-\boldsymbol{A})\boldsymbol{x}=\boldsymbol{0}$ 的全部非零解，所以 $(\lambda_i\boldsymbol{E}-\boldsymbol{A})\boldsymbol{x}=\boldsymbol{0}$ 的一个基础解系是 $\boldsymbol{A}$ 对应于 λ_i 的极大线性无关的特征向量组，由于 $\boldsymbol{A}$ 有 s 个不同的特征值，于是可以得到 s 组特征向量，其中每组向量都是线性无关. 问题是：把这 s 组向量合成一个向量组，它是否线性相关？我们有下面的结论.

定理 3 对应于不同特征值的特征向量是线性无关的.

由前面讨论可知，只要把 $\boldsymbol{A}$ 的全部不同的特征值求出，设为 $\lambda_1,\lambda_2,\cdots,\lambda_s$，对每个 λ_i，求出对应齐次线性方程组 $(\lambda_i\boldsymbol{E}-\boldsymbol{A})\boldsymbol{x}=\boldsymbol{0}$ 的一个基础解系，就是 $\boldsymbol{A}$ 的最大线性无关特征向量组. 若 s 组特征向量共有 n 个向量，则 $\boldsymbol{A}$ 可对角化；若 s 组特征向量个数少于 n，则 $\boldsymbol{A}$ 不能对角化.

NOTE

例 1 判断 6.2 例 1 和例 2 的矩阵能否对角化.

解 由 6.2 例 1,$\boldsymbol{A}$ 特征值是 $\lambda_1=\lambda_2=1,\lambda_3=-2$,有 3 个线性无关的特征向量,即

$$\begin{pmatrix}-2\\1\\0\end{pmatrix},\begin{pmatrix}0\\0\\1\end{pmatrix},\begin{pmatrix}-1\\1\\1\end{pmatrix}$$

所以,矩阵 $\boldsymbol{A}$ 可对角化.

由 6.2 例 2,$\boldsymbol{B}$ 特征值是 $\lambda_1=1,\lambda_2=\lambda_3=2$,只有两个线性无关的特征向量,即

$$\begin{pmatrix}1\\1\\1\end{pmatrix},\begin{pmatrix}-2\\-1\\1\end{pmatrix}$$

所以,矩阵 $\boldsymbol{B}$ 不能对角化.

6.3.3 实对称矩阵的相似矩阵

对于实对称矩阵 $\boldsymbol{A}$,可以找到可逆矩阵 $\boldsymbol{P}$,使得 $\boldsymbol{P}^{-1}\boldsymbol{AP}$ 成为对角矩阵,还能够找到一个正交矩阵 $\boldsymbol{T}$,使得 $\boldsymbol{T}^{-1}\boldsymbol{AT}$ 成为对角矩阵.

定理 4 实对称矩阵的特征值都是实数.

定理 5 若 $\boldsymbol{A}$ 是实对称矩阵,则 $\boldsymbol{A}$ 一定可以对角化,且存在正交矩阵 $\boldsymbol{T}$,使得 $\boldsymbol{T}^{-1}\boldsymbol{AT}$ 成为对角矩阵.

实现定理 5 的步骤为:

(1) 计算 $\boldsymbol{A}$ 的所有不同特征值 $\lambda_1,\lambda_2,\cdots,\lambda_s$.

(2) 求出 $\boldsymbol{A}$ 的对应于每个特征值 λ_i 的一组线性无关的特征向量,即求出对应齐次线性方程组 $(\lambda_i\boldsymbol{E}-\boldsymbol{A})\boldsymbol{x}=\boldsymbol{0}$ 的一个基础解系,然后通过斯密特正交化过程,将此基础解系进行正交化、单位化. 对于 n 阶实对称矩阵 $\boldsymbol{A}$,一定可以求出 n 个正交规范化的特征向量.

(3) 以 n 个正交规范化的特征向量作为列向量构成 n 阶方阵,即得正交矩阵 $\boldsymbol{T}$;以相应特征值作为主对角线元的对角矩阵即为所求的对角化矩阵 $\boldsymbol{T}^{-1}\boldsymbol{AT}$.

例 2 求正交矩阵 $\boldsymbol{T}$,使得 $\boldsymbol{T}^{-1}\boldsymbol{AT}$ 成为对角矩阵.

$$\boldsymbol{A}=\begin{pmatrix}1&2&2\\2&1&2\\2&2&1\end{pmatrix}$$

解 因为 $\boldsymbol{A}^T=\boldsymbol{A}$,由定理 5 可知,有正交矩阵 $\boldsymbol{T}$,使得 $\boldsymbol{T}^{-1}\boldsymbol{AT}$ 成为对角矩阵. 由

$$\det(\lambda\boldsymbol{E}-\boldsymbol{A})=\begin{vmatrix}\lambda-1&-2&-2\\-2&\lambda-1&-2\\-2&-2&\lambda-1\end{vmatrix}=(\lambda+1)^2(\lambda-5)$$

解得特征值 $\lambda_1=\lambda_2=-1,\lambda_3=5$.

对于 $\lambda_1=\lambda_2=-1$,求解齐次线性方程组 $(-\boldsymbol{E}-\boldsymbol{A})\boldsymbol{x}=\boldsymbol{0}$,由

$$-\boldsymbol{E}-\boldsymbol{A}=\begin{pmatrix}-2&-2&-2\\-2&-2&-2\\-2&-2&-2\end{pmatrix}\rightarrow\begin{pmatrix}1&1&1\\0&0&0\\0&0&0\end{pmatrix}$$

NOTE

求出一组基础解系为

$$\boldsymbol{\alpha}_1=\begin{pmatrix}-1\\1\\0\end{pmatrix},\quad \boldsymbol{\alpha}_2=\begin{pmatrix}-1\\0\\1\end{pmatrix}$$

对于 $\lambda_3=5$，求解齐次线性方程组 $(5\boldsymbol{E}-\boldsymbol{A})\boldsymbol{x}=\boldsymbol{0}$，由

$$5\boldsymbol{E}-\boldsymbol{A}=\begin{pmatrix}4&-2&-2\\-2&4&-2\\-2&-2&4\end{pmatrix}\rightarrow\begin{pmatrix}1&0&-1\\0&1&-1\\0&0&0\end{pmatrix}$$

求得一组基础解系为

$$\boldsymbol{\alpha}_3=\begin{pmatrix}1\\1\\1\end{pmatrix}$$

正交化得到

$$\beta_1=\alpha_1=\begin{pmatrix}-1\\1\\0\end{pmatrix},\boldsymbol{\beta}_2=\boldsymbol{\alpha}_2-\frac{(\boldsymbol{\alpha}_2,\boldsymbol{\beta}_1)}{(\boldsymbol{\beta}_1,\boldsymbol{\beta}_1)}\boldsymbol{\beta}_1=\begin{pmatrix}-1\\0\\1\end{pmatrix}-\frac{1}{2}\begin{pmatrix}-1\\1\\0\end{pmatrix}=\begin{pmatrix}-1/2\\-1/2\\1\end{pmatrix},\boldsymbol{\beta}_3=\boldsymbol{\alpha}_3=\begin{pmatrix}1\\1\\1\end{pmatrix}$$

将其单位化，取

$$\boldsymbol{\gamma}_1=\frac{\boldsymbol{\beta}_1}{\|\boldsymbol{\beta}_1\|}=\begin{pmatrix}-1/\sqrt{2}\\1/\sqrt{2}\\0\end{pmatrix},\boldsymbol{\gamma}_2=\frac{\boldsymbol{\beta}_2}{\|\boldsymbol{\beta}_2\|}=\begin{pmatrix}-\sqrt{6}/6\\-\sqrt{6}/6\\\sqrt{6}/3\end{pmatrix},\boldsymbol{\gamma}_3=\frac{\boldsymbol{\beta}_3}{\|\boldsymbol{\beta}_3\|}=\begin{pmatrix}\sqrt{3}/3\\\sqrt{3}/3\\\sqrt{3}/3\end{pmatrix}$$

$$\boldsymbol{T}=(\boldsymbol{\gamma}_1\quad\boldsymbol{\gamma}_2\quad\boldsymbol{\gamma}_3)=\begin{pmatrix}-\sqrt{2}/2&-\sqrt{6}/6&\sqrt{3}/3\\\sqrt{2}/2&\sqrt{6}/6&\sqrt{3}/3\\0&\sqrt{6}/3&\sqrt{3}/3\end{pmatrix},\boldsymbol{T}^{-1}\boldsymbol{A}\boldsymbol{T}=\begin{pmatrix}-1&0&0\\0&-1&0\\0&0&5\end{pmatrix}$$

习题 6

1. 计算内积 $(\boldsymbol{\alpha},\boldsymbol{\beta})$.

① $\boldsymbol{\alpha}=(-1,0,3,-5)^T,\boldsymbol{\beta}=(4,-2,0,1)^T$;

② $\boldsymbol{\alpha}=(\sqrt{3}/2,-1/3,\sqrt{3}/4,-1)^T,\boldsymbol{\beta}=(-\sqrt{3}/2,-2,\sqrt{3},2/3)^T$.

2. 把下列向量单位化.

① $\boldsymbol{\alpha}=(3,0,-1,4)^T$;　　② $\boldsymbol{\beta}=(5,1,-2,0)^T$.

3. 证明：若 $\boldsymbol{\alpha}$ 和 $\boldsymbol{\beta}$ 正交，则对于任意的实数 k 和 l，$k\boldsymbol{\alpha}$ 和 $l\boldsymbol{\beta}$ 也正交.

4. 把下列向量组正交规范化.

$$\boldsymbol{\alpha}_1=\begin{pmatrix}1\\1\\1\end{pmatrix},\boldsymbol{\alpha}_2=\begin{pmatrix}1\\1\\-1\end{pmatrix},\boldsymbol{\alpha}_3=\begin{pmatrix}1\\-1\\-1\end{pmatrix}$$

NOTE

5. 求下列矩阵的特征值与特征向量.

① $\begin{pmatrix} 2 & -4 \\ 1 & -3 \end{pmatrix}$ ② $\begin{pmatrix} 6 & 2 & 4 \\ 2 & 3 & 2 \\ 4 & 2 & 6 \end{pmatrix}$

6. 设 $\boldsymbol{\alpha}_1$ 和 $\boldsymbol{\alpha}_2$ 是 $\boldsymbol{A}$ 的对应于特征值 λ_0 的特征向量，说明 $k\boldsymbol{\alpha}_1(k\neq 0)$ 和 $\boldsymbol{\alpha}_1+\boldsymbol{\alpha}_2$ 仍然是 $\boldsymbol{A}$ 的对应于特征值 λ_0 的特征向量.

7. 设 $\boldsymbol{\alpha}_1$ 是 $\boldsymbol{A}$ 的对应于特征值 λ_1 的特征向量，$\boldsymbol{\alpha}_2$ 是 $\boldsymbol{A}$ 的对应于特征值 λ_2 的特征向量，并且 $\lambda_1\neq\lambda_2$. 证明：

① $\boldsymbol{\alpha}_1$ 和 $\boldsymbol{\alpha}_2$ 线性无关； ② $\boldsymbol{\alpha}_1+\boldsymbol{\alpha}_2$ 不是 $\boldsymbol{A}$ 的特征向量.

8. 若 n 阶方阵 $\boldsymbol{A}$ 满足 $\boldsymbol{A}^2=\boldsymbol{A}$，则称 $\boldsymbol{A}$ 为幂等阵. 试证：幂等阵的特征值只能是 1 或 0.

9. 若 n 阶方阵 $\boldsymbol{A}$ 满足 $\boldsymbol{A}^2=\boldsymbol{E}$，试证：$\boldsymbol{A}$ 的特征值只能是 1 或者 −1.

10. 若 $\boldsymbol{A}\sim\boldsymbol{B}$，证明：$\boldsymbol{A}^T\sim\boldsymbol{B}^T$，$k\boldsymbol{A}\sim k\boldsymbol{B}$.

11. 若 $\boldsymbol{A}$ 可逆，证明：$\boldsymbol{AB}\sim\boldsymbol{BA}$.

12. 证明：

① $\operatorname{tr}(\boldsymbol{A}+\boldsymbol{B})=\operatorname{tr}\boldsymbol{A}+\operatorname{tr}\boldsymbol{B}$ ② $\operatorname{tr}(k\boldsymbol{A})=k\operatorname{tr}\boldsymbol{A}$

③ $\operatorname{tr}\boldsymbol{A}^T=\operatorname{tr}\boldsymbol{A}$

13. 求正交矩阵 $\boldsymbol{T}$，使得 $\boldsymbol{T}^{-1}\boldsymbol{AT}$ 成为对角矩阵.

① $\boldsymbol{A}=\begin{pmatrix} 0 & -2 & 2 \\ -2 & -3 & 4 \\ 2 & 4 & -3 \end{pmatrix}$ ② $\boldsymbol{A}=\begin{pmatrix} 1 & 2 & 4 \\ 2 & -2 & 2 \\ 4 & 2 & 1 \end{pmatrix}$

③ $\boldsymbol{A}=\begin{pmatrix} 3 & -2 & 0 \\ -2 & 2 & -2 \\ 0 & -2 & 1 \end{pmatrix}$

NOTE

7 二次型

7.1 二次型及其矩阵表示

7.1.1 二次型的概念及其矩阵表示

首先介绍什么是二次型，在解析几何中，为了便于研究二次曲线

$$x^2+xy+y^2=6$$

的几何性质，可以选择坐标旋转变换，把坐标轴逆时针绕原点旋转 45°，

由旋转坐标公式：$\begin{cases}x=x_1\cos\theta-y_1\sin\theta\\y=x_1\sin\theta+y_1\cos\theta\end{cases}$，可得：$\begin{cases}x=\dfrac{\sqrt{2}}{2}x_1-\dfrac{\sqrt{2}}{2}y_1\\y=\dfrac{\sqrt{2}}{2}x_1+\dfrac{\sqrt{2}}{2}y_1\end{cases}$

则原式左边为：$x^2+xy+y^2=\frac{1}{2}(x_1-y_1)^2+\frac{1}{2}(x_1^2-y_1^2)+\frac{1}{2}(x_1+y_1)^2$

$$=\frac{3}{2}x_1^2+\frac{1}{2}y_1^2$$

因此，$x^2+xy+y^2=6$，可转化为

$$\frac{3}{2}x_1^2+\frac{1}{2}y_1^2=6$$

把方程化为标准形：$\frac{x_1^2}{4}+\frac{y_1^2}{12}=1$.

原等式的左边是一个二次齐次多项式，在化为标准形的过程中就是通过坐标变换化为一个二次齐次多项式，使它只含有平方项. 但在许多理论或实际问题中常会遇到这样的问题. 因此把这类问题一般化，讨论 n 个变量的二次齐次多项式的简化问题.

定义 1 含有 n 个变量 $x_1,x_2,\cdots,x_n$的二次齐次多项式

$$\begin{aligned}f(x_1,x_2,\cdots,x_n)=&a_{11}x_1^2+2a_{12}x_1x_2+2a_{13}x_1x_3+\cdots+2a_{1n}x_1x_n\\&+a_{22}x_2^2+2a_{23}x_2x_3+\cdots+2a_{2n}x_2x_n\\&+\cdots\cdots\cdots\cdots\cdots\\&+a_{nn}x_n^2\end{aligned}\tag{7-1}$$

称为 $x_1,x_2,\cdots,x_n$的一个 n 元二次齐次多项式，简称为 $x_1,x_2,\cdots,x_n$的一个 n 元二次型.

$a_{ij}\in$实数：称 $f(x_1,x_2,\cdots,x_n)$ 为实二次型（本章只讨论实二次型）；$a_{ij}\in$复数：称 $f(x_1,x_2,\cdots,x_n)$ 为复二次型.

NOTE

矩阵表示：令 $a_{ji}=a_{ij}$，则有

$$
\begin{aligned}
f(x_1,x_2,\cdots,x_n) &= a_{11}x_1x_1+a_{12}x_1x_2+a_{13}x_1x_3+\cdots+a_{1n}x_1x_n \\
&\quad +a_{21}x_2x_1+a_{22}x_2x_2+a_{23}x_2x_3+\cdots+a_{2n}x_2x_n \\
&\quad +\cdots\cdots\cdots\cdots\cdots\cdots \\
&\quad +a_{n1}x_nx_1+a_{n2}x_nx_2+a_{n3}x_nx_3+\cdots+a_{nn}x_nx_n \\
&= \sum_{i=1}^{n}\sum_{j=1}^{n}a_{ij}x_ix_j \\
&= x_1(a_{11}x_1+a_{12}x_2+a_{13}x_3+\cdots+a_{1n}x_n) \\
&\quad +x_2(a_{21}x_1+a_{22}x_2+a_{23}x_3+\cdots+a_{2n}x_n) \\
&\quad +\cdots\cdots\cdots\cdots\cdots\cdots \\
&\quad +x_n(a_{n1}x_1+a_{n2}x_2+a_{n3}x_3+\cdots+a_{nn}x_n) \\
&= (x_1,x_2,\cdots,x_n)\begin{pmatrix} a_{11}x_1+a_{12}x_2+\cdots+a_{1n}x_n \\ a_{21}x_1+a_{22}x_2+\cdots+a_{2n}x_n \\ \cdots\cdots \\ a_{n1}x_1+a_{n2}x_2+\cdots+a_{nn}x_n \end{pmatrix} \\
&= (x_1,x_2,\cdots,x_n)\begin{pmatrix} a_{11} & a_{12} & \cdots & a_{1n} \\ a_{21} & a_{22} & \cdots & a_{2n} \\ \vdots & \vdots & & \vdots \\ a_{n1} & a_{n2} & \cdots & a_{nn} \end{pmatrix}\begin{pmatrix} x_1 \\ x_2 \\ \vdots \\ x_n \end{pmatrix} = \boldsymbol{x}^T\boldsymbol{A}\boldsymbol{x}
\end{aligned} \tag{7-2}
$$

其中 $\boldsymbol{A}=\begin{pmatrix} a_{11} & a_{12} & \cdots & a_{1n} \\ a_{21} & a_{22} & \cdots & a_{2n} \\ \vdots & \vdots & & \vdots \\ a_{n1} & a_{n2} & \cdots & a_{nn} \end{pmatrix}$，$\boldsymbol{x}=\begin{pmatrix} x_1 \\ x_2 \\ \vdots \\ x_n \end{pmatrix}$

（1）$f(x_1,x_2,\cdots,x_n)$ 与 $\boldsymbol{A}$ 是一一对应关系，且 $\boldsymbol{A}^T=\boldsymbol{A}$；

（2）称 $\boldsymbol{A}$ 为 $f(x_1,x_2,\cdots,x_n)$ 的矩阵，f 为 $\boldsymbol{A}$ 对应的二次型；

（3）称 $\boldsymbol{A}$ 的秩为 $f(x_1,x_2,\cdots,x_n)$ 的秩，即：秩$(f(x_1,x_2,\cdots,x_n))$=秩$(\boldsymbol{A})$.

例如，二次型 $2x_1x_2+4x_1x_3+x_2^2-6x_2x_3$ 对应的实对称矩阵是

$$
\boldsymbol{A}=\begin{pmatrix} 0 & 1 & 2 \\ 1 & 1 & -3 \\ 2 & -3 & 0 \end{pmatrix}
$$

反之，实对称矩阵 $\boldsymbol{A}$ 对应的二次型是

$$
\boldsymbol{x}^T\boldsymbol{A}\boldsymbol{x}=(x_1,x_2,x_3)\begin{pmatrix} 0 & 1 & 2 \\ 1 & 1 & -3 \\ 2 & -3 & 0 \end{pmatrix}\begin{pmatrix} x_1 \\ x_2 \\ x_3 \end{pmatrix}
$$

二次型对应的矩阵只有对称矩阵是唯一的.

例如，二次型 $f(x_1,x_2)=x_1^2+4x_1x_2+2x_2^2$

$$
=(x_1,x_2)\begin{pmatrix} 1 & 1 \\ 3 & 2 \end{pmatrix}\begin{pmatrix} x_1 \\ x_2 \end{pmatrix}=\boldsymbol{x}^T\boldsymbol{A}\boldsymbol{x}
$$

NOTE

$$=(x_1,x_2)\begin{pmatrix}1 & 4\\0 & 2\end{pmatrix}\begin{pmatrix}x_1\\x_2\end{pmatrix}=\boldsymbol{x}^T\boldsymbol{B}\boldsymbol{x}$$

$\boldsymbol{A},\boldsymbol{B}$ 为非对称矩阵，但都是二次型的矩阵，且 $\boldsymbol{A}\neq\boldsymbol{B}$ 不唯一，因此二次型对应的矩阵都是指对称矩阵.

例 1 写出二次型 $2x_1^2+2x_1x_2+4x_1x_3+x_2^2-8x_2x_3+3x_3^2$ 对应的实对称矩阵.

解 所对应的实对称矩阵为 $\boldsymbol{A}=\begin{pmatrix}2 & 1 & 2\\1 & 1 & -4\\2 & -4 & 3\end{pmatrix}$

7.1.2 可逆线性变换

定义 2 变量 $x_1,x_2,\cdots,x_n$ 及变量 $y_1,y_2,\cdots,y_n$ 满足关系式

$$\begin{cases}y_1=b_{11}x_1+b_{12}x_2+\cdots+b_{1n}x_n\\y_2=b_{21}x_1+b_{22}x_2+\cdots+b_{2n}x_n\\\cdots\cdots\cdots\cdots\cdots\cdots\cdots\cdots\cdots\cdots\\y_n=b_{n1}x_1+b_{n2}x_2+\cdots+b_{nn}x_n\end{cases}\tag{7-3}$$

则由变量 $x_1,x_2,\cdots,x_n$ 到变量 $y_1,y_2,\cdots,y_n$ 的变换就是前面的线性变量变换.

矩阵
$$\boldsymbol{B}=\begin{pmatrix}b_{11} & b_{12} & \cdots & b_{1n}\\b_{21} & b_{22} & \cdots & b_{2n}\\\cdots & \cdots & \cdots & \cdots\\b_{n1} & b_{n2} & \cdots & b_{nn}\end{pmatrix}$$

称为线性变换式 7-3 的矩阵，当 $\det\boldsymbol{B}\neq 0$ 时称式 7-3 为**可逆线性变换**（或称非退化的线性变换）.

设 $\boldsymbol{x}=\begin{pmatrix}x_1\\x_2\\\vdots\\x_n\end{pmatrix},\boldsymbol{y}=\begin{pmatrix}y_1\\y_2\\\vdots\\y_n\end{pmatrix}$ 是两个 n 元变量，则式 7-3 可以写成矩阵形式：

$$\boldsymbol{y}=\boldsymbol{B}\boldsymbol{x}$$

当 $\det\boldsymbol{B}\neq 0$ 时，即线性变换为可逆的.

由 $\boldsymbol{y}=\boldsymbol{B}\boldsymbol{x}$，且 $\boldsymbol{B}$ 可逆，则 $\boldsymbol{x}=\boldsymbol{B}^{-1}\boldsymbol{y}$，记 $\boldsymbol{B}^{-1}=\boldsymbol{C}$

则
$$\boldsymbol{x}=\boldsymbol{C}\boldsymbol{y}\tag{7-4}$$

将式 7-4 代入式 7-2 得：$\boldsymbol{x}^T\boldsymbol{A}\boldsymbol{x}=(\boldsymbol{C}\boldsymbol{y})^T\boldsymbol{A}(\boldsymbol{C}\boldsymbol{y})=\boldsymbol{y}^T(\boldsymbol{C}^T\boldsymbol{A}\boldsymbol{C})\boldsymbol{y}$，为此有下面的结论.

7.1.3 矩阵合同

定义 3 设 $\boldsymbol{A}$ 和 $\boldsymbol{B}$ 是 n 阶矩阵，若存在可逆矩阵 $\boldsymbol{C}$，使得 $\boldsymbol{B}=\boldsymbol{C}^T\boldsymbol{A}\boldsymbol{C}$，则称矩阵 $\boldsymbol{A}$ 与 $\boldsymbol{B}$ 合同，记为：$\boldsymbol{A}\simeq\boldsymbol{B}$.

矩阵的合同关系是矩阵之间的又一重要关系，它是研究二次型的主要工具.

合同矩阵的性质：

NOTE

（1）反身性 $\boldsymbol{A}\simeq\boldsymbol{A}$

(2) 对称性 $A\simeq B$,则 $B\simeq A$

(3) 传递性 $A\simeq B$,$B\simeq C$,则 $A\simeq C$.

证明 (1) 存在可逆单位矩阵 E,使得:$E^TAE=A$,结论成立.

(2) 因为 $A\simeq B$,所以存在可逆矩阵 P,使得:$P^TAP=B$,两边左乘 $(P^T)^{-1}$,右乘 P^{-1} 得:$A=(P^T)^{-1}BP^{-1}=(P^{-1})^TBP^{-1}$,取,$P^{-1}=C$,则有:$A=C^TBC$,所以 $B\simeq A$.

(3) 因为 $A\simeq B$,所以存在可逆矩阵 P,使得:$B=P^TAP$,

又因为 $B\simeq C$,所以存在可逆矩阵 T,使得;$C=T^TBT$,

$C=T^T(P^TAP)T=(PT)^TA(PT)$,取 $PT=Q$,则 $C=Q^TAQ$

$A\simeq C$.

7.2 二次型的标准形与规范形

7.2.1 二次型的标准形与标准化方法

定义 1 对于一个实二次型 f,如果通过可逆线性变换化为只含平方项,即

$$f(x_1,x_2,\cdots,x_n)=d_1x_1^2+d_2x_2^2+\cdots+d_nx_n^2 \tag{7-5}$$

则称为二次型的**标准形**.

若 A 为实对称阵,则 $B=C^TAC=(C^TA^T(C^T)^T)^T=(C^TAC)^T=B^T$ 也为实对称阵,由矩阵 C 可逆,根据矩阵秩的性质有,$R(A)=R(B)$,由此可知,经可逆线性变换 $x=Cy$ 后,二次型 f 的矩阵由 A 变为与 A 合同的矩阵 C^TAC,且二次型的秩不变.

要使二次型 f 经过可逆线性变换 $x=Cy$ 变成标准形,即

$$f(x_1,x_2,\cdots,x_n)=y^T(C^TAC)y=d_1y_1^2+d_2y_2^2+\cdots+d_ny_n^2$$

$$=(y_1,y_2,\cdots,y_n)\begin{pmatrix}d_1 & & & \\ & d_2 & & \\ & & \ddots & \\ & & & d_n\end{pmatrix}\begin{pmatrix}y_1\\ y_2\\ \vdots\\ y_n\end{pmatrix}$$

也就是要使 C^TAC 为对角阵. 因此对于实对称矩阵 A 就必须找到一个可逆矩阵 C,使得其合同于一个对角阵,由第六章可知,对于实对称矩阵 A,存在正交矩阵 T,使得 $T^{-1}AT$ 为对角阵,由正交矩阵的性质有 $T^{-1}=T^T$,即 T^TAT 为对角阵,因此有以下标准化方法.

1. 正交变换法化二次型为标准形

定理 1 任一 n 元二次型 x^TAx 都可以经过一个正交变换化为标准形,即如下形状

$$\lambda_1y_1^2+\lambda_2y_2^2+\cdots+\lambda_ny_n^2$$

其中 $\lambda_1,\lambda_2,\cdots,\lambda_n$ 为矩阵 A 的 n 个特征值.

证明 由第六章可知,对于任一个 n 阶实对称矩阵 A,存在正交矩阵 T,使得

$$T^TAT=diag(\lambda_1,\lambda_2,\cdots,\lambda_n)$$

$\lambda_1,\lambda_2,\cdots,\lambda_n$ 为矩阵 A 的 n 个特征值,而由矩阵 T^TAT 所决定的二次型为

NOTE

$$\lambda_1 y_1^2+\lambda_2 y_2^2+\cdots+\lambda_n y_n^2$$

例 1 用正交变换化 $f(x_1,x_2,x_3)=2x_1^2+5x_2^2+5x_3^2+4x_1x_2-4x_1x_3-8x_2x_3$ 为标准形.

解 f 的矩阵 $\boldsymbol{A}=\begin{pmatrix}2&2&-2\\2&5&-4\\-2&-4&5\end{pmatrix}$

$\boldsymbol{A}$ 的特征多项式

$$\det(\lambda\boldsymbol{E}-\boldsymbol{A})=\begin{vmatrix}\lambda-2&-2&2\\-2&\lambda-5&4\\2&4&\lambda-5\end{vmatrix}\xlongequal{(3)+(2)}\begin{vmatrix}\lambda-2&-2&2\\-2&\lambda-5&4\\0&\lambda-1&\lambda-1\end{vmatrix}$$

$$=(\lambda-1)\begin{vmatrix}\lambda-2&-2&2\\-2&\lambda-5&4\\0&1&1\end{vmatrix}\xlongequal[(2)-(3)]{}(\lambda-1)\begin{vmatrix}\lambda-2&-4&2\\-2&\lambda-9&4\\0&0&1\end{vmatrix}$$

$$=(\lambda-1)\begin{vmatrix}\lambda-2&-4\\-2&\lambda-9\end{vmatrix}=(\lambda-1)(\lambda^2-11\lambda+10)$$

$$=(\lambda-1)^2(\lambda-10)$$

令 $\det(\lambda\boldsymbol{E}-\boldsymbol{A})=0$,得特征值 $\lambda_1=1$(二重),$\lambda_2=10$.

当 $\lambda=1$ 时,解线性方程组 $(\boldsymbol{E}-\boldsymbol{A})\boldsymbol{x}=0$.

特征矩阵即方程组 $(\boldsymbol{E}-\boldsymbol{A})\boldsymbol{x}=0$ 的系数矩阵

$$\boldsymbol{E}-\boldsymbol{A}=\begin{pmatrix}-1&-2&2\\-2&-4&4\\2&4&-4\end{pmatrix}\xrightarrow[(3)+2(1)]{(2)-2(1)}\begin{pmatrix}-1&-2&2\\0&0&0\\0&0&0\end{pmatrix}$$

写回方程组得:$x_1=-2x_2+2x_3$.

为了使基础解系不需正交化,x_2,x_3 分别取 $\begin{cases}x_2=1,\ x_3=1\\x_2=-1,x_3=1\end{cases}$,分别代入方程得基础解系为

$$\eta_1=\begin{pmatrix}0\\1\\1\end{pmatrix},\eta_2=\begin{pmatrix}4\\-1\\1\end{pmatrix},\text{且两向量正交.}$$

当 $\lambda=10$ 时,解线性方程组 $(10\boldsymbol{E}-\boldsymbol{A})\boldsymbol{x}=0$.

特征矩阵即方程组 $(10\boldsymbol{E}-\boldsymbol{A})\boldsymbol{x}=0$ 的系数矩阵

$$10\boldsymbol{E}-\boldsymbol{A}=\begin{pmatrix}8&-2&2\\-2&5&4\\2&4&5\end{pmatrix}\xrightarrow[(1)-4(3)]{(2)+(3)}\begin{pmatrix}0&-18&-18\\0&9&9\\2&4&5\end{pmatrix}$$

$$\xrightarrow[-\frac{1}{18}(1)]{\frac{1}{9}(2)}\begin{pmatrix}0&1&1\\0&1&1\\2&4&5\end{pmatrix}\xrightarrow[(3)-4(1)]{(2)-(1)}\begin{pmatrix}0&1&1\\0&0&0\\2&0&1\end{pmatrix}$$

得基础解系为

$$\eta_3=\begin{pmatrix}1\\2\\-2\end{pmatrix}$$

NOTE

则 η_1,η_2,η_3为正交向量组,单位化得

$$\eta_1^0=\begin{pmatrix}0\\ \frac{1}{\sqrt{2}}\\ \frac{1}{\sqrt{2}}\end{pmatrix},\eta_2^0=\begin{pmatrix}\frac{4}{3\sqrt{2}}\\ -\frac{1}{3\sqrt{2}}\\ \frac{1}{3\sqrt{2}}\end{pmatrix},\eta_3^0=\begin{pmatrix}\frac{1}{3}\\ \frac{2}{3}\\ -\frac{2}{3}\end{pmatrix}$$

则正交矩阵
$$T=\begin{pmatrix}0 & \frac{4}{3\sqrt{2}} & \frac{1}{3}\\ \frac{1}{\sqrt{2}} & -\frac{1}{3\sqrt{2}} & \frac{2}{3}\\ \frac{1}{\sqrt{2}} & \frac{1}{3\sqrt{2}} & -\frac{2}{3}\end{pmatrix}$$

正交变换 $x=Ty$,标准形为:$f=y_1^2+y_2^2+10y_3^2$.

例 2 用正交变换化$f(x_1,\cdots,x_4)=2x_1x_2+2x_1x_3-2x_1x_4-2x_2x_3+2x_2x_4+2x_3x_4$为标准形.

解 f的矩阵 $A=\begin{pmatrix}0 & 1 & 1 & -1\\ 1 & 0 & -1 & 1\\ 1 & -1 & 0 & 1\\ -1 & 1 & 1 & 0\end{pmatrix}$

A 的特征多项式

$$\det(\lambda E-A)=\begin{vmatrix}\lambda & -1 & -1 & 1\\ -1 & \lambda & 1 & -1\\ -1 & 1 & \lambda & -1\\ 1 & -1 & -1 & \lambda\end{vmatrix}\xlongequal[\substack{(1)+(4)\\(1)+(3)\\(1)+(2)}]{}\begin{vmatrix}\lambda-1 & -1 & -1 & 1\\ \lambda-1 & \lambda & 1 & -1\\ \lambda-1 & 1 & \lambda & -1\\ \lambda-1 & -1 & -1 & \lambda\end{vmatrix}$$

$$=(\lambda-1)\begin{vmatrix}1 & -1 & -1 & 1\\ 1 & \lambda & 1 & -1\\ 1 & 1 & \lambda & -1\\ 1 & -1 & -1 & \lambda\end{vmatrix}\xlongequal{\substack{(2)-(1)\\(3)-(1)\\(4)-(1)}}(\lambda-1)\begin{vmatrix}1 & -1 & -1 & 1\\ 0 & \lambda+1 & 2 & -2\\ 0 & 2 & \lambda+1 & -2\\ 0 & 0 & 0 & \lambda-1\end{vmatrix}$$

$$=(\lambda-1)^2\begin{vmatrix}1 & -1 & -1\\ 0 & \lambda+1 & 2\\ 0 & 2 & \lambda+1\end{vmatrix}=(\lambda-1)^2\begin{vmatrix}\lambda+1 & 2\\ 2 & \lambda+1\end{vmatrix}$$

$$=(\lambda-1)^2(\lambda^2+2\lambda-3)=(\lambda-1)^3(\lambda+3)$$

令 $\det(\lambda E-A)=0$,得特征值:$\lambda_1=1$(三重),$\lambda_2=-3$.

当 $\lambda=1$ 时,解线性方程组$(E-A)x=0$.

特征矩阵即方程组$(E-A)x=0$ 的系数矩阵

$$E-A=\begin{pmatrix}1 & -1 & -1 & 1\\ -1 & 1 & 1 & -1\\ -1 & 1 & 1 & -1\\ 1 & -1 & -1 & 1\end{pmatrix}\xrightarrow{\substack{(2)+(1)\\(3)+(1)\\(4)-(1)}}\begin{pmatrix}1 & -1 & -1 & 1\\ 0 & 0 & 0 & 0\\ 0 & 0 & 0 & 0\\ 0 & 0 & 0 & 0\end{pmatrix}$$

NOTE

写回方程组得：$x_1=x_2+x_3-x_4$

为使基础解系不需正交化 x_2,x_3,x_4 分别取：$\begin{cases}x_2=1,x_3=0,x_4=0\\x_2=0,x_3=1,x_4=1\\x_2=-1,x_3=1,x_4=-1\end{cases}$ 分别代入方程得基础解系

$$\eta_1=\begin{pmatrix}1\\1\\0\\0\end{pmatrix},\eta_2=\begin{pmatrix}0\\0\\1\\1\end{pmatrix},\eta_3=\begin{pmatrix}1\\-1\\1\\-1\end{pmatrix},\text{两两正交.}$$

当 $\lambda_1=-3$ 时，解线性方程组 $(3\boldsymbol{E}-\boldsymbol{A})\boldsymbol{x}=0$

特征矩阵即方程组 $(3\boldsymbol{E}-\boldsymbol{A})\boldsymbol{x}=0$ 的系数矩阵

$$3\boldsymbol{E}-\boldsymbol{A}=\begin{pmatrix}-3&-1&-1&1\\-1&-3&1&-1\\-1&1&-3&-1\\1&-1&-1&-3\end{pmatrix}\xrightarrow[\substack{(4)-(2)\\(4)-(3)}]{(4)+(1)}\begin{pmatrix}-3&-1&-1&1\\-1&-3&1&-1\\-1&1&-3&-1\\0&0&0&0\end{pmatrix}$$

$$\xrightarrow[(1)-3(3)]{(2)-(3)}\begin{pmatrix}0&-4&8&4\\0&-4&4&0\\-1&1&-3&-1\\0&0&0&0\end{pmatrix}\xrightarrow[-\frac{1}{4}(2)]{-\frac{1}{4}(1)}\begin{pmatrix}0&1&-2&-1\\0&1&-1&0\\-1&1&-3&-1\\0&0&0&0\end{pmatrix}$$

$$\xrightarrow[(3)-(1)]{(2)-(1)}\begin{pmatrix}0&1&-2&-1\\0&0&1&1\\-1&0&-1&0\\0&0&0&0\end{pmatrix}\xrightarrow[(3)+(2)]{(1)+2(2)}\begin{pmatrix}0&1&0&1\\0&0&1&1\\-1&0&0&1\\0&0&0&0\end{pmatrix}$$

写回方程组得：$\begin{cases}x_1=x_4\\x_2=-x_4\\x_3=-x_4\end{cases}$，取 $x_4=1$

得基础解系：$\eta_4=\begin{pmatrix}1\\-1\\-1\\1\end{pmatrix}$

则 $\eta_1,\eta_2,\eta_3,\eta_4$ 为正交向量组，单位化得

$$\eta_1^0=\begin{pmatrix}\frac{1}{\sqrt{2}}\\\frac{1}{\sqrt{2}}\\0\\0\end{pmatrix},\eta_2^0=\begin{pmatrix}0\\0\\\frac{1}{\sqrt{2}}\\\frac{1}{\sqrt{2}}\end{pmatrix},\eta_3^0=\begin{pmatrix}\frac{1}{2}\\-\frac{1}{2}\\\frac{1}{2}\\-\frac{1}{2}\end{pmatrix},\eta_4^0=\begin{pmatrix}\frac{1}{2}\\-\frac{1}{2}\\-\frac{1}{2}\\\frac{1}{2}\end{pmatrix}$$

NOTE

则正交矩阵 $T=\begin{pmatrix} \frac{1}{\sqrt{2}} & 0 & \frac{1}{2} & \frac{1}{2} \\ \frac{1}{\sqrt{2}} & 0 & -\frac{1}{2} & -\frac{1}{2} \\ 0 & \frac{1}{\sqrt{2}} & \frac{1}{2} & -\frac{1}{2} \\ 0 & \frac{1}{\sqrt{2}} & -\frac{1}{2} & \frac{1}{2} \end{pmatrix}$

正交变换 $x=Ty$：标准形 $f=y_1^2+y_2^2+y_3^2-3y_4^2$.

例 3 若 $f(x_1,x_2,x_3)=5x_1^2+5x_2^2+cx_3^2-2x_1x_2+6x_1x_3-6x_2x_3$，秩$(f)=2$.

（1）求 c；

（2）用正交变换化 $f(x_1,x_2,x_3)$ 为标准形；

（3）$f(x_1,x_2,x_3)=1$，在空间直角坐标系下表示哪类二次曲面？

解 （1）f 的矩阵 $A=\begin{pmatrix} 5 & -1 & 3 \\ -1 & 5 & -3 \\ 3 & -3 & c \end{pmatrix}$

由秩$(A)=2$，可得 $\det A=\begin{vmatrix} 5 & -1 & 3 \\ -1 & 5 & -3 \\ 3 & -3 & c \end{vmatrix}=24c-72=0, c=3$.

（2）$\det(\lambda E-A)=\begin{vmatrix} \lambda-5 & 1 & -3 \\ 1 & \lambda-5 & 3 \\ -3 & 3 & \lambda-3 \end{vmatrix} \xlongequal{(1)+(2)} \begin{vmatrix} \lambda-4 & \lambda-4 & 0 \\ 1 & \lambda-5 & 3 \\ -3 & 3 & \lambda-3 \end{vmatrix}$

$$=(\lambda-4)\begin{vmatrix} 1 & 1 & 0 \\ 1 & \lambda-5 & 3 \\ -3 & 3 & \lambda-3 \end{vmatrix} \xlongequal[(2)-(1)]{} (\lambda-4)\begin{vmatrix} 1 & 0 & 0 \\ 1 & \lambda-6 & 3 \\ -3 & 6 & \lambda-3 \end{vmatrix}$$

$$=(\lambda-4)\begin{vmatrix} \lambda-6 & 3 \\ 6 & \lambda-3 \end{vmatrix}=(\lambda-4)(\lambda^2-9\lambda)$$

$$=\lambda(\lambda-4)(\lambda-9)$$

当 $\lambda_1=0,\lambda_2=4,\lambda_3=9$ 对应的特征向量依次为

$$\eta_1=\begin{pmatrix} -1 \\ 1 \\ 2 \end{pmatrix}, \eta_2=\begin{pmatrix} 1 \\ 1 \\ 0 \end{pmatrix}, \eta_3=\begin{pmatrix} 1 \\ -1 \\ 1 \end{pmatrix} \text{（两两正交）}$$

单位化得：$\eta_1^0=\begin{pmatrix} -\frac{1}{\sqrt{6}} \\ \frac{1}{\sqrt{6}} \\ \frac{2}{\sqrt{6}} \end{pmatrix}, \eta_2^0=\begin{pmatrix} \frac{1}{\sqrt{2}} \\ \frac{1}{\sqrt{2}} \\ 0 \end{pmatrix}, \eta_3^0=\begin{pmatrix} \frac{1}{\sqrt{3}} \\ -\frac{1}{\sqrt{3}} \\ \frac{1}{\sqrt{3}} \end{pmatrix}$

NOTE

则正交矩阵 $\boldsymbol{T}=\begin{pmatrix} -\frac{1}{\sqrt{6}} & \frac{1}{\sqrt{2}} & \frac{1}{\sqrt{3}} \\ \frac{1}{\sqrt{6}} & \frac{1}{\sqrt{2}} & -\frac{1}{\sqrt{3}} \\ \frac{2}{\sqrt{6}} & 0 & \frac{1}{\sqrt{3}} \end{pmatrix}$

正交变换 $\boldsymbol{x}=\boldsymbol{Ty}$：标准形 $f=4y_2^2+9y_3^2$.

(3) $f(x_1,x_2,x_3)=1$，得：$4y_2^2+9y_3^2=1$ 表示椭圆柱面.

例 4 设 $f(x_1,x_2,x_3)=\boldsymbol{x}^T\boldsymbol{Ax}$，$\boldsymbol{A}=\begin{pmatrix} c & -1 & 3 \\ -1 & c & -3 \\ 3 & -3 & 9c \end{pmatrix}$，秩$(f)=2$，求 c.

解 $\det\boldsymbol{A}=9(c-1)^2(c+2)$

秩$(\boldsymbol{A})=2$，$\det\boldsymbol{A}=0$，得：$c=1$ 或者 $c=-2$

当 $c=1$ 时：$\boldsymbol{A}=\begin{pmatrix} 1 & -1 & 3 \\ -1 & 1 & -3 \\ 3 & -3 & 9 \end{pmatrix}\xrightarrow[(3)-3(1)]{(2)+(1)}\begin{pmatrix} 1 & -1 & 3 \\ 0 & 0 & 0 \\ 0 & 0 & 0 \end{pmatrix}$，秩$(\boldsymbol{A})=1$（舍去）

当 $c=-2$ 时：$\boldsymbol{A}=\begin{pmatrix} -2 & -1 & 3 \\ -1 & -2 & -3 \\ 3 & -3 & -18 \end{pmatrix}\xrightarrow[(3)+3(2)]{(1)-2(2)}\begin{pmatrix} 0 & 3 & 9 \\ -1 & -2 & -3 \\ 0 & -9 & -27 \end{pmatrix}$

$$\xrightarrow{(3)+3(1)}\begin{pmatrix} 0 & 3 & 9 \\ -1 & -2 & -3 \\ 0 & 0 & 0 \end{pmatrix}，秩(\boldsymbol{A})=2$$

故 $c=-2$ 为所求.

用正交变换化二次型成标准形，具有保持几何形状不变的优点，但如果不考虑几何形状不变，而只要求将其化为标准形，那么还可以有多个可逆的线性变换把二次型化成标准形. 其中最常用的方法是拉格朗日配方法及初等变换法.

2. 配方法将二次型化为标准形

定理 2 任何一个二次型都可以通过配方得非退化线性变换化为标准形.（证明略）

例 5 用配方法化二次型 $f(x_1,x_2,x_3)=2x_1^2+3x_2^2+5x_3^2+4x_1x_2-4x_1x_3-6x_2x_3$ 为标准形.

解
$$\begin{aligned} f &=2[x_1^2+2x_1(x_2-x_3)]+3x_2^2+5x_3^2-6x_2x_3 \\ &=2[(x_1+x_2-x_3)^2-(x_2-x_3)^2]+3x_2^2+5x_3^2-6x_2x_3 \\ &=2(x_1+x_2-x_3)^2+x_2^2-2x_2x_3+3x_3^2 \\ &=2(x_1+x_2-x_3)^2+(x_2^2-2x_2x_3+x_3^2)+2x_3^2 \\ &=2(x_1+x_2-x_3)^2+(x_2-x_3)^2+2x_3^2 \end{aligned}$$

令 $\begin{cases} y_1=x_1+x_2-x_3 \\ y_2=\quad x_2-x_3 \\ y_3=\qquad x_3 \end{cases}$，则 $\begin{cases} x_1=y_1-y_2 \\ x_2=\quad y_2+y_3 \\ x_3=\qquad y_3 \end{cases}$

NOTE

可逆线性变换 $\boldsymbol{x}=\boldsymbol{C}\boldsymbol{y},\boldsymbol{C}=\begin{pmatrix}1&-1&0\\0&1&1\\0&0&1\end{pmatrix}$

标准形为：$f=2y_1^2+y_2^2+2y_3^2$.

例 6 用配方法化二次型 $f(x_1,x_2,x_3)=2x_1x_2+2x_1x_3-6x_2x_3$ 为标准形.

解 先凑平方项

令 $\begin{cases}x_1=y_1+y_2\\x_2=y_1-y_2\\x_3=\quad\ y_3\end{cases}$，即 $\boldsymbol{x}=\boldsymbol{C}_1\boldsymbol{y},\boldsymbol{C}_1=\begin{pmatrix}1&1&0\\1&-1&0\\0&0&1\end{pmatrix}$

$$\begin{aligned}则 f&=2y_1^2-2y_2^2+2y_1y_3+2y_2y_3-6y_1y_3+6y_2y_3\\&=2y_1^2-2y_2^2-4y_1y_3+2y_2y_3+6y_2y_3\\&=2[y_1^2-2y_1y_3]-2y_2^2+8y_2y_3\\&=2[(y_1-y_3)^2-y_3^2]-2y_2^2+8y_2y_3\\&=2(y_1-y_3)^2-2[y_2^2-4y_2y_3]-2y_2^2\\&=2(y_1-y_3)^2-2[(y_2-2y_3)^2-4y_3^2]-2y_2^2\\&=2(y_1-y_3)^2-2(y_2-2y_3)2+6y_3^2\end{aligned}$$

令 $\begin{cases}z_1=y_1\quad-y_3\\z_2=\quad y_2-2y_3\\z_3=\quad\quad y_3\end{cases}$，则 $\begin{cases}y_1=z_1\quad+z_3\\y_2=\quad z_2+2z_3\\y_3=\quad\quad z_3\end{cases}$

即 $\boldsymbol{y}=\boldsymbol{C}_2\boldsymbol{z},\boldsymbol{C}_2=\begin{pmatrix}1&0&1\\0&1&2\\0&0&1\end{pmatrix}$

可逆线性变换 $\boldsymbol{x}=\boldsymbol{C}_1\boldsymbol{y}=\boldsymbol{C}_1\boldsymbol{C}_2\boldsymbol{z},\boldsymbol{C}=\boldsymbol{C}_1\boldsymbol{C}_2=\begin{pmatrix}1&1&3\\1&-1&-1\\0&0&1\end{pmatrix}$，即 $\boldsymbol{x}=\boldsymbol{C}\boldsymbol{z}$.

标准形为：$f=2z_1^2-2z_2^2+6z_3^2$.

3. 初等变换法化二次型为标准形

由以上可知二次型的标准形所对应的矩阵为对角阵，即存在可逆矩阵 $\boldsymbol{C}$，使得 $\boldsymbol{C}^T\boldsymbol{A}\boldsymbol{C}$ 为对角阵.

定理 3 对于任意实对称矩阵 $\boldsymbol{A}$，存在可逆矩阵 $\boldsymbol{C}$，使得

$$\boldsymbol{C}^T\boldsymbol{A}\boldsymbol{C}=diag(d_1,d_2,\cdots,d_n)\text{（证明由第三章可得）}$$

由第三章可知，可逆矩阵 $\boldsymbol{C}$ 可表示为若干个初等矩阵的乘积，即

$$\boldsymbol{C}=\boldsymbol{E}p_1p_2\cdots p_s\text{，其中 }\boldsymbol{E}\text{ 为同阶单位阵，}p_1,p_2,\cdots,p_s\text{为初等矩阵}$$

使得 $\boldsymbol{C}^T\boldsymbol{A}\boldsymbol{C}=(p_1p_2\cdots p_s)^T\boldsymbol{A}(p_1p_2\cdots p_s)=p_s^T\cdots p_2^Tp_1^T\boldsymbol{A}p_1p_2\cdots p_s$ 为对角阵.

因此，可对矩阵 $\boldsymbol{A}$ 施以左乘 $p_1^T,p_2^T,\cdots,p_s^T$ 的行初等变换，同时对分块矩阵 $\begin{pmatrix}\boldsymbol{A}\\\boldsymbol{E}\end{pmatrix}$，施以右乘 p_1，$p_2,\cdots,p_s$ 的列初等变换，当将矩阵 $\boldsymbol{A}$ 化为对角阵时，单位阵 $\boldsymbol{E}$ 就化为所求的可逆矩阵 $\boldsymbol{C}$.

NOTE

例 7 用初等变换法化二次型 $f(x_1,x_2,x_3)=2x_1^2-4x_1x_2+x_2^2-4x_2x_3$ 为标准形.

解 $$\left[\frac{A}{E}\right]=\left(\begin{array}{ccc}2&-2&0\\-2&1&-2\\0&-2&0\\ \hdashline 1&0&0\\0&1&0\\0&0&1\end{array}\right)\xrightarrow[(2)+(1)]{(2)+(1)}\left(\begin{array}{ccc}2&0&0\\0&-1&-2\\0&-2&0\\ \hdashline 1&1&0\\0&1&0\\0&0&1\end{array}\right)\xrightarrow[(3)-2(2)]{(3)-2(2)}\left(\begin{array}{ccc}2&0&0\\0&-1&0\\0&0&4\\ \hdashline 1&1&-2\\0&1&-2\\0&0&1\end{array}\right)$$

可逆线性变换 $\boldsymbol{x}=\boldsymbol{C}\boldsymbol{y},\boldsymbol{C}=\begin{pmatrix}1&1&-2\\0&1&-2\\0&0&1\end{pmatrix}$

标准形为：$f=2y_1^2-y_2^2+4y_3^2$.

例 8 用初等变换法化二次型 $f(x_1,x_2,x_3)=2x_1x_2+2x_1x_3-6x_2x_3$ 为标准形.

解 $$\left(\frac{A}{E}\right)=\left(\begin{array}{ccc}0&1&1\\1&0&-3\\1&-3&0\\ \hdashline 1&0&0\\0&1&0\\0&0&1\end{array}\right)\xrightarrow[(1)+(2)]{(1)+(2)}\left(\begin{array}{ccc}2&1&-2\\1&0&-3\\-2&-3&0\\ \hdashline 1&0&0\\1&1&0\\0&0&1\end{array}\right)\xrightarrow[(2)-\frac{1}{2}(1)]{(2)-\frac{1}{2}(1)}\left(\begin{array}{ccc}2&0&-2\\0&-\frac{1}{2}&-2\\-2&-2&0\\ \hdashline 1&-\frac{1}{2}&0\\1&\frac{1}{2}&0\\0&0&1\end{array}\right)$$

$$\xrightarrow[(3)+(1)]{(3)+(1)}\left(\begin{array}{ccc}2&0&0\\0&-\frac{1}{2}&-2\\0&-2&-2\\ \hdashline 1&-\frac{1}{2}&1\\1&\frac{1}{2}&1\\0&0&1\end{array}\right)\xrightarrow[(3)-4(2)]{(3)-4(2)}\left(\begin{array}{ccc}2&0&0\\0&-\frac{1}{2}&0\\0&0&6\\ \hdashline 1&-\frac{1}{2}&3\\1&\frac{1}{2}&-1\\0&0&1\end{array}\right)$$

可逆线性变换 $\boldsymbol{x}=\boldsymbol{C}\boldsymbol{y},\boldsymbol{C}=\begin{pmatrix}1&-\frac{1}{2}&3\\1&\frac{1}{2}&-1\\0&0&1\end{pmatrix}$

标准形为：$f=2y_1^2-\frac{1}{2}y_2^2+6y_3^2$.

与例 6 的结果不同，这也就是说二次型的标准形是不唯一的，取不同的可逆线性变换，所得标准形也是不同的，但有一点是共同的，即都是二个正平方项，一个负平方项，因此有以下结论.

7.2.2 二次型的规范形与惯性定理

定义 2 二次型 $\boldsymbol{x}^T\boldsymbol{A}\boldsymbol{x}$ 的标准形中正平方项的项数称为二次型（或 $\boldsymbol{A}$）的**正惯性指数**；负平

方项的项数称为二次型(或 $\boldsymbol{A}$)的**负惯性指数**;正负惯性指数之差称为**符号差**. 若一个二次型可以化为标准形,而这个标准形平方项的系数只是 1,-1,0,则称这样的标准形为**规范形**,其形状为

$$y_1^2+\cdots+y_p^2-y_{p+1}^2-\cdots-y_r^2,(秩(\boldsymbol{A})=r\leqslant n) \tag{7-6}$$

定理 4(惯性定理) 对于一个 n 元二次型 $\boldsymbol{x}^T\boldsymbol{A}\boldsymbol{x}$,不论做怎样的可逆线性变换使之化为标准形,其中正平方项的项数 p 与负平方项的项数 q 都是唯一确定的. 即对于一个 n 阶实对称矩阵 $\boldsymbol{A}$,不论取怎样的可逆线性变换 $\boldsymbol{x}=\boldsymbol{C}\boldsymbol{y}$,只要使

$$\boldsymbol{x}^T\boldsymbol{A}\boldsymbol{x}=\begin{pmatrix} d_1 &&&&&&&& \\ & \ddots &&&&&&& \\ && d_p &&&&&& \\ &&& -d_{p+1} &&&&& \\ &&&& \ddots &&&& \\ &&&&& -d_{p+q} &&& \\ &&&&&& 0 && \\ &&&&&&& \ddots & \\ &&&&&&&& 0 \end{pmatrix} \tag{7-7}$$

$d_i>0(i=1,2,\cdots,p+q)$,$p+q\leqslant n$,则 p 和 q 是由 $\boldsymbol{A}$ 唯一确定的.

证明 因为 $\boldsymbol{R}(\boldsymbol{A})=\boldsymbol{R}(\boldsymbol{C}^T\boldsymbol{A}\boldsymbol{C})=p+q$,所以 $p+q$ 由 $\boldsymbol{A}$ 的秩唯一确定. 只需证明 p 由 $\boldsymbol{A}$ 唯一确定.

设 $p+q=R(\boldsymbol{A})=r$,二次型 $\boldsymbol{x}^T\boldsymbol{A}\boldsymbol{x}$ 经线性变换

$$\boldsymbol{x}=\boldsymbol{B}\boldsymbol{y} \qquad\qquad \boldsymbol{x}=\boldsymbol{C}\boldsymbol{z} \tag{7-8}$$

(其中 $\boldsymbol{B}$,$\boldsymbol{C}$ 可逆)都可化为标准形,其标准形分别为

$$f=b_1y_1^2+b_2y_2^2+\cdots+b_py_p^2-b_{p+1}y_{p+1}^2-\cdots-b_ry_r^2 \tag{7-9}$$

$$f=c_1z_1^2+c_2z_2^2+\cdots+c_tz_t^2-c_{t+1}z_{t+1}^2-\cdots-c_rz_r^2 \tag{7-10}$$

其中 $b_i>0$,$c_i>0(i=1,2,\cdots,r)$,要证正平方项的项数唯一确定,即证 $p=t$.

用反证法,假设 $p>t$,由式 7-9、式 7-10 可得

$$\begin{aligned} f&=b_1y_1^2+b_2y_2^2+\cdots+b_py_p^2-b_{p+1}y_{p+1}^2-\cdots-b_ry_r^2 \\ &=c_1z_1^2+c_2z_2^2+\cdots+c_tz_t^2-c_{t+1}z_{t+1}^2-\cdots-c_rz_r^2 \end{aligned} \tag{7-11}$$

由式 7-8 可得:$\boldsymbol{z}=\boldsymbol{C}^{-1}\boldsymbol{x}$,$\boldsymbol{x}=\boldsymbol{B}\boldsymbol{y}$,则 $\boldsymbol{z}=\boldsymbol{C}^{-1}\boldsymbol{B}\boldsymbol{y}$(记 $\boldsymbol{C}^{-1}\boldsymbol{B}=\boldsymbol{D}$,则 $\boldsymbol{z}=\boldsymbol{D}\boldsymbol{y}$),即

$$\begin{cases} z_1=d_{11}y_1+d_{12}y_2+\cdots+d_{1n}y_n \\ \cdots\cdots\cdots\cdots\cdots\cdots\cdots\cdots\cdots\cdots \\ z_t=d_{t1}y_1+d_{t2}y_2+\cdots+d_{tn}y_n \\ \cdots\cdots\cdots\cdots\cdots\cdots\cdots\cdots\cdots\cdots \\ z_n=d_{n1}y_1+d_{n2}y_2+\cdots+d_{nn}y_n \end{cases} \tag{7-12}$$

为了从式 7-11 中找到矛盾,令 $z_1=z_2=\cdots=z_t=0$,$y_{p+1}=y_{p+2}=\cdots=y_n=0$,再利用式 7-12 得到 $y_1,y_2,\cdots,y_n$的线性齐次方程组

NOTE

$$\begin{cases} d_{11}y_1+d_{12}y_2+\cdots+d_{1n}y_n=0 \\ \cdots\cdots\cdots\cdots\cdots\cdots\cdots\cdots \\ d_{t1}y_1+d_{t2}y_2+\cdots+d_{tn}y_n=0 \\ y_{p+1}=0 \\ \cdots\cdots\cdots\cdots\cdots\cdots\cdots\cdots \\ y_n=0 \end{cases} \tag{7-13}$$

齐次方程组式 7-13 有 $n-(p-t)$ 个方程,小于未知数的个数 n,因此方程组有非零解. 又因为 $y_{p+1}=y_{p+2}=\cdots=y_n=0$,所以 $y_1,y_2,\cdots,y_p$ 至少有一个不为零,代入式 7-11 得

$$f=b_1y_1^2+b_2y_2^2+\cdots+b_py_p^2>0 \tag{7-14}$$

再将式 7-13 的非零解代入式 7-12 得到 $z_1,z_2,\cdots z_t,\cdots,z_n$ 的一组值(这时 $z_1=z_2=\cdots=z_t=0$),将它们代入式 7-10 又得

$$f=-c_{t+1}z_{t+1}^2-c_{t+2}z_{t+2}^2-\cdots-c_rz_r^2<0 \tag{7-15}$$

显然 7-14 与 7-15 矛盾,所以假设 $p>t$ 不成立. 同理可证 $p<t$ 不成立,因此 $p=t$. 这就明了二次型中正平方项的项数以所作的可逆线性变换无关,它是由二次型(或二次型所对应的矩阵 $\boldsymbol{A}$)本身所确定的. 由于 $q=r(\boldsymbol{A})-p$,所以 q 也是由 $\boldsymbol{A}$ 唯一确定的.

推论 设 $\boldsymbol{A}$ 为 n 阶实对称矩阵,若 $\boldsymbol{A}$ 的正、负惯性指数分别为 p 和 q,则:

$$\boldsymbol{A}\simeq \mathrm{diag}(1,\cdots,1,-1,\cdots,-1,0,\cdots,0) \tag{7-16}$$

其中 1 有 p 个,-1 有 q 个,0 有 $n-(p+q)$ 个. 即对于二次型 $\boldsymbol{x}^T\boldsymbol{A}\boldsymbol{x}$ 的标准形,存在可逆变换 $\boldsymbol{x}=\boldsymbol{C}\boldsymbol{y}$,使得

$$\boldsymbol{x}^T\boldsymbol{A}\boldsymbol{x}=y_1^2+\cdots+y_p^2-y_{p+1}^2-\cdots-y_{p+q}^2$$

证明 由惯性定理可得,二次型 $\boldsymbol{x}^T\boldsymbol{A}\boldsymbol{x}$ 都能通过可逆变换化为

$$\boldsymbol{x}^T\boldsymbol{A}\boldsymbol{x}=b_1y_1^2+\cdots+b_py_p^2-b_{p+1}y_{p+1}^2-\cdots-b_{p+q}y_{p+q}^2 \tag{7-17}$$

令:$y_1=\dfrac{1}{\sqrt{b_1}}z_1,\cdots,y_{p+q}=\dfrac{1}{\sqrt{b_{p+q}}}z_{p+q},y_{p+q+1}=z_{p+q+1},\cdots,y_n=z_n$

显然是一个可逆变换,代入式 7-17 即可得规范形.

例 9 题目为例 8,将结果化为二次型化为规范形.

解:由例 8 可知,其标准形为

$$f=2y_1^2-\frac{1}{2}y_2^2+6y_3^2$$

令 $y_1=\dfrac{1}{\sqrt{2}}z_1,y_2=\dfrac{1}{\sqrt{\dfrac{1}{2}}}z_2,y_3=\dfrac{1}{\sqrt{6}}z_3$

规范形为 $f=z_1^2-z_2^2+z_3^2$.

7.3 正定二次型

NOTE

在科学技术及实际应用中用得较多的 n 元二次型是正惯性指数为 n,或负惯性指数为 n 的二

次型，因此有以下定义.

定义1 设有二次型 $\boldsymbol{x}^T\boldsymbol{A}\boldsymbol{x}$，如果对任意的 $\boldsymbol{x}\neq 0$，都有 $\boldsymbol{x}^T\boldsymbol{A}\boldsymbol{x}>0$，则称 $\boldsymbol{x}^T\boldsymbol{A}\boldsymbol{x}$ 为**正定二次型**，并称矩阵 $\boldsymbol{A}$ 为**正定矩阵**；如果对任意的 $\boldsymbol{x}\neq 0$，都有 $\boldsymbol{x}^T\boldsymbol{A}\boldsymbol{x}<0$，则称 $\boldsymbol{x}^T\boldsymbol{A}\boldsymbol{x}$ 为**负定二次型**，并称矩阵 $\boldsymbol{A}$ 为**负定矩阵.**

例如：$f(x_1,x_2,x_3)=2x_1^2+3x_2^2+4x_3^2$，显然，当 x_1,x_2,x_3 不全为零时有 $f>0$，即为正定二次型.

定理1 n 元二次型 $\boldsymbol{x}^T\boldsymbol{A}\boldsymbol{x}$ 正定的充分必要条件是其标准形中所有 n 个平方项的系数都大于零.

证明 设其标准形为

$$d_1y_1^2+d_2y_2^2+\cdots+d_ny_n^2$$

充分性是显然的.

用反证法证必要性 假设 $d_i\leqslant 0$，取 $y_i=-1,y_j=0(i\neq j=1,2,\cdots,n)$ 代入二次型得

$$d_1y_1^2+d_2y_2^2+\cdots+d_ny_n^2=d_i=-1<0$$

与二次型正定矛盾.

定理2 二次型 $\boldsymbol{x}^T\boldsymbol{A}\boldsymbol{x}$ 经过可逆线性变换 $\boldsymbol{x}=\boldsymbol{C}\boldsymbol{y}$ 其正定性保持不变.

证明 现在要证明的是当 $\boldsymbol{x}^T\boldsymbol{A}\boldsymbol{x}>0$ 时，$\boldsymbol{y}^T(\boldsymbol{C}^T\boldsymbol{A}\boldsymbol{C})\boldsymbol{y}>0$.

对于 $\forall\boldsymbol{y}\neq 0$，由于 $\boldsymbol{x}=\boldsymbol{C}\boldsymbol{y}$（$\boldsymbol{C}$ 可逆），所以与 $\boldsymbol{y}$ 对应的 $\boldsymbol{x}\neq 0$（若 $\boldsymbol{x}=0$，则 $\boldsymbol{y}=\boldsymbol{C}^{-1}\boldsymbol{x}=0$，与 $\boldsymbol{y}\neq 0$ 矛盾），若 $\boldsymbol{x}^T\boldsymbol{A}\boldsymbol{x}>0$，则有 $\boldsymbol{y}^T(\boldsymbol{C}^T\boldsymbol{A}\boldsymbol{C})\boldsymbol{y}=\boldsymbol{x}^T\boldsymbol{A}\boldsymbol{x}>0$，反之亦然.

定理3 n 元二次型 $\boldsymbol{x}^T\boldsymbol{A}\boldsymbol{x}$ 正定的充分必要条件是正惯性指数为 n，即 $\boldsymbol{A}\backsimeq\boldsymbol{E}$.

证明 必要性 由上节定理3可知，对于 n 阶实对称矩阵 $\boldsymbol{A}$，存在可逆矩阵 $\boldsymbol{P}$，使得

$$\boldsymbol{P}^T\boldsymbol{A}\boldsymbol{P}=diag(d_1,d_2,\cdots,d_n)$$

假设 $\boldsymbol{A}$ 的正惯性指数小于 n，则至少存在一个 $d_i\leqslant 0$，做可逆变换 $\boldsymbol{x}=\boldsymbol{P}\boldsymbol{y}$，使得

$$\boldsymbol{x}^T\boldsymbol{A}\boldsymbol{x}=\boldsymbol{y}^T(\boldsymbol{P}^T\boldsymbol{A}\boldsymbol{P})y=d_1y_1^2+d_2y_2^2+\cdots+d_ny_n^2$$

不恒大于零，与 $\boldsymbol{x}^T\boldsymbol{A}\boldsymbol{x}$ 正定矛盾，因此，$\boldsymbol{A}$ 的正惯性指数为 n，即 $\boldsymbol{A}\backsimeq\boldsymbol{E}$.

充分性 因为 $\boldsymbol{A}\backsimeq\boldsymbol{E}$，则存在可逆矩阵 $\boldsymbol{P}$，使得 $\boldsymbol{P}^T\boldsymbol{A}\boldsymbol{P}=\boldsymbol{E}$，做可逆变换 $\boldsymbol{x}=\boldsymbol{P}\boldsymbol{y}$，有

$$\boldsymbol{x}^T\boldsymbol{A}\boldsymbol{x}=\boldsymbol{y}^T(\boldsymbol{P}^T\boldsymbol{A}\boldsymbol{P})\boldsymbol{y}=\boldsymbol{y}^T(\boldsymbol{E})\boldsymbol{y}=y_1^2+y_2^2+\cdots+y_n^2$$

显然二次型正定.

定理4 n 元二次型 $\boldsymbol{x}^T\boldsymbol{A}\boldsymbol{x}$ 正定的充分必要条件是存在可逆矩阵 $\boldsymbol{P}$，使得 $\boldsymbol{A}=\boldsymbol{P}^T\boldsymbol{P}$.

证明 必要性 因二次型 $\boldsymbol{x}^T\boldsymbol{A}\boldsymbol{x}$ 正定，由定理3可知，存在可逆矩阵 $\boldsymbol{C}$，使得 $\boldsymbol{C}^T\boldsymbol{A}\boldsymbol{C}=\boldsymbol{E}$，可得

$$\boldsymbol{A}=(\boldsymbol{C}^T)^{-1}\boldsymbol{C}^{-1}=(\boldsymbol{C}^{-1})^T\boldsymbol{C}^{-1}，令：\boldsymbol{C}^{-1}=\boldsymbol{P}，即，\boldsymbol{A}=\boldsymbol{P}^T\boldsymbol{P}.$$

充分性 若存在可逆矩阵 $\boldsymbol{P}$，使得 $\boldsymbol{A}=\boldsymbol{P}^T\boldsymbol{P}$，则

$$(\boldsymbol{P}^T)^{-1}\mathrm{A}\mathrm{P}^{-1}=(\boldsymbol{P}^{-1})^T\boldsymbol{A}\boldsymbol{P}^{-1}=\boldsymbol{E}，取\ \boldsymbol{P}^{-1}=\boldsymbol{C},$$

有 $\boldsymbol{C}^T\boldsymbol{A}\boldsymbol{C}=\boldsymbol{E}$，即 $\boldsymbol{A}\backsimeq\boldsymbol{E}$，所以二次型正定.

定理5 n 元二次型 $\boldsymbol{x}^T\boldsymbol{A}\boldsymbol{x}$ 正定的充分必要条件是 $\boldsymbol{A}$ 的 n 个特征值全大于零.

证明 对于实对称矩阵 $\boldsymbol{A}$ 存在正交矩阵 $\boldsymbol{T}$，使得：

$$\boldsymbol{T}^T\boldsymbol{A}\boldsymbol{T}=diag(\lambda_1,\lambda_2,\cdots,\lambda_n)$$

其中 $\lambda_1,\lambda_2,\cdots,\lambda_n$ 为 $\boldsymbol{A}$ 的 n 个特征值. 因二次型 $\boldsymbol{x}^T\boldsymbol{A}\boldsymbol{x}$ 正定，由定理3可得，$\boldsymbol{A}$ 的特征值全大于零，反之亦成立.

NOTE

例 1　判断二次型 $f(x_1,x_2,x_3)=2x_1^2+3x_2^2+5x_3^2+4x_1x_2-4x_1x_3-6x_2x_3$ 是否正定.

解　由配方法可得(过程见 7.2 例 5)

$$f=2(x_1+x_2-x_3)^2+(x_2-x_3)^2+2x_3^2\geqslant 0$$

且只有当 $x_1+x_2-x_3=0, x_2-x_3=0, x_3=0$,即 $x_1=x_2=x_3=0, f=0$,

由定义可知 $\boldsymbol{x}\neq 0$,所以 $f>0$,二次型正定.

由此可以看出,要判断一个二次型是否正定,必须首先化为标准形或求出对应矩阵的特征值来判断其正定性,但有时化一个二次型为标准形或求矩阵的特征值是比较麻烦的,因此须找一个较简便的方法,因此有下面的结论.

定义 2　设 n 阶矩阵

$$\boldsymbol{A}=\begin{pmatrix} a_{11} & a_{12} & \cdots & a_{1n} \\ a_{21} & a_{22} & \cdots & a_{2n} \\ \cdots & \cdots & \cdots & \cdots \\ a_{n1} & a_{n2} & \cdots & a_{nn} \end{pmatrix}$$

则子式

$$|\boldsymbol{A}_k|=\begin{vmatrix} a_{11} & a_{12} & \cdots & a_{1k} \\ a_{21} & a_{22} & \cdots & a_{2k} \\ \cdots & \cdots & \cdots & \cdots \\ a_{k1} & a_{k2} & \cdots & a_{kk} \end{vmatrix}$$

称为矩阵 $\boldsymbol{A}$ 的 $\boldsymbol{k}$ 阶顺序主子式,当 k 取 $1,2,\cdots,n$ 时,称为 $\boldsymbol{A}$ 的 n 个顺序主子式,即

$$|\boldsymbol{A}_1|=|a_{11}|,\quad |\boldsymbol{A}_2|=\begin{vmatrix} a_{11} & a_{12} \\ a_{21} & a_{22} \end{vmatrix},$$

$$|\boldsymbol{A}_3|=\begin{vmatrix} a_{11} & a_{12} & a_{13} \\ a_{21} & a_{22} & a_{23} \\ a_{31} & a_{32} & a_{33} \end{vmatrix},\cdots,|\boldsymbol{A}_n|=|\boldsymbol{A}|=\begin{vmatrix} a_{11} & a_{12} & \cdots & a_{1n} \\ a_{21} & a_{22} & \cdots & a_{2n} \\ \cdots & \cdots & \cdots & \cdots \\ a_{n1} & a_{n2} & \cdots & a_{nn} \end{vmatrix}$$

例 2　写出下列矩阵的所有顺序主子式.

$$\boldsymbol{A}=\begin{pmatrix} 1 & 5 & 1 & -1 \\ 2 & 6 & 0 & 0 \\ 3 & 7 & 1 & -1 \\ 4 & 8 & 0 & 1 \end{pmatrix}$$

解　$|\boldsymbol{A}_1|=1, |\boldsymbol{A}_2|=\begin{vmatrix} 1 & 5 \\ 2 & 6 \end{vmatrix}, |\boldsymbol{A}_3|=\begin{vmatrix} 1 & 5 & 1 \\ 2 & 6 & 0 \\ 3 & 7 & 1 \end{vmatrix}, |\boldsymbol{A}_4|=|\boldsymbol{A}|=\begin{vmatrix} 1 & 5 & 1 & -1 \\ 2 & 6 & 0 & 0 \\ 3 & 7 & 1 & -1 \\ 4 & 8 & 0 & 1 \end{vmatrix}$

定理 6　若二次型 $\boldsymbol{x}^T\boldsymbol{A}\boldsymbol{x}$ 正定,则必有,$|\boldsymbol{A}|>0$.

证明　因为　$\boldsymbol{x}^T\boldsymbol{A}\boldsymbol{x}$ 正定,由定理 4,存在可逆矩阵 $\boldsymbol{P}$,使得 $\boldsymbol{A}=\boldsymbol{P}^T\boldsymbol{P}$.

所以　$|\boldsymbol{A}|=|\boldsymbol{P}^T\boldsymbol{P}|=|\boldsymbol{P}^T||\boldsymbol{P}|=|\boldsymbol{P}|^2>0$.

NOTE

此定理是二次型正定的必要条件而非充分条件.

例如 $A=\begin{pmatrix}-1 & 0\\ 0 & -2\end{pmatrix}$,而$|A|=2>0$,但对应的二次型为:$-x_1^2-2x_2^2$,显然不正定.

定理 7 n 元二次型 $\boldsymbol{x}^T\boldsymbol{A}\boldsymbol{x}$ 是正定二次型的充分必要条件是 $\boldsymbol{A}$ 的 n 个顺序主子式都大于零.

证明 必要性 取 $\boldsymbol{x}=(x_1,\cdots,x_k,0\cdots,0)^T\neq 0$,令 $\boldsymbol{x}_k=(x_1,\cdots,x_k)^T\neq 0$,则有 $\boldsymbol{x}=(\boldsymbol{x}_k^T,\boldsymbol{0})^T\neq 0$,因 $\boldsymbol{x}^T\boldsymbol{A}\boldsymbol{x}>0$,必有

$\boldsymbol{x}^T\boldsymbol{A}\boldsymbol{x}=(\boldsymbol{x}_k^T,0)\begin{pmatrix}\boldsymbol{A}_k & *\\ * & *\end{pmatrix}\begin{pmatrix}\boldsymbol{x}_k^T\\ \boldsymbol{0}\end{pmatrix}=\boldsymbol{x}_k^T\boldsymbol{A}_k\boldsymbol{x}_k>0$,由定理 6 可得

$|\boldsymbol{A}_k|>0$,当 k 取 $1,2,\cdots,n$ 时,则结论成立.

充分性 当 $n=1$ 时,$\boldsymbol{x}^T\boldsymbol{A}\boldsymbol{x}=a_{11}>0$,成立,假设 $n=k-1$ 时成立,

当 $n=k$ 时,将矩阵 $\boldsymbol{A}_k$ 分块为

$\boldsymbol{A}_k=\begin{pmatrix}\boldsymbol{A}_{k-1} & \boldsymbol{B}\\ \boldsymbol{B}^T & a_{kk}\end{pmatrix}$,其中 $\boldsymbol{B}^T=(a_{k1},a_{k2},\cdots,a_{kk-1})$

取 $\boldsymbol{P}_1=\begin{pmatrix}\boldsymbol{E}_{k-1} & -\boldsymbol{A}_{k-1}^{-1}\boldsymbol{B}\\ 0 & 1\end{pmatrix}$,$\boldsymbol{P}_1^T=\begin{pmatrix}\boldsymbol{E}_{k-1} & 0\\ -\boldsymbol{B}^T\boldsymbol{A}_{k-1}^{-1} & 1\end{pmatrix}$,其中,$(\boldsymbol{A}_{k-1}^{-1})^T=\boldsymbol{A}_{k-1}^{-1}$

有 $\boldsymbol{P}_1^T\boldsymbol{A}_k\boldsymbol{P}_1=\begin{pmatrix}\boldsymbol{A}_{k-1} & 0\\ 0 & a_{kk}-\boldsymbol{B}^T\boldsymbol{A}_{k-1}^{-1}\boldsymbol{B}\end{pmatrix}$,记 $a_{kk}-\boldsymbol{B}^T\boldsymbol{A}_{k-1}^{-1}\boldsymbol{B}=k$

则 $\boldsymbol{P}_1^T\boldsymbol{A}_k\boldsymbol{P}_1=\begin{pmatrix}\boldsymbol{A}_{k-1} & 0\\ 0 & k\end{pmatrix}$,而 $|\boldsymbol{P}_1^T\boldsymbol{A}\boldsymbol{P}_1|=k|A_{k-1}|$

由已知,$|\boldsymbol{A}_k|>0$,$|\boldsymbol{A}_{k-1}|>0$,可得 $k>0$,

根据假设 $\boldsymbol{A}_{k-1}$ 正定,由定理 3 可知,存在 $n-1$ 阶可逆矩阵 $\boldsymbol{P}$,使得 $\boldsymbol{P}^T\boldsymbol{A}_{k-1}\boldsymbol{P}=\boldsymbol{E}_{k-1}$,

因此,取

$$\boldsymbol{P}_2=\begin{pmatrix}\boldsymbol{P} & 0\\ 0 & \frac{1}{\sqrt{k}}\end{pmatrix},\boldsymbol{P}_2^T=\begin{pmatrix}\boldsymbol{P}^T & 0\\ 0 & \frac{1}{\sqrt{k}}\end{pmatrix}$$

得:$\boldsymbol{P}_2^T(\boldsymbol{P}_1^T\boldsymbol{A}_k\boldsymbol{P}_1)\boldsymbol{P}_2=\boldsymbol{E}$,所以 $\boldsymbol{A}_k$ 正定,证毕.

例 3 判断二次型 $f(x_1,x_2,x_3)=5x_1^2+x_2^2+5x_3^2+4x_1x_2-8x_1x_3-4x_2x_3$ 的正定性.

解 $A=\begin{pmatrix}5 & 2 & -4\\ 2 & 1 & -2\\ -4 & -2 & 5\end{pmatrix}$

因为 $|\boldsymbol{A}_1|=5>0$,$|\boldsymbol{A}_2|=\begin{vmatrix}5 & 2\\ 2 & 1\end{vmatrix}=1>0$,$|\boldsymbol{A}_3|=|\boldsymbol{A}|=1>0$

故 $\boldsymbol{A}$ 为正定矩阵,f 为正定二次型.

由二次型正定,即:对于任意的 $\boldsymbol{x}\neq 0$,有 $\boldsymbol{x}^T\boldsymbol{A}\boldsymbol{x}>0$(或 $\boldsymbol{A}$ 为正定矩阵),则对于任意的 $\boldsymbol{x}\neq 0$,有 $\boldsymbol{x}^T(-\boldsymbol{A})\boldsymbol{x}<0$,二次型为负定二次型(或$-\boldsymbol{A}$ 为负定矩阵),因此对于正定二次型的一些结论,对应负定二次型的也成立.

NOTE

习　题 7

1. 判断下列函数是否为二次型.

① $x_1^2+2x_2^2+3x_3^2-2x_1x_2+x_1$　　② $2x_1^2+2x_2^2-2x_1x_2+x_1x_3+x_2x_3$

2. 用矩阵形式表示下列二次型.

① $f(x_1,x_2,x_3)=x_1^2+2x_2^2+x_3^2-2x_1x_2+4x_1x_3$

② $f(x_1,x_2,x_3)=2x_1^2+x_2^2-x_3^2-2x_1x_2+6x_1x_3+3x_2x_3$

3. 写出下列各对称矩阵所对应的二次型.

① $A=\begin{pmatrix}1 & -1 & 2\\ -1 & 0 & 2\\ 2 & 2 & 3\end{pmatrix}$　② $A=\begin{pmatrix}0 & 1 & 1\\ 1 & 0 & 0\\ 1 & 0 & 0\end{pmatrix}$

4. 用正交变换将下列二次型化为标准形,并写出所作的正交变换.

① $f(x_1,x_2,x_3)=x_1^2+2x_2^2+5x_3^2+2x_1x_2+2x_1x_3+6x_2x_3$

② $f(x_1,x_2,x_3)=2x_1x_2+2x_1x_3+2x_2x_3$

5. 用配方法将下列二次型化为标准形,并写出所作的可逆线性变换.

① $f(x_1,x_2,x_3)=2x_1^2+x_2^2-4x_1x_2-4x_2x_3$

② $f(x_1,x_2,x_3)=2x_1x_2+2x_1x_3-4x_2x_3$

6. 将下列二次型化为规范形.

$f(x_1,x_2,x_3)=x_1^2+3x_2^2+5x_3^2+2x_1x_2-4x_1x_3$

7. 判断下列二次型的正定性.

① $f(x_1,x_2,x_3)=2x_1^2-6x_2^2-4x_3^2+2x_1x_2+2x_1x_3$

② $f(x_1,x_2,x_3)=4x_1^2+3x_2^2+5x_3^2-4x_1x_2-4x_1x_3$

8. 下列二次型为正定二次型,试求 a 的取值范围.

① $f(x_1,x_2,x_3)=x_1^2+x_2^2+5x_3^2+2ax_1x_2-2x_1x_3+4x_2x_3$

② $f(x_1,x_2,x_3)=5x_1^2+x_2^2+ax_3^2+4x_1x_2-2x_1x_3-2x_2x_3$

NOTE

8 线性代数实验

MATLAB 是 Matrix Laboratory 的缩写,是由美国 Math Works 公司开发的一个集计算、图形可视化和编程功能于一体的应用软件. 本章将以 MATLAB R2012*b* 为平台,简要介绍 MATLAB 在线性代数中的一些应用.

8.1 MATLAB R2012*b* 简介

8.1.1 实验目的

1. 了解 MATLAB 的工作界面;
2. 掌握 MATLAB 输入命令的基本规则.

8.1.2 MATLAB R2012*b* 的工作环境

在安装了 MATLAB 软件之后,即可启动并进入 MATLAB 的初始工作界面,主要包括菜单、工具条、当前工作目录窗口、工作空间管理窗口、历史命令窗口、命令窗口等,如图 8-1 所示.

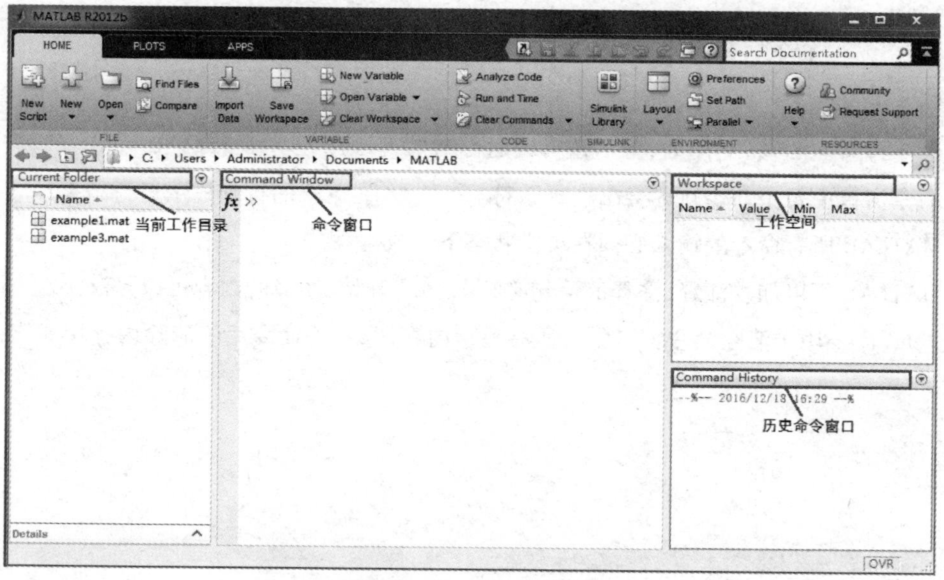

图 8-1 MATLAB 的工作界面

1. 菜单和工具条

MATLAB 的菜单和工具条在界面的最上方,其功能和使用方法与 Windows 类似.

菜单包括主页(home)、绘图(plots)、应用程序(apps),每个菜单提供了不同的功能按钮,方便选择和使用.

MATLAB 的工具条可以提供在编程环境下对常用命令及语句的快速访问,如保存、复制、粘贴、剪切等.

2. 当前目录工作窗口

当前目录窗口可以显示或改变当前目录,还可以对文件进行搜索.

3. 工作空间管理窗口

工作空间用来记录和显示目前已经保存的变量数据的信息,只需双击变量名前面的图标按钮即可显示出有关该变量的数据结构、字节数、最值等信息.

4. 历史命令窗口

该窗口主要用于记录所有执行过的命令,在默认设置下,该窗口会保留所有使用过的命令的历史记录,并标明使用的日期.也可以在该窗口右侧的"▼"下拉菜单中,清除历史命令窗口中的所有历史命令或退出该窗口.

5. 命令窗口

界面的正中间的空白区域是命令窗口,可以看到提示符">>",表示 MATLAB 已经准备好,可以在此输入命令,每输入一行命令,按 Enter 键结束,命令的执行结果也将显示在这个窗口.

例 1 在命令行窗口输入命令,并查看运行结果.

解 MATLAB 命令为

```
>>a=[1,2,3];
>>k=6;
>>c=a*k
```

运行结果为

```
c=
    6    12    8
```

说明:

- 命令行后面的";"省略时,显示该行的运行结果,否则不显示运行结果.
- 命令窗口中每个命令行前会出现提示符">>",没有">>"的行则显示运行结果.
- MATLAB 所有命令的输入必须在英文状态下完成.
- MATLAB 可以加入注释,注释的语句必须以"%"开始,注释的内容可以是汉字.
- "clc"命令用于清空命令窗口中的所有显示内容;"clear"命令用于清除内存中所有的变量与函数.

8.2 矩阵与向量的基本实验

8.2.1 实验目的

NOTE

1. 掌握矩阵的几种常用输入法;

2. 掌握矩阵的基本运算方法；

3. 掌握向量的几种常用输入法；

4. 掌握向量的基本运算方法.

8.2.2 矩阵的创建

矩阵的创建常用直接输入、矩阵函数生成、外部文件导入等方法.

1. 直接输入法

对于维数较少的小型矩阵，直接输入法是最方便、最直接的方法. 在输入时，矩阵中的元素用方括号"[ ]"括起来；矩阵中的每一行元素之间用逗号或空格隔开，行与行之间用分号或回车键隔开；矩阵的元素可以是运算表达式.

例 1 生成矩阵

$$\boldsymbol{A}=\begin{bmatrix}1 & 2 & 3\\4 & 5 & 6\\7 & 8 & 9\end{bmatrix}$$

解
```
>>A=[1,2,3;4,5,6;7,8,9]
A=
    1    2    3
    4    5    6
    7    8    9
```

2. 利用矩阵函数生成矩阵

MATLAB 提供了一些函数用来生成特殊矩阵，如表 8-1 所示.

表 8-1 常用的矩阵函数

函数名称	函数功能	函数名称	函数功能
rand(m,n)	生成 m×n 随机矩阵	diag(v,k)	以向量 v 为主对角线的对角矩阵
ones(m,n)	生成 m×n 全 1 矩阵	magic(n)	生成 n 阶魔方矩阵
zeros(m,n)	生成 m×n 零矩阵	tril(A,k)	生成下三角矩阵
eye(n)	生成 n 阶单位矩阵	triu(A,k)	生成上三角矩阵

例 2 ①生成一个含有 3 个元素的随机矩阵；②生成一个 3×2 全 1 矩阵；③生成一个 2 阶单位阵；④生成一个对角矩阵.

解
```
>>rand(1,3)   %随机生成含有3个元素的矩阵；
ans=
    0.8147   0.9058   0.1270
>>ones(3,2)   %生成一个3*2全1矩阵；
ans=
    1    1
    1    1
    1    1
>>eye(2)   %生成一个2阶单位阵；
```

```
ans=
     1     0
     0     1
>>v=[1,-1,2];
>>diag(v,0)   %生成一个以向量v为主对角线的对角矩阵;
ans=
     1     0     0
     0    -1     0
     0     0     2
>>diag(v,1)   %生成一个以向量v为与主对角线平行向上第一个位置的对角矩阵;
ans=
     0     1     0     0
     0     0    -1     0
     0     0     0     2
     0     0     0     0
```

3. 利用外部文件输入矩阵

对于存放在 word 或 excel 中的数据,可以先选中需要的数据进行复制,然后粘贴到 MATLAB 中即可.

如果 excel 中的数据量非常大,可以使用 MATLAB 的数据导入功能,将数据全部导入 MATLAB 中,步骤如下:

(1) 将待导入的数据录入 Excel 并保存,假设文件名为 chengji. xls,录入时注意行列要与输出矩阵对应,如图 8-2 所示.

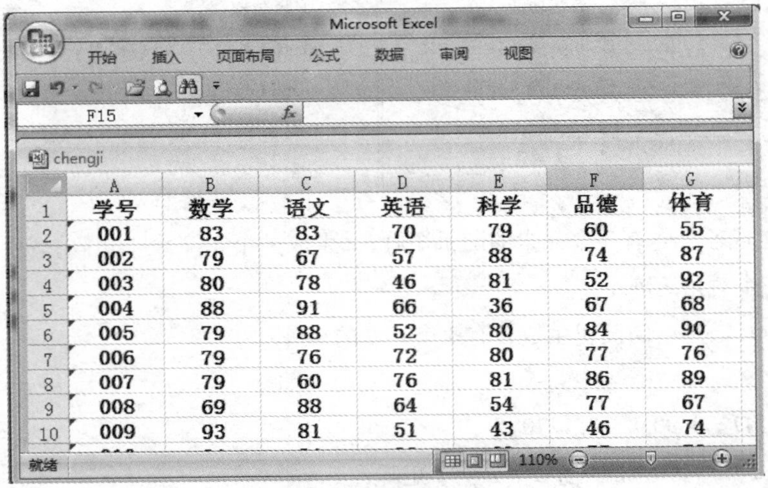

	A	B	C	D	E	F	G
1	学号	数学	语文	英语	科学	品德	体育
2	001	83	83	70	79	60	55
3	002	79	67	57	88	74	87
4	003	80	78	46	81	52	92
5	004	88	91	66	36	67	68
6	005	79	88	52	80	84	90
7	006	79	76	72	80	77	76
8	007	79	60	76	81	86	89
9	008	69	88	64	54	77	67
10	009	93	81	51	43	46	74

图 8-2 文件 chengji. xls

(2) 运行 MATLAB 程序,点击 Home 菜单上的"导入数据(Import Data)"按钮.

(3) 在弹出的"导入数据(Import Data)"对话框中找到前面保存的数据文件 chengji. xls,单击"打开".

(4) 弹出"导入(Import)"窗口,拖动鼠标选中要导入的数据;在窗口工具栏选项中选择

“Matrix”,然后点击工具栏右侧的“勾”,导入数据,如图 8-3 所示.

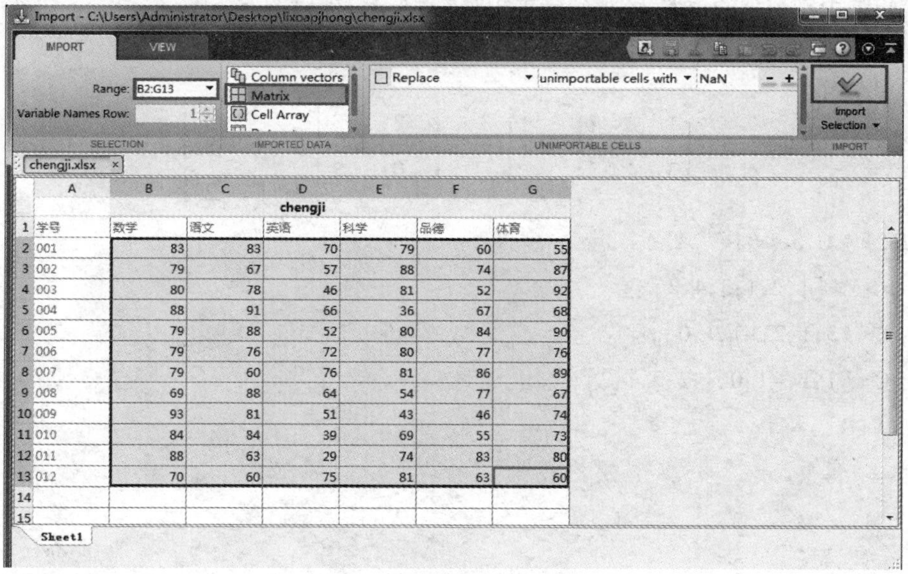

	A	B	C	D	E	F	G
1	学号	数学	语文	英语	科学	品德	体育
2	001	83	83	70	79	60	55
3	002	79	67	57	88	74	87
4	003	80	78	46	81	52	92
5	004	88	91	66	36	67	68
6	005	79	88	52	80	84	90
7	006	79	76	72	80	77	76
8	007	79	60	76	81	86	89
9	008	69	88	64	54	77	67
10	009	93	81	51	43	46	74
11	010	84	84	39	69	55	73
12	011	88	63	29	74	83	80
13	012	70	60	75	81	63	60
14							
15							

图 8-3　导入界面

(5) 关闭“Import”窗口,回到 MATLAB 主程序,在工作空间中可以看到刚刚导入的矩阵变量,如图 8-4(a)所示. 为方便使用矩阵,可以给矩阵重新命名,选中矩阵,点右键,“重命名”,如图 8-4(b)所示.

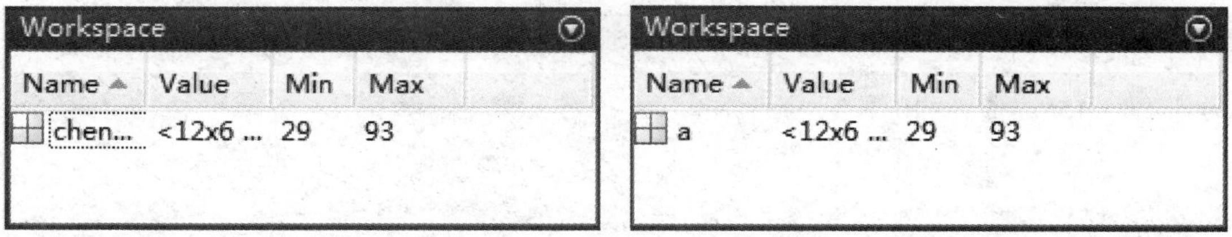

(a)　　　　(b)

图 8-4　MATLAB 工作空间

8.2.3　矩阵的基本运算

1. 矩阵的加法、减法

进行矩阵加法和减法运算的两个矩阵必须是同型矩阵,加法和减法的运算符分别是“+”“-”.

2. 矩阵的乘法

进行矩阵乘法运算时,第一个矩阵的列数应等于第二个矩阵的行数,乘法运算符是“ * ”.

3. 矩阵的除法

矩阵的除法有两种形式:左除“\”和右除“/”. 如果求矩阵方程 $AX=B$ 的解,须用左除,解为 $X=A\backslash B$;如果求矩阵方程 $XA=B$ 的解,须用右除,解为 $X=A/B$.

4. 矩阵的乘幂

只有方阵才能进行矩阵乘幂的运算,乘幂的运算符号是“^”.

NOTE

5. 矩阵的转置

交换矩阵中行与列的位置,就得到转置矩阵,矩阵 $\boldsymbol{A}$ 的转置矩阵记作 $\boldsymbol{A}'$.

例 3 已知矩阵

$$\boldsymbol{A}=\begin{bmatrix}1&2&1\\3&4&2\end{bmatrix},\boldsymbol{B}=\begin{bmatrix}3&1&2\\-1&1&0\end{bmatrix},\boldsymbol{C}=\begin{bmatrix}1&1&-1\\0&1&2\\3&1&2\end{bmatrix}$$

计算 $\boldsymbol{A}+\boldsymbol{B}$,$\boldsymbol{A}*\boldsymbol{C}$,$5*\boldsymbol{B}$,$\boldsymbol{C}^3$,$\boldsymbol{A}'$.

解

```
>>A=[1,2,1;3,4,2];
>>B=[3,1,2;-1,1,0];
>>C=[1,1,-1;0,1,2;3,1,2];
>>A+B
ans=
    4    3    3
    2    5    2
>>A*C
ans=
    4    4    5
    9    9    9
>>5*B
ans=
    15    5    10
    -5    5     0
>>C^3
ans=
    -5    -2     2
    24    15    12
    18    18     9
>>A'
ans=
    1    3
    2    4
    1    2
```

例 4 求解矩阵方程 $\boldsymbol{AX}=\boldsymbol{B}$,其中 $\boldsymbol{A}=\begin{bmatrix}1&1&1\\2&3&-1\\5&-2&1\end{bmatrix}$,$\boldsymbol{B}=\begin{bmatrix}8&3\\7&6\\3&5\end{bmatrix}$.

解

```
>>A=[1,1,1;2,3,-1;5,-2,1];
>>  B=[8,3;7,6;3,5];
>>  A\B
```

NOTE

```
ans=
    1.0000    1.4000
    3.0000    1.2000
    4.0000    0.4000
```

6. 行列式

方阵可以进行行列式运算,行列式运算的函数命令为 det( ).

7. 逆矩阵

当方阵的行列式不等于零时,可以求此方阵的逆矩阵,函数命令为 inv( ).

例 5 已知矩阵 $\boldsymbol{A}=\begin{bmatrix}3&1&2\\2&0&1\\0&-2&1\end{bmatrix}$,求 $|\boldsymbol{A}|,\boldsymbol{A}^{-1}$.

解
```
>>A=[3,1,2;2,0,1;0,-2,1];
>>det(A)
ans=
   -4.0000
>>inv(A)
ans=
   -0.5000    1.2500   -0.2500
    0.5000   -0.7500   -0.2500
    1.0000   -1.5000    0.5000
```

例 6 已知矩阵 $\boldsymbol{A}=\begin{bmatrix}a&\frac{1}{a}&1\\b&\frac{1}{b}&1\\c&\frac{1}{c}&1\end{bmatrix}$,求 $|\boldsymbol{A}|$.

解
```
>>syms a b c
>>A=[a,1/a,1;b,1/b,1;c,1/c,1];
>>det(A)
ans=
   (-a^2*b+a^2*c+a*b^2-a*c^2-b^2*c+b*c^2)/(a*b*c)
>>simplify(det(A))          %对上面的结果化简;
ans=
   -((a-b)*(a-c)*(b-c))/(a*b*c)
```

8. 分块矩阵

MATLAB 可以提取矩阵中的某个元素或多个元素构成新矩阵,$\boldsymbol{A}(i,j)$ 表示矩阵 $\boldsymbol{A}$ 的第 i 行第 j 列的元素;$\boldsymbol{A}(\boldsymbol{rv},\boldsymbol{cv})$ 表示提取矩阵 $\boldsymbol{A}$ 的某几行和某几列交叉处的元素构成的新矩阵,其中 $\boldsymbol{rv}$ 是由行号组成的向量,$\boldsymbol{cv}$ 是由列号组成的向量.

NOTE

例 7 已知矩阵

$$A=\begin{bmatrix}1&0&2&6\\3&-1&4&5\\7&2&3&1\\5&-2&0&-3\end{bmatrix}$$

提取矩阵 A 的第一、三行与第二、四列交叉处的元素组成新矩阵.

解

```
>>A=[1,0,2,6;3,-1,4,5;7,2,3,1;5,-2,0,-3];
>>rv=[1,3];cv=[2,4];
>>B=A(rv,cv)
B=
    0    6
    2    1
```

MATLAB 也可以提取矩阵中某一行或某一列的所有元素. 例如,对上述矩阵 A,

```
>>A(2,:)    %提取 A 的第二行所有元素;
ans=
    3    -1    4    5
>>A(:,1)    %提取 A 的第一列所有元素;
ans=
    1
    3
    7
    5
>>A(2:4,:)    %提取 A 的第二行至第四行所有元素;
ans=
    3    -1    4    5
    7     2    3    1
    5    -2    0   -3
```

8.2.4 向量的生成

1. 直接输入法

直接从键盘输入向量,向量的元素之间可以使用逗号、空格或分号隔开,向量的元素放在中括号内. 在输入过程中,向量中的元素可以是函数运算.

例 8 输出向量 $a=(1,3,4)$,$b=(3+2,2^3,\sqrt{9})$.

解

```
>>a=[1,3,4],b=[3+2;2^3;sqrt(9)]
a=
  1    3    4
b=
  5
```

NOTE

8

3

2. “冒号”生成法

用带冒号的表达式生成一个行向量，其格式为 $x1:x2:x3$，其中 $x1$ 表示初始值，$x2$ 表示步长，$x3$ 表示终止值. 若 $x2$ 省略，则系统默认步长为 1.

例 9 用“$x1:x2:x3$”格式生成向量.

解 >>a=1:0.5:3

a=

1.0000 1.5000 2.0000 2.5000 3.0000

>>a=6:-2:-4

a=

6 4 2 0 -2 -4

>>a=3.2:9

a=

3.2000 4.2000 5.2000 6.2000 7.2000 8.2000

3. 线性函数生成法

利用线性等分函数生成线性等分向量，其函数命令为 linspace($x1,x2,n$)，表示在 $x1$ 和 $x2$ 之间生成 n 维行向量. 若 n 省略，系统默认生成 100 维行向量.

例 10 用线性等分函数生成一个 0 ~ 2 之间的 5 维矩阵.

解 >>b=linspace(0,2,5)

b=

0 0.5000 1.0000 1.5000 2.0000

4. 矩阵提取法

提取矩阵中第 m 行或第 n 列的所有元素作为一个向量，其格式为 $\boldsymbol{A}(m,:)$ 或 $\boldsymbol{A}(:,n)$.

例 11 已知矩阵 $\boldsymbol{A}=\begin{bmatrix}1&0&2\\2&3&-1\\5&4&3\end{bmatrix}$，输出向量 $\boldsymbol{a}=(2,3,-1)$，$\boldsymbol{b}=\begin{pmatrix}1\\2\\5\end{pmatrix}$.

解 >>A=[1,0,2;2,3,-1;5,4,3];

>>a=A(2,:),b=A(:,1)

a=

2 3 -1

b=

1

2

5

8.2.5 向量的基本运算

设向量 $a=(a_1,a_2,\cdots,a_n)$，$b=(b_1,b_2,\cdots,b_n)$ 是两个 n 维向量，k 是一个常数.

NOTE

1. 向量的加法和减法

$a \pm b=(a_1 \pm b_1, a_2 \pm b_2, \cdots, a_n \pm b_n)$

2. 向量的数乘

$ka=(ka_1, ka_2, \cdots, ka_n)$

3. 向量间的乘法

$a.*b=(a_1*b_1, a_2*b_2, \cdots, a_n*b_n)$

4. 向量间的除法

右除(b 做分母):$a./b=(a_1/b_1, a_2/b_2, \cdots, a_n/b_n)$

左除($\boldsymbol{a}$ 做分母):$a.\backslash b=(a_1\backslash b_1, a_2\backslash b_2, \cdots, a_n\backslash b_n)$

5. 向量的乘幂

$a.\hat{}k=(a_1\hat{}k, a_2\hat{}k, \cdots, a_n\hat{}k)$

$k.\hat{}a=(k\hat{}a_1, k\hat{}a_2, \cdots, k\hat{}a_n)$

$a.\hat{}b=(a_1\hat{}b_1, a_2\hat{}b_2, \cdots, a_n\hat{}b_n)$

6. 向量的内积

$\mathrm{dot}(\boldsymbol{a},\boldsymbol{b})=a_1*b_1+a_2*b_2+\cdots+a_n*b_n$

例 12　试用向量 $\boldsymbol{a}=(1,2,3)$,$\boldsymbol{b}=(3,1,2)$,进行向量的基本运算.

解

```
>>a=[1,2,3];b=[3,1,2];
>>a+b
ans=
    4    3    5
>>3*a
ans=
    3    6    9
>>a.*b
ans=
    3    2    6
>>a./b
ans=
    0.3333    2.0000    1.5000
>>a.\b
ans=
    3.0000    0.5000    0.6667
>>a.^2
ans=
    1    4    9
>>2.^b
ans=
    8    2    4
```

NOTE

```
>>a.^b
ans=
    1    2    9
>>dot(a,b)
ans=
    11
```

例 13 计算 $\sin(k\pi/2)$,$k=\pm2,\pm1,0$.

解

```
>>x=-pi:pi/2:pi;
>>y=sin(x)
y=
  -0.0000    -1.0000     0     1.0000     0.0000
```

从以上例题可以看出,向量的运算其实就是对应元素的运算. 此外,MATLAB 提供了一些常用的函数命令,如表 8-2 所示.

表 8-2 常用的函数命令

函数名称	函数功能	函数名称	函数功能
sin(x)	正弦函数	asin(x)	反正弦函数
cos(x)	余弦函数	acos(x)	反余弦函数
tan(x)	正切函数	atan(x)	反正切函数
cot(x)	余切函数	acot(x)	反余切函数
sec(x)	正割函数	asec(x)	反正割函数
csc(x)	余割函数	acsc(x)	反余割函数
exp(x)	自然指数函数	log(x)	自然对数函数
abs(x)	绝对值函数	sqrt(x)	算术平方根

8.3 矩阵的初等变换与线性方程组实验

8.3.1 实验目的

1. 掌握矩阵常用的基本操作法;
2. 掌握向量线性相关的判定方法和极大无关组的确定方法;
3. 掌握线性方程组的解法.

8.3.2 矩阵的基本操作

1. 矩阵的修改

(1) 修改矩阵中的某一个元素或某一行(列)的元素;

(2) 在原矩阵中添加一行(列)元素;

(3) 删除原矩阵中某一行(列)的元素;

(4) 将两个矩阵合并为一个矩阵.

NOTE

例 1 已知矩阵 $\boldsymbol{A}=\begin{bmatrix}2&0&4\\1&-4&1\\-1&8&3\end{bmatrix}$,试

(1)将矩阵中第 3 行的元素替换为(1,3,5);

(2)在以上操作的基础上,把元素(2,3,−2)添加到第 4 行;

(3)在以上操作的基础上,再删除第 2 列.

解

```
>>A=[2,0,4;1,-4,1;-1,8,3];
>>A(3,:)=[1,3,5]   %将矩阵A中第3行元素替换为(1,3,5);
A=
   2    0    4
   1   -4    1
   1    3    5
>>A(4,:)=[2,3,-2]   %在矩阵A中添加第四行元素(2,3,-2);
A=
   2    0    4
   1   -4    1
  -1    8    3
   2    3   -2
>>A(:,2)=[]   %删除矩阵A的第2列元素;
A=
   2    4
   1    1
  -1    3
   2   -2
```

例 2 已知矩阵 $\boldsymbol{A}=\begin{bmatrix}-1&3\\0&2\end{bmatrix}$,$\boldsymbol{B}=\begin{bmatrix}1&0\\0&4\end{bmatrix}$,利用矩阵 $\boldsymbol{A}$ 与 $\boldsymbol{B}$ 生成矩阵 $\boldsymbol{C}=[\boldsymbol{A}\quad\boldsymbol{B}]$,$\boldsymbol{D}=\begin{bmatrix}\boldsymbol{A}\\\boldsymbol{B}\end{bmatrix}$,$\boldsymbol{G}=\begin{bmatrix}\boldsymbol{A}&\boldsymbol{O}\\\boldsymbol{O}&\boldsymbol{B}\end{bmatrix}$.

解

```
>>A=[-1,3;0,2];B=[1,0;0,4];
>>C=[A,B]
C=
  -1    3    1    0
   0    2    0    4
>>D=[A;B]
D=
  -1    3
   0    2
   1    0
```

```
    0    4
>>G=[A,zeros(2);zeros(2),B]
G=
   -1    3    0    0
    0    2    0    0
    0    0    1    0
    0    0    0    4
```

2. 常用的矩阵函数

利用 MATLAB 内部的矩阵函数,也可以实现对矩阵的一些基本操作,如找出矩阵中列的最大、最小值,计算矩阵中每一列的和等. 常用的矩阵函数如表 8-3 所示.

表 8-3 矩阵函数

函数名称	函数功能
max(A)	求矩阵 A 每一列元素的最大值,返回一个行向量
min(A)	求矩阵 A 每一列元素的最小值,返回一个行向量
size(A)	返回矩阵 A 的行数和列数
sum(A)	求矩阵 A 每一列元素的和,返回一个行向量
sum(A,2)	求矩阵 A 每一行元素的和,返回一个列向量
rref(A)	求矩阵 A 的行最简阶梯形矩阵
rank(A)	求矩阵 A 的的秩
null(A)	以 A 为系数矩阵的齐次线性方程组的基础解系

8.3.3 向量组的线性相关性

1. 向量组的线性相关性

矩阵的秩与它的行向量组、列向量组的秩相等,因此可以用命令"rref( )"得到向量组的行最简矩阵,根据秩与向量组中向量的个数判断向量组的线性相关性.

例 3 向量组 $\boldsymbol{a}_1=(2,2,7)$,$\boldsymbol{a}_2=(3,-1,2)$,$\boldsymbol{a}_3=(1,1,3)$是否线性相关?

解

```
>>A=[2,2,7;3,-1,2;1,1,3];
>>rref(A)
ans=
    1    0    0
    0    1    0
    0    0    1
```

结果显示,向量组的秩是 3,等于向量的个数,因此该向量组线性无关.

2. 向量组的极大线性无关组

用命令"rref( )"还可以得到向量组的极大线性无关组,并将其他向量用极大线性无关组表出. 此时,需要把向量写成矩阵的列,再做初等行变换;或是仍将向量写成矩阵的行,先进行转置运算.

例 4 求向量组 $\boldsymbol{a}_1=(25,75,75,25)$,$\boldsymbol{a}_2=(31,94,94,32)$,$\boldsymbol{a}_3=(17,53,54,20)$,$\boldsymbol{a}_4=(43,132,134,48)$的一个极大无关组,并将其它向量用极大无关组线性表出.

NOTE

解

```
>>A=[25,75,75,25;31,94,94,32;17,53,54,20;43,132,134,48];
>>B=A';
>>[B0,r]=rref(B)
ans=
    1.0000         0         0    1.6000
         0    1.0000         0   -1.0000
         0         0    1.0000    2.0000
         0         0         0         0
r=
   1   2   3
```

结果显示，向量组的秩是3，极大线性无关组是位于第1、2、3列的向量，即 $\boldsymbol{a}_1,\boldsymbol{a}_2,\boldsymbol{a}_3$，且

$$\boldsymbol{a}_4=1.6\boldsymbol{a}_1-\boldsymbol{a}_2+2\boldsymbol{a}_3.$$

8.3.4 线性方程组的解法

1. 克莱姆法则

如果线性方程组中，方程个数与未知量个数相等且系数行列式不为0，可以用克莱姆法则求线性方程组的解.

例 5 求解线性方程组

$$\begin{cases} x_1+x_2+x_3+x_4=5 \\ x_1+2x_2-x_3+4x_4=-2 \\ 2x_1-3x_2-x_3-5x_4=-2 \\ 3x_1+x_2+2x_3+11x_4=0 \end{cases}$$

解

```
>>A=[1,1,1,1;1,2,-1,4;2,-3,-1,-5;3,1,2,11];
>>A1=[5,1,1,1;-2,2,-1,4;-2,-3,-1,-5;0,1,2,11];
>>A2=[1,5,1,1;1,-2,-1,4;2,-2,-1,-5;3,0,2,11];
>>A3=[1,1,5,1;1,2,-2,4;2,-3,-2,-5;3,1,0,11];
>>A4=[1,1,1,5;1,2,-1,-2;2,-3,-1,-2;3,1,2,0];
>>x1=det(A1)/det(A);x2=det(A2)/det(A);
>>x3=det(A3)/det(A);x4=det(A4)/det(A);
>>x1
x1=
   1
>>x2
x2=
   2
>>x3
x3=
```

```
    3
>>x4
x4 =
    -1
```

2. 逆矩阵法

(1)在 MATLAB 中,可以用求逆矩阵的方法以及左除和右除求解某些线性方程组.如线性方程组 $\boldsymbol{Ax}=\boldsymbol{b}$(其中系数矩阵 $\boldsymbol{A}$ 是可逆矩阵)的解是 $\boldsymbol{x}=\boldsymbol{A}^{-1}*\boldsymbol{b}$,可以由命令 $\boldsymbol{x}=\mathrm{inv}(\boldsymbol{A})*\boldsymbol{b}$ 或命令 $\boldsymbol{x}=\boldsymbol{A}\backslash\boldsymbol{b}$求得.

例 6 上述例题 5.

解
```
>>A=[1,1,1,1;1,2,-1,4;2,-3,-1,-5;3,1,2,11];
>>b=[5;-2;-2;0];
>>x=inv(A)*b
x =
    1.0000
    2.0000
    3.0000
   -1.0000
```

或

```
>>x=A\b
```

3. 初等变换法

对齐次线性方程组的系数矩阵 A 或非齐次线性方程组的增广矩阵 B 进行初等行变换,将其化简为行阶梯型矩阵,根据它们的秩判别是否有解,如果有解,求出通解.

例 7 求解非齐次线性方程组$\begin{cases}x_1+x_2-3x_3-x_4=1\\3x_1-x_2-3x_3+4x_4=4\\x_1+5x_2-9x_3-8x_4=0\end{cases}$.

解
```
>>A=[1,1,-3,-1;3,-1,-3,4;1,5,-9,-8];
>>b=[1;4;0];
>>B=[A,b];
>>rank(A)
ans =
    2
>>rank(B)
ans =
    2
```

从结果可以看出,$\mathrm{r}(A)=\mathrm{r}(A|\boldsymbol{b})<4$,所以此方程组有无穷多解.接下来用函数命令"rref( )"得到增广矩阵的行最简阶梯型矩阵,从而求得方程组的通解.

```
>>rref(B)
ans =
```

NOTE

```
    1.0000         0     -1.5000     0.7500     1.2500
         0    1.0000     -1.5000    -1.7500    -0.2500
         0         0           0          0          0
```

原方程组的同解方程组是：

$$\begin{cases} x_1=\frac{3}{2}x_3-\frac{3}{4}x_4+\frac{5}{4} \\ x_2=\frac{3}{2}x_3+\frac{7}{4}x_4-\frac{1}{4} \\ x_3=x_3 \\ x_4=x_4 \end{cases},$$

对应的齐次线性方程组的基础解系是：

$$\xi_1=\begin{bmatrix} \frac{3}{2} \\ \frac{3}{2} \\ 1 \\ 0 \end{bmatrix},\xi_2=\begin{bmatrix} -\frac{3}{4} \\ \frac{7}{4} \\ 0 \\ 1 \end{bmatrix}$$

原方程组的通解是：

$$\begin{bmatrix} x_1 \\ x_2 \\ x_3 \\ x_4 \end{bmatrix}=c_1\begin{bmatrix} \frac{3}{2} \\ \frac{3}{2} \\ 1 \\ 0 \end{bmatrix}+c_2\begin{bmatrix} -\frac{3}{4} \\ \frac{7}{4} \\ 0 \\ 1 \end{bmatrix}+\begin{bmatrix} \frac{5}{4} \\ -\frac{1}{4} \\ 0 \\ 0 \end{bmatrix}.$$

例 8 当 a 为何值时，方程组

$$\begin{cases} ax_1+x_2+x_3=1 \\ x_1+ax_2+x_3=1 \\ x_1+x_2+ax_3=1 \end{cases}$$

无解、有惟一解和有无穷多解？

解

```
>>syms a
>>A=[a,1,1;1,a,1;1,1,a];
>>d=det(A)
d=
  a^3-3*a+2
>>a=solve('a^3-3*a+2=0')
a=
  1
  1
  -2
```

当 $a\neq1,-2$ 时,方程组有惟一解.

当 $a=1$ 时,输入

```
>>B=[1,1,1,1;1,1,1,1;1,1,1,1];
>>rref(B)
ans=
    1    1    1    1
    0    0    0    0
    0    0    0    0
```

系数阵的秩是 1 等于增广阵的秩,小于未知量的个数,所以方程组有无穷多解.

当 $a=-2$ 时,输入

```
>>C=[-2,1,1,1;1,-2,1,1;1,1,-2,1];
>>rref(C)
ans=
    1    0   -1    0
    0    1   -1    0
    0    0    0    1
```

系数阵的秩是 2 不等于增广阵的秩,所以方程组无解.

8.3.5 相似矩阵与二次型

1. 特征值与特征向量

在 MATLAB 中,可以使用函数命令"ploy( )"求矩阵的特征多项式,输出的结果是特征多项式按降幂排列各项的系数;使用函数命令"eig( )"求矩阵的全部特征值和对应的特征向量.

例 9 求矩阵 $\boldsymbol{A}=\begin{bmatrix}3 & -1\\ -1 & 3\end{bmatrix}$ 的特征多项式、特征值和特征向量.

解

```
>>A=[3,-1;-1,3];
>>poly(A)
ans=
    1    -6    8
>>[V,D]=eig(A)   %V 是特征向量矩阵,D 是特征值组成的对角矩阵;
V=
   -0.7071   -0.7071
   -0.7071    0.7071
D=
    2    0
    0    4
```

从结果可以看出,特征矩阵 V 的第一、二列分别是特征值 2,4 对应的特征向量.

2. 正交矩阵与二次型

在 MATLAB 中,可以使用函数命令"orth( )"求正交矩阵,并利用正交变换将二次型化为标准型.

例 10 确定一个正交变换 $\boldsymbol{x}=\boldsymbol{P}\boldsymbol{y}$,将二次型

$$f(x_1,x_2,x_3)=2x_1^2+4x_1x_2-4x_1x_3+5x_2^2-8x_2x_3+5x_3^2$$

化为标准型.

解 二次型矩阵为

$$\boldsymbol{A}=\begin{bmatrix}2 & 2 & -2\\ 2 & 5 & -4\\ -2 & -4 & 5\end{bmatrix}$$

```
>>A=[2,2,-2;2,5,-4;-2,-4,5];
>>P=orth(A)   %P是正交矩阵;
P=
  -0.3333    0.0000    0.9428
  -0.6667    0.7071   -0.2357
   0.6667    0.7071    0.2357
>>B=P'*A*P   %B是以A的特征值为主对角线元素的对角矩阵;
B=
   10.0000        0   -0.0000
   -0.0000   1.0000    0.0000
   -0.0000   0.0000    1.0000
```

标准型为

$$f=10y_1^2+y_2^2+y_3^2$$

8.4 综合应用

8.4.1 实验目的

1. 学习和掌握线性代数的实验设计方法;
2. 学习和了解线性代数在数学模型中的几个简单应用;
3. 学习和掌握几个简单的数学模型.

通过前面三节内容的实验,我们已介绍了用 MATLAB 软件完成行列式、矩阵、线性方程组、向量等问题的基本操作、基础运算.本节实验是在前面的实验基础上,为了开拓学习者的视野以及灵活使用 MATLAB 软件而开展的设计性实验.

这里给出一些比较常用的、简单的数学模型案例,如预测问题、决策问题等.通过对案例的分析,初步体会数学建模的思想,用线性代数的知识建立数学模型,并结合 MATLAB 软件对模型进行求解,最后对结果进行合理的解释.

8.4.2 动物数量的预测问题

以动物种群为例,考虑到不同年龄结构动物的生育率和存活率也不同,将种群按年龄结构进

NOTE

行分组,对种群数量进行更精准的预测.

例 1 某饲料场的某种动物所能达到的最大年龄为 6 岁,1990 年观测的数据如表 8-4 所示.问 1998 年各年龄组的动物数量及分布比例为多少？总数的增长率为多少？(只考虑雌性动物,雄性可按比例计算得出.)

表 8-4 1990 年某饲料厂某种动物的观测数据

年龄	[0,2)	[2,4)	[4,6)
头数	160	320	80
生育率	0	4	3
存活率	0.5	0.25	0

分析:以向量为 $x(0)=(160,320,80)^T$表示 1990 年各年龄组的动物数量.因为该种动物最大年龄是 6 岁,且每两岁一个年龄组,1990 年到 1998 年可以分为四个时期,设 $x_i(k)$是第 i 个年龄组在第 $k(k=1,2,3,4)$个时期的数量,则有

$$\begin{cases} x_1(k)=4x_2(k-1)+3x_3(k-1) \\ x_2(k)=0.5x_1(k-1) \qquad ,(k=1,2,3,4) \\ x_3(k)=0.25x_2(k-1) \end{cases}$$

写成矩阵的形式是:

$$\begin{pmatrix} x_1(k) \\ x_2(k) \\ x_3(k) \end{pmatrix}=\begin{pmatrix} 0 & 4 & 3 \\ 0.5 & 0 & 0 \\ 0 & 0.25 & 0 \end{pmatrix}\cdot\begin{pmatrix} x_1(k-1) \\ x_2(k-1) \\ x_3(k-1) \end{pmatrix}$$

记 $L=\begin{pmatrix} 0 & 4 & 3 \\ 0.5 & 0 & 0 \\ 0 & 0.25 & 0 \end{pmatrix}$,$x(k)=\begin{pmatrix} x_1(k) \\ x_2(k) \\ x_3(k) \end{pmatrix}$,则有 $x(k)=L^k\cdot x(0)$

称 L 为 Leslie 矩阵,用上式可以算出第 k 个时期各年龄组的动物的总数、动物的增长率以及各年龄组动物占动物总数的百分比.

1998 年各年龄组的动物数量为 $x(4)$,且

$$x(4)=\begin{pmatrix} 0 & 4 & 3 \\ 0.5 & 0 & 0 \\ 0 & 0.25 & 0 \end{pmatrix}^4\cdot x(0)=\begin{pmatrix} 0 & 4 & 3 \\ 0.5 & 0 & 0 \\ 0 & 0.25 & 0 \end{pmatrix}^4\cdot\begin{pmatrix} 160 \\ 320 \\ 80 \end{pmatrix}$$

解

```
>>x0=[160;320;80];
>>L=[0,4,3;0.5,0,0;0,0.25,0];
>>x4=L^4*x0
x4=
    1690
    1550
    70
>>r=x4./sum(x4)
```

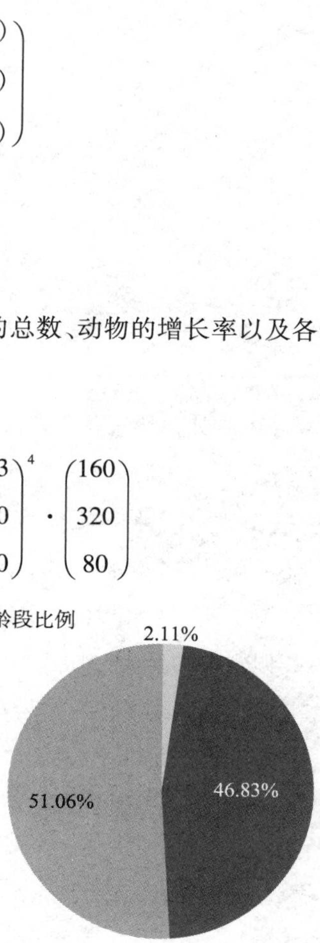

图 8-5 1998 年各年龄段动物比例

NOTE

```
r=
  0.5106
  0.4683
  0.0211
>>pie(r),title('各年龄段比例')
```

所以,1998 年动物总数为 3310 头;小于 2 岁的有 1690 头,占 51.06%;2~4 岁的有 1550 头,占 46.83%;4~6 岁的有 70 头,占 2.11%. 增长总数为 2750 头,8 年总增长率为 491.07%.

8.4.3 中成药药方配制问题

线性代数在医药领域也有着重要的作用,如可以用向量组的线性相关性、极大无关组向量的线性表示等知识讨论中成药药方配制问题.

例 2 某中药厂用 9 种中药(A–I),根据不同的比例配制成了 7 种特效药,各成分及用量见表 8–5(单位:克)所示.

表 8–5 7 种特效药的成分及其含量表

	1 号成药	2 号成药	3 号成药	4 号成药	5 号成药	6 号成药	7 号成药
A	10	2	14	12	20	38	100
B	12	0	12	25	35	60	55
C	5	3	11	0	5	14	0
D	7	9	25	5	15	47	35
E	0	1	2	25	5	33	6
F	25	5	35	5	35	55	50
G	9	4	17	25	2	39	25
H	6	5	16	10	10	35	10
I	8	2	12	0	0	6	20

(1) 若某种特效药脱销,是否可由其它特效药配制出来? 试指出哪些特效药可以用来配置哪种药.

(2) 现有两种新药,含有 9 种中药(A–I)的含量分别是

1 号新药:14,0,5,12,8,40,15,10,8

2 号新药:25,40,16,8,20,10,6,0,4.

用以上的 7 种特效药是否可以配出这两种新药? 如果可以,各需每种特效药多少?

分析:①把每一种特效药看成一个九维列向量,分析 7 个列向量构成的向量组的线性相关性. 若向量组线性无关,则无法配制脱销的特效药;若向量组线性相关,则不是极大无关组的特效药可以由极大无关组中特效药配制. ②与问题(1)相似,问题转化判断两种新药是否可以由 7 种特效药线性表示.

解 (1) Matlab 命令为:

```
>>u1=[10;12;5;7;0;25;9;6;8];
>>u2=[2;0;3;9;1;5;4;5;2];
```

```
>>u3=[14;12;11;25;2;35;17;16;12];
>>u4=[12;25;0;5;25;5;25;10;0];
>>u5=[20;35;5;15;5;35;2;10;0];
>>u6=[38;60;14;47;33;55;39;35;6];
>>u7=[100;55;0;35;6;50;25;10;20];
>>v1=[14;0;5;12;8;40;15;10;8];
>>v2=[25;40;16;8;20;10;6;0;4];
>>U=[u1,u2,u3,u4,u5,u6,u7];
>>[U0,r]=rref(U)
U0=
    1    0    1    0    0    0    0
    0    1    2    0    0    3    0
    0    0    0    1    0    1    0
    0    0    0    0    1    1    0
    0    0    0    0    0    0    1
    0    0    0    0    0    0    0
    0    0    0    0    0    0    0
    0    0    0    0    0    0    0
    0    0    0    0    0    0    0
r=
    1    2    4    5    7
```

从结果中可以看出,向量组的秩是5,向量组线性相关,极大无关组是位于第1、2、4、5、7列的向量,所以向量3和向量6可以由极大无关组线性表示,即

$$u3=u1+2*u2,u6=3*u2+u4+u5$$

3号药可以由1号药和2号药配制;6号药可以由2号药、4号药和5号药配制.

(2) 两种新药分别用v1,v2表示,若v1,v2可以由u1~u7线性表示,则v1,v2可以由以上7种药配制;否则,不能配制。

```
>>v=[u1,u2,u3,u4,u5,u6,u7,v1,v2];
>>[v0,r]=rref(v)
v0=
    1    0    1    0    0    0    0    0    0
    0    1    2    0    0    3    0    0    0
    0    0    0    1    0    1    0    0    0
    0    0    0    0    1    1    0    0    0
    0    0    0    0    0    0    1    0    0
    0    0    0    0    0    0    0    1    0
    0    0    0    0    0    0    0    0    1
    0    0    0    0    0    0    0    0    0
```

NOTE

0　0　0　0　0　0　0　0　0

r =

1　2　4　5　7　8　9

从结果中可以看出,向量组的秩是 7,极大无关组是位于第 1、2、4、5、7、8、9 列的向量,所以向量 v1,v2 不能被向量 u1 ~ u7 线性表示,所以无法配制.

8.4.4　最优方案的决策问题

在生活中经常会遇到评价和决策问题,需要对几个方案进行评价或是取舍.层次分析法是一种比较简单而试用的方法.

层次分析法(The Analytic Hierarchy Process 即 AHP)是由美国运筹学家、匹兹堡大学教授 T. L. Saaty 于 20 世纪 70 年代创立的一种系统分析与决策的综合评价方法,它的主要特点是通过建立递阶层次结构,可以把对难于量化的定性因素的判断,转化为可操作的两两因素之间重要度的比较上,通过两两比较的方法确定决策方案相对重要度的总的排序.

运用层次分析法进行决策,大体上可分为四个步骤:

1. 分析系统中各因素之间的关系,建立系统的递阶层次结构;
2. 对于同一层次的各元素关于上一层次中某一准则的重要性进行两两比较,构造两两比较矩阵,并进行一致性检验;
3. 由判断矩阵计算被比较元素对于该准则的相对权重;
4. 计算各层元素对系统目标的合成权重,并进行排序.

例 3　在购物时,经常会在几件同类商品中难以取舍,试用层次分析法建立决策模型,以确定购买哪一件商品.假设某人要在甲、乙、丙三件商品中进行选择,综合考虑颜色、价钱、款式三个因素.

分析　(1) 建立递阶层次结构

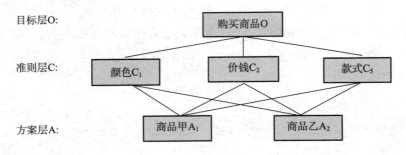

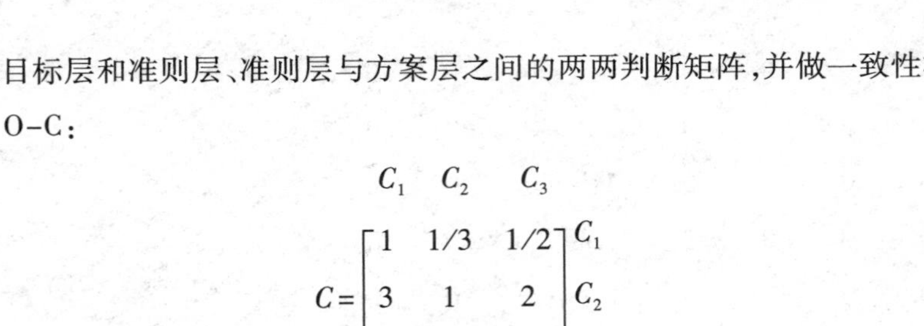

(2) 构造目标层和准则层、准则层与方案层之间的两两判断矩阵,并做一致性检验.

判断矩阵 O-C:

$$
\begin{array}{c} \\ C= \\ \\ \end{array}
\begin{array}{c} \quad C_1 \quad C_2 \quad C_3 \\ \begin{bmatrix} 1 & 1/3 & 1/2 \\ 3 & 1 & 2 \\ 2 & 1/2 & 1 \end{bmatrix} \end{array}
\begin{array}{c} \\ C_1 \\ C_2 \\ C_3 \end{array}
$$

矩阵中的数字表示两个准则之间重要度的比值,如颜色比款式的重要度是 3,说明颜色比款式稍重要,反过来,款式比颜色的重要度是 1/3.两个准则之间重要度的比值按 1 ~ 9 标

NOTE

度赋值.

判断矩阵 C_i-A:

$$B_1=\begin{bmatrix}1 & 3\\ 1/3 & 1\end{bmatrix}\begin{matrix}A_1\\A_2\end{matrix},\quad B_2=\begin{bmatrix}1 & 1/2\\ 2 & 1\end{bmatrix}\begin{matrix}A_1\\A_2\end{matrix},\quad B_3=\begin{bmatrix}1 & 2\\ 1/2 & 1\end{bmatrix}\begin{matrix}A_1\\A_2\end{matrix}$$

（列标记均为 A_1 A_2）

(C_1-A)　　　(C_2-A)　　　(C_3-A)

一致性检验:若判断矩阵 A 同时具有性质:$\forall \boldsymbol{i},\boldsymbol{j},\boldsymbol{k},\boldsymbol{a}_{ij}=\boldsymbol{a}_{ik}\cdot\boldsymbol{a}_{kj}$,则称 A 为一致性矩阵.并不是所有的判断矩阵都具有一致性.所以一致性及其检验是 AHP 的重要内容.方法如下:

对每一个判断矩阵求其最大特征值 λ_{max} 和一次性比率 **C. R.**:

$$C.R.=\frac{C.I.}{R.I.}$$

其中,$C.I.=\dfrac{\lambda_{\max}-n}{n-1}$,**R. I.** 可以由表 8-6 查得.当 **C. R.** <0.10 时,认为判断矩阵的一致性是可以接受的,否则应对判断矩阵作适当修正.

表 8-6　判断矩阵的平均随机一致性指标

矩阵阶数	R. I.	矩阵阶数	R. I.
1	0	7	1.36
2	0	8	1.41
3	0.52	9	1.46
4	0.89	10	1.49
5	1.12	11	1.52
6	1.26	12	1.54

(3)计算各准则的相对权重.

求出各判断矩阵的最大特征值对应的特征向量,可以得出各准则的相对权重.

(4)计算方案层对系统目标的合成权重,并进行排序.

解　MATLABI 程序如下:

```
>>a=[1,1/3,1/2;3,1,2;2,1/2,1];
>>[x,t]=eig(a);
>>x=x(:,1);              %最大特征值对应的特征向量;
>>wa=x/sum(x);           %准则层各准则的权重;
>>lamda=t(1,1);          %从特征值矩阵 t 中提取最大特征值;
>>ci=(lamda-3)/2;
>>cr=ci/0.52;            %计算一致性比率;
>>b1=[1,3;1/3,1];
>>b2=[1,1/2;2,1];
>>b3=[1,2;1/2,1];
>>[b1,t1]=eig(b1);
>>[b2,t2]=eig(b2);
```

NOTE

```
>>[b3,t3]=eig(b3);
>>b1=b1(:,1);
>>b2=b2(:,1);b3=b3(:,1);
>>w1=b1/sum(b1);
>>w2=b2/sum(b2);
>>w3=b3/sum(b3);
>>lamda=[t1(1,1),t2(1,1),t3(1,1)];
>>ci=lamda-2;
>>wb=[w1,w2,w3];
>>w=wb*wa                %两个方案目标的合成权重;
w=
   0.5004
   0.4996
```

所有变量的计算结果可在 MATLAB 工作区中获得,双击变量名即可.各层之间判断矩阵的最大特征值、对应的特征向量、权重向量、一致性比率如表 8-7 所示.

表 8-7 判断矩阵表

判断矩阵	最大特征值	特征向量	权重向量	C. R.
O-C	3.009	(0.2565,0.8468,0.4660)	(0.1634,0.5396,0.2970)	0.008
C_1-A	2	(0.9487,0.3162)	(0.75,0.25)	0
C_2-A	2	(0.4472,0.8944)	(0.33,0.67)	0
C_3-A	2	(0.8944,0.4472)	(0.67,0.33)	0

商品甲和商品乙对目标层的相对权重是:

$$w=\begin{pmatrix}0.9487 & 0.4472 & 0.8944\\ 0.3162 & 0.8944 & 0.4472\end{pmatrix}\cdot\begin{pmatrix}0.2565\\ 0.8468\\ 0.4660\end{pmatrix}$$
$$=(0.5004,0.4996)^T$$

于是,对于商品的选择,综合颜色,价钱,款式三个因素的相对优先排序为:商品甲优于商品乙,因此选择购买商品甲.

层次分析法具有很强的主观性,所以在建立两两判断矩阵时,要认真思考.特别是在某些具体应用中,通常需要根据实际情况,查阅文献资料,或是咨询和听取专家权威的建议.

习题 8

1. 已知矩阵

$$A=\begin{pmatrix}1 & 1 & 1\\ 1 & 1 & -1\\ 1 & -1 & -1\end{pmatrix},\quad B=\begin{pmatrix}1 & 2 & 3\\ -1 & -2 & 4\\ 0 & 5 & 1\end{pmatrix}$$

NOTE

求 $3AB-2A$ 及 A^TB.

2. 已知

$$A=\begin{pmatrix}1+a & 1 & 1\\ 1 & 1+a & 1\\ 1 & 1 & 1+a\end{pmatrix}$$

求 $|A|$,A^{-1}.

3. 已知矩阵

$$A=\begin{pmatrix}1 & 2 & 1 & 3\\ 2 & -1 & 3 & 1\\ 1 & 1 & 0 & 3\\ 1 & -2 & -1 & 1\end{pmatrix}$$

提取 A 的第一列至第三列组成一个新矩阵,并求此矩阵的秩.

4. 随机输入一个四阶方阵,并求其转置、行列式和行最简矩阵.

5. 已知向量 $a=(3,0,-1,4)$,$b=(-2,1,4,7)$,求 $a.*b$,$a.\hat{}2$,ab^T.

6. 求向量组 $a_1=(0,0,1)$,$a_2=(0,1,1)$,$a_3=(1,1,1)$,$a_4=(1,0,0)$ 的秩.

7. 向量组 $a_1=(1,1,1,1)$,$a_2=(1,-1,-1,1)$,$a_3=(1,-1,1,-1)$,$a_4=(1,1,-1,1)$ 是否线性相关?

8. 求向量组 $a_1=(1,2,3,4)$,$a_2=(2,3,4,5)$,$a_3=(3,4,5,6)$ 的一个极大无关组,并将其它向量用极大无关组线性表出.

9. 求解下列矩阵方程.

$$\begin{pmatrix}0 & 1 & 0\\ 1 & 0 & 0\\ 0 & 0 & 1\end{pmatrix}X\begin{pmatrix}1 & 0 & 0\\ 0 & 0 & 1\\ 0 & 1 & 0\end{pmatrix}=\begin{pmatrix}1 & 4 & 3\\ 2 & 0 & -1\\ 1 & -2 & 0\end{pmatrix}$$

10. 求下列线性方程组的解.

$$\begin{cases}x_1+2x_2+3x_3=1\\ 2x_1+2x_2+5x_3=2\\ 3x_1+5x_2+x_3=3\end{cases}$$

11. 问 λ 取何值时,齐次线性方程组有非零解?

$$\begin{cases}(1-\lambda)x_1-2x_2+4x_3=0\\ 2x_1+(3-\lambda)x_2+x_3=0\\ x_1+x_2+(1-\lambda)x_3=0\end{cases}$$

12. Searle 归纳出如下所示的生物基因概率矩阵,求特征值及所属的特征向量.

$$A=\begin{pmatrix}1 & 1/4 & 1/18\\ 0 & 2/4 & 8/18\\ 0 & 1/4 & 9/18\end{pmatrix}$$

13. 求一个正交变换,化二次型 $f=2x_1x_2+2x_1x_3+2x_2x_3+2x_4^2$ 为标准型.

NOTE

测试题

一、单选题(本大题共10个小题,每小题2分,共20分)

1. 两个 n 阶初等矩阵的乘积为(　　).

A. 初等矩阵　　B. 单位矩阵　　C. 可逆矩阵　　D. 不可逆矩阵

2. 设 $\boldsymbol{A},\boldsymbol{B}$ 为 n 阶方阵,满足关系 $\boldsymbol{AB}=\boldsymbol{0}$,则必有(　　).

A. $\boldsymbol{A}=\boldsymbol{B}=\boldsymbol{0}$　　B. $\boldsymbol{A}+\boldsymbol{B}=0$

C. $|\boldsymbol{A}|+|\boldsymbol{B}|=\boldsymbol{0}$　　D. $|\boldsymbol{A}|=0$ 或 $|\boldsymbol{B}|=0$

3. 设 $\boldsymbol{A},\boldsymbol{B}$ 为可逆方阵,则下列等式成立的是(　　).

A. $\boldsymbol{AB}=\boldsymbol{BA}$　　B. $(\boldsymbol{A}^{-1})^{\mathrm{T}}=(\boldsymbol{A}^{\mathrm{T}})^{-1}$

C. $(\boldsymbol{AB})^{-1}=\boldsymbol{A}^{-1}\boldsymbol{B}^{-1}$　　D. $(\boldsymbol{A}+\boldsymbol{B})^{-1}=\boldsymbol{A}^{-1}+\boldsymbol{B}^{-1}$

4. 设 $\boldsymbol{A}$ 为 n 阶方阵,且 $|\boldsymbol{A}|=a\neq0$,则 $|\boldsymbol{A}^*|=$(　　).

A. a　　B. $1/a$　　C. a^{n-1}　　D. a^n

5. 关于矩阵 $\boldsymbol{A}$、$\boldsymbol{B}$ 秩的性质,正确的是(　　).

A. $R(\boldsymbol{A}+\boldsymbol{B})\leqslant R(\boldsymbol{A})+R(\boldsymbol{B})$　　B. $R(\boldsymbol{A}+\boldsymbol{B})>R(\boldsymbol{A})+R(\boldsymbol{B})$

C. $R(\boldsymbol{A},\boldsymbol{B})\leqslant R(\boldsymbol{A})$　　D. $R(\boldsymbol{AB})\geqslant R(\boldsymbol{A})$

6. 矩阵 $\boldsymbol{A}$ 中划去一列,则其秩为(　　).

A. 必减少1　　B. 必增加1　　C. 至多减少1　　D. 必不变

7. 设 $\boldsymbol{A}$ 为 n 阶方阵,已知 $3\boldsymbol{A}^2-2\boldsymbol{A}-2\boldsymbol{E}=\boldsymbol{0}$,则 $(\boldsymbol{A}-\boldsymbol{E})^{-1}=$(　　).

A. $3\boldsymbol{A}+\boldsymbol{E}$　　B. $\boldsymbol{A}+\boldsymbol{E}$　　C. $\boldsymbol{A}+3\boldsymbol{E}$　　D. $\boldsymbol{A}$

8. 向量组的极大无关组不一定(　　).

A. 个数多于向量组所含向量个数

B. 能线性表示向量组中所有向量

C. 线性无关

D. 唯一

9. 向量组 $\boldsymbol{a}_1,\boldsymbol{a}_2,\cdots,\boldsymbol{a}_s(s\geqslant2)$ 线性相关的充要条件是(　　).

A. $\boldsymbol{a}_1,\boldsymbol{a}_2,\cdots,\boldsymbol{a}_s$ 中有一个零向量

B. $\boldsymbol{a}_1,\boldsymbol{a}_2,\cdots,\boldsymbol{a}_s$ 中至少有一个向量是其余向量的线性组合

C. $\boldsymbol{a}_1,\boldsymbol{a}_2,\cdots,\boldsymbol{a}_s$ 中任意一个向量都是其余向量的线性组合

D. 存在一组数 $k_1,k_2,\cdots,k_s$ 使 $k_1\boldsymbol{a}_1+k_2\boldsymbol{a}_2+\cdots+k_s\boldsymbol{a}_s=\boldsymbol{0}$

NOTE

10. 设向量组(Ⅰ)$\boldsymbol{\alpha}_1,\cdots,\boldsymbol{\alpha}_r$ 可由向量组(Ⅱ)$\boldsymbol{\alpha}_1,\cdots,\boldsymbol{\alpha}_s$ 线性表示且有 $r>s$,则(　　).

A. (Ⅰ)线性无关 B. (Ⅱ)线性相关

C. (Ⅰ)线性无关 D. (Ⅱ)线性相关

二、填空题(本大题共10个小题,每小题3分,共30分)

11. $\begin{pmatrix}2\\1\\3\end{pmatrix}\cdot(-1\quad 2)=$__________.

12. 设$\boldsymbol{A}=\begin{pmatrix}1&2&-2\\4&t&3\\3&-1&1\end{pmatrix}$,且$|\boldsymbol{A}|=0$,则$t=$__________.

13. 设4阶方阵$\boldsymbol{A}=\begin{pmatrix}5&2&0&0\\2&1&0&0\\0&0&1&-2\\0&0&1&1\end{pmatrix}$,则$\boldsymbol{A}^{-1}=$__________.

14. 设$\boldsymbol{A}$为3阶方阵,且$|\boldsymbol{A}|=2$,则$|3\boldsymbol{A}^{-1}-2\boldsymbol{A}^{*}|=$__________.

15. 设$a\neq\pm b$,则矩阵$\begin{pmatrix}a&a&b&b\\b&b&a&a\end{pmatrix}$的秩为__________.

16. 设矩阵$\boldsymbol{A}$的伴随阵$\boldsymbol{A}^{*}=\begin{pmatrix}1&0&0\\2&2&0\\3&4&2\end{pmatrix}$,则$(\boldsymbol{A})^{-1}=$__________.

17. 齐次线性方程组$\begin{cases}x_1+2x_2+x_3-x_4=0\\3x_1+6x_2-x_3-3x_4=0\\5x_1+10x_2+x_3-5x_4=0\end{cases}$的基础解系为__________,解空间为______维向量空间.

18. 已知$\boldsymbol{A}=\begin{pmatrix}0&3&3\\1&1&0\\1&2&3\end{pmatrix}$满足$\boldsymbol{AB}=\boldsymbol{A}+2\boldsymbol{B}$,则$\boldsymbol{B}=$__________.

19. 解矩阵方程$\boldsymbol{X}\begin{pmatrix}0&1&0\\1&0&0\\0&0&1\end{pmatrix}=\begin{pmatrix}-3&2&1\\6&0&5\\-1&1&2\end{pmatrix}$,得$\boldsymbol{X}=$__________.

20. 设方阵$\boldsymbol{A}$的逆$\boldsymbol{A}^{-1}=\begin{pmatrix}2&5&2\\0&1&0\\0&0&2\end{pmatrix}$,则$(2\boldsymbol{A})^{-1}=$__________, $|2\boldsymbol{A}|=$__________.

三、证明题(本大题共2个小题,每小题满分5分,共10分)

21. 设向量$\boldsymbol{b}$能由$\boldsymbol{a}_1,\boldsymbol{a}_2,\boldsymbol{a}_3$线性表示且表示式唯一,证明:向量组$\boldsymbol{a}_1,\boldsymbol{a}_2,\boldsymbol{a}_3$线性无关.

22. 设$\boldsymbol{A},\boldsymbol{B}$为$n$阶矩阵,且$\boldsymbol{A}$为对称阵,证明:$\boldsymbol{B}^{\mathrm{T}}\boldsymbol{AB}$也是对称矩阵.

NOTE

四、计算题(本大题共 3 个小题,前一题满分 10 分,后两题满分 15 分,共 40 分)

23. 计算 n 阶行列式 $\begin{vmatrix} -1 & a_1 & 0 & \cdots & 0 & 0 \\ 0 & -1 & a_2 & \cdots & 0 & 0 \\ 0 & 0 & -1 & \cdots & 0 & 0 \\ \vdots & \vdots & \vdots & \ddots & \vdots & \vdots \\ 0 & 0 & 0 & \cdots & -1 & a_{n-1} \\ a_n & 0 & 0 & \cdots & 0 & -1 \end{vmatrix}$

24. 讨论 λ 为何值时,非齐次线性方程组有唯一解,无解或有无穷多解. 在无穷多解时,求出其通解.

$$\begin{cases} -2x_1+x_2+x_3=-2 \\ x_1-2x_2+x_3=\lambda \\ x_1+x_2-2x_3=\lambda^2 \end{cases}$$

25. 求矩阵 $\boldsymbol{A}$ 的列向量组的最大无关组,并把其余向量用极大无关组线性表示.

$$\boldsymbol{A}=\begin{pmatrix} 1 & 0 & 3 & 1 & 2 \\ -1 & 3 & 0 & -2 & 1 \\ 2 & 1 & 7 & 2 & 5 \\ 4 & 2 & 14 & 0 & 10 \end{pmatrix}$$

NOTE

参考答案

行列式

1. ① ac^2-a^2c　② $2a^x-1$　③ -40　④ $2a^2(a+x)$　⑤ 1　⑥ 0

2. ① 4 偶排列　② 3 奇排列　③ 36 偶排列　④ $\frac{n(n-1)}{2}$(可能为奇可能为偶)

3. 负号　正号

4. 2,-1

5. $acfh$,$-aedh$,$gedb$,$gcfb$

6. ① 0　② 0　③ 6　④ $-2(x^3+y^3)$

7. ① 不对　② 不对

8. 略

9. 略

10. ① 80　② -160　③ x^2y^2　④ $x^n+(-1)^{n+1}y^n$　⑤ $(n+1)(-1)^n a_1a_2\cdots a_n$

⑥ $(x+n-1)(x-1)^{n-1}$[提示:所有行(列)对应的元素相加后相等的行列式,可把第 2 到第 n 行(列)加到第 1 行(列),提取公因子后,化简计算.]

⑦ 0[提示:将第 3 列乘以(-1)加到第 4 列,第 2 列乘以(-1)加到第 3 列,第 1 列乘以(-1)加到第 2 列;再将第 2 列乘以(-1)分别加到第 3 列、第 4 列.]

⑧ 1　⑨ $(-1)^{\frac{(n-1)(n-2)}{2}}n$ 提示:$c_{j+1}-c_j(j=n-1,\cdots 2,1)$　⑩ -170

11. ① 726　② 310

12. ① -270　② $(x+n-2)(x-3)(x-4)\cdots(x-n)(x-n-1)$

13. $k\neq-2,1,2$

14. 41/2

15. ① 1,2,3　② 3,-4,-1,1　③ -1/2,3,-2　④ $mnd/D, nld/D, mld/D, D=amn+bnl+cml$

16. ① $k=2$,　② $k=-3$ 或 $k=1$

17. $k\neq1$ 且 $k\neq-2$

18. 100,70,120

矩　阵

1. $\begin{pmatrix}1 & 1 & 3 & -1\\ 3 & -1 & -3 & 4\\ 1 & 5 & -9 & -8\end{pmatrix}$

2. ① $\begin{pmatrix} 3 & 5 & 1 \\ 2 & 7 & 4 \\ 5 & -6 & -1 \end{pmatrix}$ ② $\begin{pmatrix} 2 & 0 & 1 \\ -2 & 3 & 2 \\ 4 & 1 & 5 \end{pmatrix}$

3. $\begin{cases} x_1 = -6z_1 + z_2 + 3z_3 \\ x_2 = 12z_1 - 4z_2 + 9z_3 \\ x_3 = -10z_1 - z_2 + 16z_3 \end{cases}$

4. $\begin{pmatrix} -2 & 13 & 22 \\ -2 & -17 & 20 \\ 4 & 29 & -2 \end{pmatrix}, \begin{pmatrix} 0 & 5 & 8 \\ 0 & -5 & 6 \\ 2 & 9 & 0 \end{pmatrix}$

5. ① $\begin{pmatrix} 35 \\ 6 \\ 49 \end{pmatrix}$ ② $(a_1b_1 + a_2b_2 + \cdots + a_nb_n)$ ③ $\begin{pmatrix} a_1b_1 & a_1b_2 & \cdots & a_1b_n \\ a_2b_1 & a_2b_2 & \cdots & a_2b_n \\ \vdots & \vdots & \ddots & \vdots \\ a_nb_1 & a_nb_2 & \cdots & a_nb_n \end{pmatrix}$ ④ $\begin{pmatrix} 0 & 0 & 0 \\ 0 & 0 & 0 \\ 0 & 0 & 0 \end{pmatrix}$

⑤ $a_{11}x_1^2 + a_{22}x_2^2 + a_{33}x_3^3 + (a_{12}+a_{21})x_1x_2 + (a_{13}+a_{31})x_1x_3 + (a_{23}+a_{32})x_2x_3$

⑥ $\begin{pmatrix} \lambda^n & n\lambda^{n-1} & n(n-1)\lambda^{n-2}/2 \\ 0 & \lambda^n & n\lambda^{n-1} \\ 0 & 0 & \lambda^n \end{pmatrix}$

6. $\boldsymbol{A}^2 = \boldsymbol{A} \Leftrightarrow \frac{1}{4}(\boldsymbol{B}+\boldsymbol{E})^2 = \frac{1}{2}(\boldsymbol{B}+\boldsymbol{E}) \Leftrightarrow \boldsymbol{B}^2 + \boldsymbol{BE} + \boldsymbol{EB} + \boldsymbol{E}^2 = 2\boldsymbol{B} + 2\boldsymbol{E} \Leftrightarrow \boldsymbol{B}^2 = \boldsymbol{E}$

11. ① $\frac{1}{2}\begin{pmatrix} 1 & 0 & 0 \\ 1 & -2 & 0 \\ -1 & 4 & 2 \end{pmatrix}$ ② $\begin{pmatrix} \cos\theta & \sin\theta \\ -\sin\theta & \cos\theta \end{pmatrix}$ ③ $\begin{pmatrix} a_1^{-1} & 0 & \cdots & 0 \\ 0 & a_2^{-1} & \cdots & 0 \\ \vdots & \vdots & \ddots & \vdots \\ 0 & 0 & \cdots & a_n^{-1} \end{pmatrix}$

12. ① $\frac{1}{3}\begin{pmatrix} 6 & 1 \\ 0 & -2 \end{pmatrix}$ ② $\frac{1}{2}\begin{pmatrix} 1 & -3 & 7 \\ 2 & 2 & 6 \end{pmatrix}$ ③ $\begin{pmatrix} 2 & -1 & 0 \\ 1 & 3 & -4 \\ 1 & 0 & -2 \end{pmatrix}$

13. $\frac{1}{15}\begin{pmatrix} 53 \\ -28 \\ -4 \end{pmatrix}$

19. $\begin{pmatrix} 0 & B^{-1} \\ \boldsymbol{A}^{-1} & 0 \end{pmatrix}$

20. ① $\begin{pmatrix} 1 & 0 & 0 & 0 \\ 0 & 1 & 0 & 0 \\ 0 & 0 & 2 & -3 \\ 0 & 0 & -5 & 8 \end{pmatrix}$ ② $\frac{1}{4}\begin{pmatrix} 4 & 0 & 0 & 0 \\ -2 & 2 & 0 & 0 \\ -6 & -2 & 4 & 0 \\ 0 & -1 & 0 & 1 \end{pmatrix}$ ③ $\begin{pmatrix} 0 & 0 & \cdots & 0 & a_n^{-1} \\ a_1^{-1} & 0 & \cdots & 0 & 0 \\ 0 & a_2^{-1} & \cdots & 0 & 0 \\ \vdots & \vdots & \ddots & \vdots & \vdots \\ 0 & 0 & \cdots & a_{n-1}^{-1} & 0 \end{pmatrix}$

NOTE

21. ① $\begin{pmatrix}-2 & 1\\ 1 & -2\\ 3 & -2\end{pmatrix}$ ② $\begin{pmatrix}a & 0 & ac & 0\\ 0 & a & 0 & ac\\ 1 & 0 & c+bd & 0\\ 0 & 1 & 0 & c+bd\end{pmatrix}$

矩阵的变换

1. ① $x_1=-\frac{4}{3}x_3+\frac{4}{3}x_4, x_2=\frac{1}{12}x_3+\frac{5}{12}x_4$

② $x_1=\frac{1}{11}x_3-\frac{9}{11}x_4-\frac{2}{11}, x_2=-\frac{5}{11}x_3+\frac{1}{11}x_4+\frac{10}{11}$ ③ 2,1,2

2. ① $\begin{pmatrix}1 & -4 & -3\\ 1 & -5 & -3\\ -1 & 6 & 4\end{pmatrix}$ ② $\begin{pmatrix}1 & -3 & 11 & -38\\ 0 & 1 & -2 & 7\\ 0 & 0 & 1 & -2\\ 0 & 0 & 0 & 1\end{pmatrix}$ ③ $\frac{1}{32}\begin{pmatrix}16 & -8 & 4 & -2 & 1\\ 0 & 16 & -8 & 4 & -2\\ 0 & 0 & 16 & -8 & 4\\ 0 & 0 & 0 & 16 & -8\\ 0 & 0 & 0 & 0 & 16\end{pmatrix}$

3. (0,25,75);(4,18,78);(8,11,81);(12,4,84)

4. 由$(\boldsymbol{A}+\boldsymbol{E})(\boldsymbol{A}-\boldsymbol{E})=\boldsymbol{A}^2-\boldsymbol{E}=\boldsymbol{0}$有$R(\boldsymbol{A}+\boldsymbol{E})+R(\boldsymbol{A}-\boldsymbol{E})\leqslant n$,而$R(\boldsymbol{A}+\boldsymbol{E})+R(\boldsymbol{A}-\boldsymbol{E})=R(\boldsymbol{A}+\boldsymbol{E})+R(\boldsymbol{E}-\boldsymbol{A})\geqslant R(2\boldsymbol{E})=n$,故$R(\boldsymbol{A}+\boldsymbol{E})+R(\boldsymbol{A}-\boldsymbol{E})=n$.

6. $\begin{pmatrix}2 & -1 & -1\\ -4 & 7 & 4\end{pmatrix}$

7. $\begin{pmatrix}1 & -\frac{1}{8} & \frac{3}{8}\\ 1 & -\frac{1}{2} & \frac{1}{2}\\ -1 & \frac{3}{8} & -\frac{1}{8}\end{pmatrix}$

8. ① $R(\boldsymbol{A})=2, \begin{vmatrix}3 & 1\\ 1 & -1\end{vmatrix}=-4$

② $R(\boldsymbol{A})=3, \begin{vmatrix}3 & 2 & -1\\ 2 & -1 & -3\\ 7 & 0 & -8\end{vmatrix}=7$ ③ $R(\boldsymbol{A})=3, \begin{vmatrix}2 & 1 & 7\\ 2 & -3 & -5\\ 1 & 0 & 0\end{vmatrix}=16$

9. $R(\boldsymbol{A})=n\Rightarrow|\boldsymbol{A}|\neq0$,而$|\boldsymbol{A}^*|=|\boldsymbol{A}|^{n-1}$,从而$|\boldsymbol{A}^*|\neq0, R(\boldsymbol{A}^*)=n$.

由$R(\boldsymbol{A})<n-1$有$A_{ij}=0(i,j=1,2,\cdots,n)$,从而$\boldsymbol{A}^*=\boldsymbol{0}, R(\boldsymbol{A}^*)=0$.

10. 充分性:设$R(\boldsymbol{A})=R(\boldsymbol{B})=r$,则矩阵$\boldsymbol{A}$、$\boldsymbol{B}$具有相同的标准形$\boldsymbol{F}=\begin{pmatrix}\boldsymbol{E}_r & \boldsymbol{0}\\ \boldsymbol{0} & \boldsymbol{0}\end{pmatrix}_{m\times n}$,由$\boldsymbol{A}\sim\boldsymbol{F}$, $\boldsymbol{B}\sim\boldsymbol{F}$,得到$\boldsymbol{A}\sim\boldsymbol{B}$.

11. 对$\boldsymbol{A}$作初等行变换

$$\boldsymbol{A}\to\begin{pmatrix}1 & -2 & 3k\\ 0 & 2(k-1) & 3(k-1)\\ 0 & 2(k-1) & -3(k^2-1)\end{pmatrix}\to\begin{pmatrix}1 & -2 & 3k\\ 0 & 2(k-1) & 3(k-1)\\ 0 & 0 & -3(k-1)(k+2)\end{pmatrix}$$

NOTE

①当 $k=1$ 时,$R(\boldsymbol{A})=1$. ②当 $k=-2$ 时,$R(\boldsymbol{A})=2$. ③当 $k\neq1,k\neq-2$ 时,$R(\boldsymbol{A})=3$.

向量

1. ① $(-8,13,-1,-2)$ ② $(-6,6,12,11)$
2. ① $(5,13/2,0)$ ② $(-9,-1,-2)$
3. ① $(-1,7)=-3(1,-1)+(2,4)$ ② $(4,0)=-(-1,2)+(3,2)+0\cdot(6,4)$(不唯一)
   ③ $(6,22)=4(2,3)+2(-1,5)$ ④ $(-3,3,7)=2(1,-1,2)-(2,1,0)+3(-1,2,1)$
   ⑤ 不能表出
4. ① 线性相关 ② 线性无关
5. $a=-1$ 或 $a=2$
6. $x=-1$
8. ① 不对 ② 不对 ③ 不对
9. 不确定
10. $\boldsymbol{\beta}=-\dfrac{k_1}{k_1+k_2}\boldsymbol{\alpha}_1-\dfrac{k_2}{k_1+k_2}\boldsymbol{\alpha}_2$
12. ① 错 ② 错 ③ 对
13. ① $\alpha\neq-4$ ② $\alpha=-4,\beta\neq0$ ③ $\alpha=-4,\beta=0$
17. ①$(1,0,0)^T,(-1,1,0)^T,(1,1,2)^T$ ② $(1,2,-1,4)^T,(9,100,10,4)^T$
    ③ $(6,4,1,9,2)^T,(1,0,2,3,-4)^T,(7,1,0,-1,3)^T$
21. $a=2,b=5$
22. $R(A)=3$
24. V_1是 V_2不是

线性方程组

1. ① 唯一解 ② 无穷多解 ③ 无穷多解 ④ 无解 ⑤ 唯一解 ⑥ 唯一解
2. $\lambda\neq-2$ 且 $\lambda\neq1$ 唯一解,$\lambda=-2$ 无解,$\lambda=1$ 无穷多解
3. ① $\begin{pmatrix}-1\\3\\-2\\1\\0\end{pmatrix},\begin{pmatrix}9\\-11\\5\\0\\4\end{pmatrix}$ ② $\begin{pmatrix}-2\\1\\0\\0\\0\end{pmatrix},\begin{pmatrix}-5\\0\\1\\-2\\1\end{pmatrix}$ ③ $\begin{pmatrix}-6\\1\\0\\0\end{pmatrix},\begin{pmatrix}1\\0\\-3\\1\end{pmatrix}$ ④ $\begin{pmatrix}-2\\1\\0\\0\end{pmatrix}$
4. ① $k\begin{pmatrix}-2\\1\\0\\0\end{pmatrix}+\begin{pmatrix}3\\0\\2\\1\end{pmatrix}$ ② 无解 ③ $\begin{pmatrix}2\\1\\3\end{pmatrix}$
5. 无解

NOTE

6. ① $\begin{pmatrix} b_1 \\ b_2 \\ b_3 \\ b_4 \end{pmatrix} = k_1 \begin{pmatrix} -1 \\ -1 \\ 1 \\ 0 \end{pmatrix} + k_2 \begin{pmatrix} 1 \\ 2 \\ 0 \\ 1 \end{pmatrix}$ ② $\begin{pmatrix} b_1 \\ b_2 \\ b_3 \end{pmatrix} = k_1 \begin{pmatrix} 1 \\ 1 \\ 0 \end{pmatrix} + k_2 \begin{pmatrix} -1 \\ 0 \\ 1 \end{pmatrix}$

7. 设从左到右的系数分别是 x_1、x_2、x_3、x_4、x_5，则 $(x_1 \quad x_2 \quad x_3 \quad x_4 \quad x_5) = (3 \quad 1 \quad 1 \quad 3 \quad 3)$

8. 当 $\lambda \neq 1$ 且 $\lambda \neq 10$ 时，有唯一解；当 $\lambda = 1$ 时，有无穷解；当 $\lambda = 10$ 时，无解.

9. 可以构成一组基础解系

11. $a=1, b=-2, c=3$

矩阵的特征值

1. ① -9 ② 0

2. ① $(3/\sqrt{26}, 0, -1/\sqrt{26}, 4/\sqrt{26})$ ② $(5/\sqrt{30}, 1/\sqrt{30}, -2/\sqrt{30}, 0)$

4. $\begin{pmatrix} 1/\sqrt{3} \\ 1/\sqrt{3} \\ 1/\sqrt{3} \end{pmatrix}, \begin{pmatrix} 1/\sqrt{6} \\ 1/\sqrt{6} \\ -2/\sqrt{6} \end{pmatrix}, \begin{pmatrix} 1/\sqrt{2} \\ -1/\sqrt{2} \\ 0 \end{pmatrix}$

5. ① $\lambda_1 = -2, k\begin{pmatrix} 1 \\ 1 \end{pmatrix}; \lambda_2 = 1, k\begin{pmatrix} 4 \\ 1 \end{pmatrix}$ ② $\lambda_1 = 2, k_1\begin{pmatrix} 1 \\ -2 \\ 0 \end{pmatrix} + k_2\begin{pmatrix} 0 \\ -2 \\ 1 \end{pmatrix}; \lambda_2 = 11, k\begin{pmatrix} 2 \\ 1 \\ 2 \end{pmatrix}$

13. ① $\begin{pmatrix} 2/\sqrt{5} & 2\sqrt{5}/15 & 1/3 \\ -1/\sqrt{5} & 4\sqrt{5}/15 & 2/3 \\ 0 & \sqrt{5}/3 & -2/3 \end{pmatrix}, \begin{pmatrix} 1 & 0 & 0 \\ 0 & 1 & 0 \\ 0 & 0 & -8 \end{pmatrix}$

② $\begin{pmatrix} 1/\sqrt{5} & 4\sqrt{5}/15 & 2/3 \\ -2/\sqrt{5} & 2\sqrt{5}/15 & 1/3 \\ 0 & -\sqrt{5}/3 & 2/3 \end{pmatrix}, \begin{pmatrix} -3 & 0 & 0 \\ 0 & -3 & 0 \\ 0 & 0 & 6 \end{pmatrix}$

③ $\begin{pmatrix} 2/3 & 2/3 & 1/3 \\ 1/3 & -2/3 & 2/3 \\ -2/3 & 1/3 & 2/3 \end{pmatrix}, \begin{pmatrix} 2 & 0 & 0 \\ 0 & 5 & 0 \\ 0 & 0 & -1 \end{pmatrix}$

二次型

1. ① 否 ② 是

2. ① $\begin{pmatrix} 1 & -1 & 2 \\ -1 & 2 & 0 \\ 2 & 0 & 1 \end{pmatrix}$ ② $\begin{pmatrix} 2 & -1 & 3 \\ -1 & 1 & 1 \\ 3 & 1 & -1 \end{pmatrix}$

3. ① $f(x_1, x_2, x_3) = x_1^2 + 3x_3^2 - 2x_1x_2 + 4x_1x_3 + 4x_2x_3$

② $f(x_1, x_2, x_3) = 2x_1x_2 + 2x_1x_3$

NOTE

4. ① $\begin{pmatrix} -\frac{2}{3} & \frac{2}{3} & \frac{1}{3} \\ -\frac{1}{3} & -\frac{2}{3} & \frac{2}{3} \\ \frac{2}{3} & \frac{1}{3} & \frac{2}{3} \end{pmatrix}$, $f=y_1^2+4y_2^2-2y_3^2$

② $\begin{pmatrix} -\frac{1}{\sqrt{3}} & -\frac{1}{\sqrt{2}} & \frac{1}{\sqrt{6}} \\ -\frac{1}{\sqrt{3}} & \frac{1}{\sqrt{2}} & \frac{1}{\sqrt{6}} \\ \frac{1}{\sqrt{3}} & 0 & \frac{2}{\sqrt{6}} \end{pmatrix}$, $f=-2y_1^2+y_2^2+y_3^2$

5. ① $\boldsymbol{C}=\begin{pmatrix} 1 & 1 & -2 \\ 0 & 1 & -2 \\ 0 & 0 & 1 \end{pmatrix}$, $f=2y_1^2-y_2^2+4y_3^2$

② $\boldsymbol{C}=\begin{pmatrix} 1 & 1 & 4 \\ 1 & -1 & -1 \\ 0 & 0 & 1 \end{pmatrix}$, $f=z_1^2-z_2^2+4z_3^2$

6. $\boldsymbol{C}=\begin{pmatrix} 1 & -1 & 3 \\ 0 & 1 & -1 \\ 0 & 0 & 1 \end{pmatrix}$, $f=z_1^2+z_2^2-z_3^2$

7. ① 负定二次型 ② 正定二次型

8. ① $a\in\left(-\frac{4}{5},0\right)$ ② $a\in(2,+\infty)$

线性代数实验

1. $\begin{pmatrix} -2 & 13 & 22 \\ -2 & -17 & 20 \\ 4 & -1 & -4 \end{pmatrix}$, $\begin{pmatrix} 0 & 5 & 8 \\ 0 & -5 & 6 \\ 2 & -1 & -2 \end{pmatrix}$

2. a^3+3a^2, $\begin{pmatrix} (a+2)/(a(a+3)) & -1/(a(a+3)) & 1/(a(a+3)) \\ -1/(a(a+3)) & (a+2)/(a(a+3)) & -1(a(a+3)) \\ -1/(a(a+3)) & -1/(a(a+3)) & (a+2)/(a(a+3)) \end{pmatrix}$

3. $\begin{pmatrix} 1 & 2 & 1 \\ 2 & -1 & 3 \\ 1 & 1 & 0 \\ 1 & -2 & -1 \end{pmatrix}$, 3

5. $(-6\ \ 0\ \ -4\ \ 28)$, $(9\ \ 0\ \ 1\ \ 16)$, 18

6. 3

7. 线性无关

8. $\boldsymbol{a}_1=(1,2,3,4)$, $\boldsymbol{a}_2(2,3,4,5)$; $\boldsymbol{a}_3=-a+2a_2$

NOTE

9. $\begin{pmatrix} 2 & -1 & 0 \\ 1 & 3 & 4 \\ 1 & 0 & -2 \end{pmatrix}$

10. $x_1=1, x_2=0, x_3=0$

11. $\lambda=0,2,3$

12. 1、0.8333、0.1667；$\begin{pmatrix} 1 \\ 0 \\ 0 \end{pmatrix}, \begin{pmatrix} -0.8137 \\ 0.4650 \\ 0.3487 \end{pmatrix}, \begin{pmatrix} 0.1961 \\ -0.7845 \\ 0.5883 \end{pmatrix}$

13. $\begin{pmatrix} -0.5744 & 0 & -0.0000 & 0.8165 \\ -0.5744 & 0 & -0.7071 & -0.4082 \\ -0.5744 & 0 & 0.7071 & -0.4082 \\ 0 & 1 & 0 & 0 \end{pmatrix}$, $f=2y_1^2+2y_2^2-y_3^2-y_4^2$

测试题

一、1. C 2. D 3. B 4. C 5. A 6. C 7. A 8. D 9. B 10. D

二、11. $\begin{pmatrix} -2 & 4 \\ -1 & 2 \\ -3 & 6 \end{pmatrix}$ 12. −3 13. $\begin{pmatrix} 1 & -2 & 0 & 0 \\ -2 & 5 & 0 & 0 \\ 0 & 0 & 1/3 & 2/3 \\ 0 & 0 & -1/3 & 1/3 \end{pmatrix}$ 14. $-\frac{1}{2}$ 15. 2 16. $\pm\frac{1}{2}\boldsymbol{A}^*$

17. $\begin{pmatrix} -2 \\ 1 \\ 0 \\ 0 \end{pmatrix}, \begin{pmatrix} -1 \\ 0 \\ 0 \\ 1 \end{pmatrix}$,2 18. $\frac{1}{4}\begin{pmatrix} 3 & 3 & 3 \\ -1 & -1 & 3 \\ 3 & 7 & 3 \end{pmatrix}$ 19. $\begin{pmatrix} 2 & -3 & 1 \\ 0 & 6 & 5 \\ 1 & -1 & 2 \end{pmatrix}$ 20. $\frac{1}{2}\begin{pmatrix} 2 & 5 & 2 \\ 0 & 1 & 0 \\ 0 & 0 & 2 \end{pmatrix}$,2

四、23. $(-1)^n+(-1)^{n-1}a_1a_2\cdots a_n$

24. $\lambda\neq-2$、1 无解，$\lambda=-2$ 无穷多解 $k\begin{pmatrix} 1 \\ 1 \\ 1 \end{pmatrix}+\begin{pmatrix} 2 \\ 2 \\ 0 \end{pmatrix}$，$\lambda=1$ 无穷多解 $k\begin{pmatrix} 1 \\ 1 \\ 1 \end{pmatrix}+\begin{pmatrix} 1 \\ 0 \\ 0 \end{pmatrix}$.

25. 最大无关组 $\boldsymbol{\alpha}_1$、$\boldsymbol{\alpha}_2$、$\boldsymbol{\alpha}_4$，$\boldsymbol{\alpha}_3=3\boldsymbol{\alpha}_1+\boldsymbol{\alpha}_2$，$\boldsymbol{\alpha}_5=2\boldsymbol{\alpha}_1+\boldsymbol{\alpha}_2$.

NOTE